수학 좀 한다면

KB199494

디딤돌 초등수학 기본+유형 1-2

펴낸날 [개정판 1쇄] 2025년 4월 15일 │ **펴낸이** 이기열 │ **펴낸곳** (주)디딤돌 교육 │ **주소** (03972) 서울특별시 마포구 월드컵북로 122 청원선와이즈타워 │ **대표전화** 02-3142-9000 │ **구입문의** 02-322-8451 │ **내용문의** 02-323-9166 │ **팩시밀리** 02-338-3231 │ **홈페이지** www.didimdol.co.kr │ **등록번호** 제10-718호 │ 구입한 후에는 철회되지 않으며 잘못 인쇄된 책은 바꾸어 드립니다. 이 책에 실린 모든 삽화 및 편집 형태에 대한 저작권은 (주)디딤돌 교육에 있으므로 무단으로 복사 복제할 수 없습니다. Copyright ⓒ Didimdol Co. [2502770]

내 실력에 딱!
최상위로 가는 '맞춤 학습 플랜'

STEP 1 On-line

나에게 맞는 공부법은?
맞춤 학습 가이드를 만나요.

교재 선택부터 공부법까지! 디딤돌에서 제공하는 시기별
맞춤 학습 가이드를 통해 아이에게 맞는 학습 계획을 세워 주세요.
(학습 가이드는 디딤돌 학부모카페 '맘이가'를 통해 상시 공지합니다.
cafe.naver.com/didimdolmom)

STEP 2 Book

맞춤 학습 스케줄표
계획에 따라 공부해요.

교재에 첨부된 '맞춤 학습 스케줄표'에 맞춰 공부 목표를
달성합니다.

STEP 3 On-line

이럴 땐 이렇게!
'맞춤 Q&A'로 해결해요.

궁금하거나 모르는 문제가 있다면,
'맘이가' 카페를 통해 질문을 남겨 주세요.
디딤돌 수학쌤 및 선배맘님들이 친절히 답변해 드립니다.

STEP 4 Book

다음에는 뭐 풀지?
다음 교재를 추천받아요.

학습 결과에 따라 후속 학습에 사용할 교재를 제시해 드립니다.
(교재 마지막 페이지 수록)

 ★ 디딤돌 플래너 만나러 가기

디딤돌 초등수학 기본+유형 1-2

8주 완성 학습 스케줄표

| 짧은 기간에 집중력 있게 한 학기 과정을 완성할 수 있도록 설계하였습니다.
방학 때 미리 공부하고 싶다면 주 5일 8주 완성 과정을 이용해요.

공부한 날짜를 쓰고 하루 분량 학습을 마친 후, 부모님께 확인 check ☑️를 받으세요.

1주   **1 100까지의 수**   **2주**

월 일	월 일	월 일	월 일	월 일	월 일	월 일
6~9쪽	10~15쪽	16~20쪽	21~23쪽	24~25쪽	26~28쪽	29~31쪽

3주   **3 모양과 시각**   **4주**

월 일	월 일	월 일	월 일	월 일	월 일	월 일
49~53쪽	54~56쪽	57~59쪽	62~71쪽	72~74쪽	75~78쪽	79~83쪽

5주   **4 덧셈과 뺄셈(2)**   **6주**

월 일	월 일	월 일	월 일	월 일	월 일	월 일
96~99쪽	100~103쪽	104~108쪽	109~111쪽	112~113쪽	114~116쪽	117~119쪽

7주   **6 덧셈과 뺄셈(3)**   **8주**

월 일	월 일	월 일	월 일	월 일	월 일	월 일
135~139쪽	140~142쪽	143~145쪽	148~153쪽	154~157쪽	158~163쪽	164~166쪽

MEMO

효과적인 수학 공부 비법

X 시켜서 억지로   **O 내가 스스로**

억지로 하는 일과 즐겁게 하는 일은 결과가 달라요.
목표를 가지고 스스로 즐기면 능률이 배가 돼요.

X 가끔 한꺼번에   **O 매일매일 꾸준히**

급하게 쌓은 실력은 무너지기 쉬워요.
조금씩이라도 매일매일 단단하게 실력을 쌓아가요.

X 정답을 몰래   **O 개념을 꼼꼼히**

정답   개념

모든 문제는 개념을 바탕으로 출제돼요.
쉽게 풀리지 않을 땐, 개념을 펼쳐 봐요.

X 채점하면 끝   **O 틀린 문제는 다시**

왜 틀렸는지 알아야 다시 틀리지 않겠죠?
틀린 문제와 어림짐작으로 맞힌 문제는
꼭 다시 풀어 봐요.

초등수학
기본＋유형

상위권으로 가는 유형반복 학습서

$\dfrac{1}{2}$

이 책의 **구성**과 **특징**

1 단계

교과서 **핵심 개념**을 자세히 살펴보고

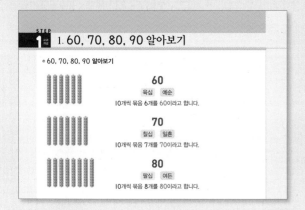

필수 문제를 반복 연습합니다.

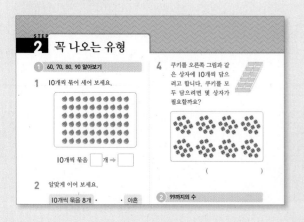

2 단계

문제를 이해하고 실수를 줄이는 연습을 통해

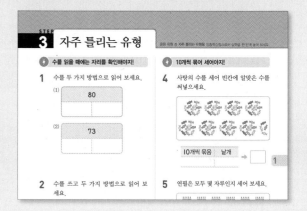

3 단계

문제해결력과 사고력을
높일 수 있습니다.

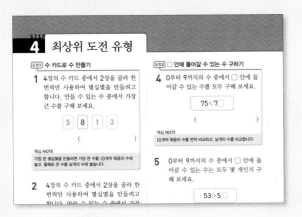

4 단계

수시평가를
완벽하게 대비합니다.

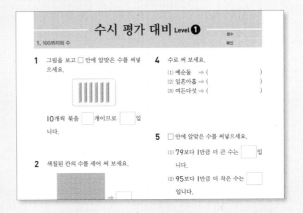

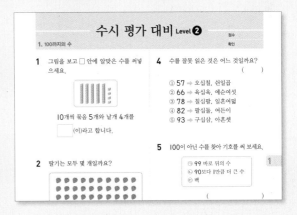

이 책의 **차례**

1 100까지의 수

이번 단원에서 꼭 짚어야 할 **핵심 개념**을 알아보자.

핵심 1 60, 70, 80, 90 알아보기

쓰기	60	70	80	90
읽기	육십	칠십		구십
		일흔	여든	

핵심 2 99까지의 수 알아보기

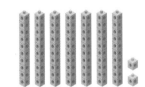

10개씩 묶음 7개와 낱개 2개를 [   ](이)라고 합니다.

쓰기 72   읽기 칠십이, [   ]

핵심 3 수의 순서 알아보기

51	52	53	54	55	56	57	58	59	60
61	62	63	64	65	66	67	68	69	70
71	72	73	74	75	76	77	78	79	80
81	82	83	84	85	86	87	88	89	90
91	92	93	94	95	96	97	98	99	?

99보다 1만큼 더 큰 수를 [   ](이)라 하고, [   ](이)라고 읽습니다.

핵심 4 수의 크기 비교하기

10개씩 묶음의 수를 먼저 비교하고, 10개씩 묶음의 수가 같으면 낱개의 수를 비교합니다.

69 ◯ 73   85 ◯ 84
└ 6<7 ┘   └ 5>4 ┘

핵심 5 짝수와 홀수 알아보기

• 2, 4, 6, 8, 10, 12와 같이 둘씩 짝을 지을 때 남는 것이 없는 수를 [   ](이)라고 합니다.

• 1, 3, 5, 7, 9, 11과 같이 둘씩 짝을 지을 때 하나가 남는 수를 [   ](이)라고 합니다.

답 1. (왼쪽에서부터) 팔십 / 예순, 이른 2. 72 3. 100, 일백(백) 4. <, > 5. 짝수, 홀수

1. 60, 70, 80, 90 알아보기

● 60, 70, 80, 90 알아보기

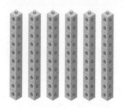

60

육십   예순

10개씩 묶음 6개를 60이라고 합니다.

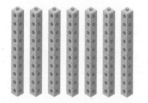

70

칠십   일흔

10개씩 묶음 7개를 70이라고 합니다.

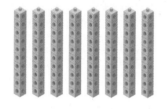

80

팔십   여든

10개씩 묶음 8개를 80이라고 합니다.

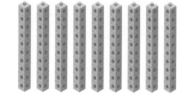

90

구십   아흔

10개씩 묶음 9개를 90이라고 합니다.

┗ 10개씩 묶음 ■개를 ■0이라고 합니다.

개념 자세히 보기

● 수는 두 가지 방법으로 읽을 수 있어요!

쓰기	60	70	80	90
읽기	육십	칠십	팔십	구십
	예순	일흔	여든	아흔

● 몇십을 여러 가지 방법으로 나타낼 수 있어요!

	수 세기 칩	수 모형
60 →	🪙🪙🪙🪙🪙🪙	▯▯▯▯▯▯

---

1 구슬의 수를 세어 쓰고 읽어 보세요.

10개씩 묶음	낱개	→	쓰기	읽기

> 10개씩 묶음 ■개이면 ■0이에요.

2 감자의 수를 세어 쓰고 읽어 보세요.

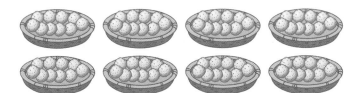

10개씩 묶음	낱개	→	쓰기	읽기

> 10개씩 묶음이 몇 개인지 알아보아요.

3 알맞게 이어 보세요.

60 ·	· 팔십 ·	· 아흔
70 ·	· 육십 ·	· 여든
80 ·	· 구십 ·	· 일흔
90 ·	· 칠십 ·	· 예순

2. 99까지의 수 알아보기

● 99까지의 수 알아보기

64

육십사   예순넷

10개씩 묶음 6개와 낱개 4개를 64라고 합니다.

76

칠십육   일흔여섯

10개씩 묶음 7개와 낱개 6개를 76이라고 합니다.

┌─ • 10개씩 묶음 ■개와 낱개 ▲개를 ■▲라고 합니다.

● 99까지의 수 쓰고 읽기

쓰기	58	62	79	83	91
읽기	오십팔	육십이	칠십구	팔십삼	구십일
	쉰여덟	예순둘	일흔아홉	여든셋	아흔하나

개념 자세히 보기

● **수를 셀 때 10개씩 묶음의 수를 먼저 세고 낱개의 수를 세요!**

10개씩 묶음	낱개	
5	4	➡ 54

● **그림을 보고 수를 넣어 이야기해 봐요!**

장난감 천국 가게는 생긴 지 육십오 주년 되었습니다.
장난감 천국 가게는 재미로 구십삼에 있습니다.

⟳ 정답과 풀이 1쪽

1 사탕의 수를 세어 쓰고 읽어 보세요.

10개씩 묶음	낱개	→	쓰기	읽기

10개씩 묶음 ■개와
낱개 ▲개이면 ■▲예요.

2 도토리의 수를 세어 쓰고 읽어 보세요.

10개씩 묶음	낱개	→	쓰기	읽기

10개씩 묶음의 수를 먼저
읽고 낱개의 수를 읽어요.

1

3 수를 쓰고 알맞게 이어 보세요.

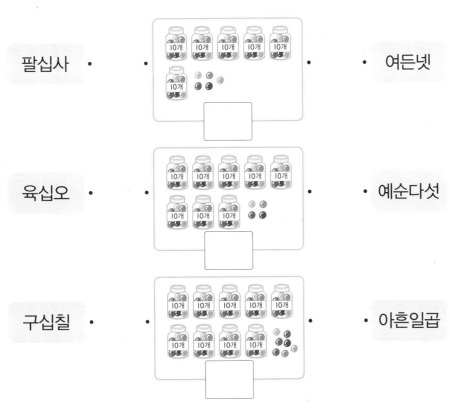

팔십사 ·
· 여든넷

육십오 ·
· 예순다섯

구십칠 ·
· 아흔일곱

3. 수의 순서 알아보기

● I만큼 더 작은 수와 I만큼 더 큰 수

| I만큼 더 작은 수 | | I만큼 더 큰 수 |

- 54보다 I만큼 더 작은 수는 53입니다.
- 54보다 I만큼 더 큰 수는 55입니다.

- 59보다 I만큼 더 작은 수는 58입니다.
- 59보다 I만큼 더 큰 수는 60입니다.

● 수의 순서

5I	52	53	54	55	56	57	58	59	60
6I	62	63	64	65	66	67	68	69	70
7I	72	73	74	75	76	77	78	79	80
8I	82	83	84	85	86	87	88	89	90
9I	92	93	94	95	96	97	98	99	

● 100 알아보기

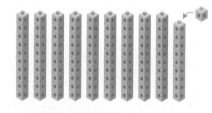

99보다 I만큼 더 큰 수를 100이라고 합니다.
100은 백이라고 읽습니다.

개념 자세히 보기

● 수를 순서대로 썼을 때 ■보다 I만큼 더 작은 수는 ■ 바로 앞의 수, ■보다 I만큼 더 큰 수는 ■ 바로 뒤의 수예요!

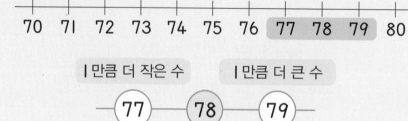

| I만큼 더 작은 수 | | I만큼 더 큰 수 |

바로 앞의 수   바로 뒤의 수

● 정답과 풀이 1쪽

1 □ 안에 알맞은 수를 써넣으세요.

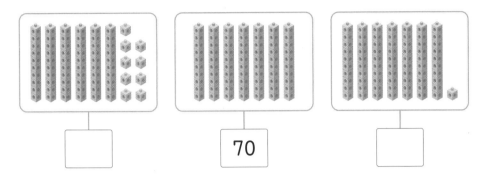

[ ]   70   [ ]

수를 순서대로 썼을 때 70 바로 앞의 수와 바로 뒤의 수를 알아보아요.

70보다 I만큼 더 작은 수는 [ ]이고, I만큼 더 큰 수는 [ ] 입니다.

2 □ 안에 알맞은 수를 써넣으세요.

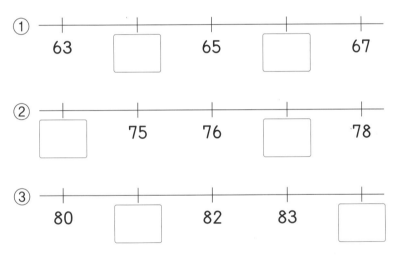

① 63   [ ]   65   [ ]   67

② [ ]   75   76   [ ]   78

③ 80   [ ]   82   83   [ ]

3 빈칸에 알맞은 수를 써넣으세요.

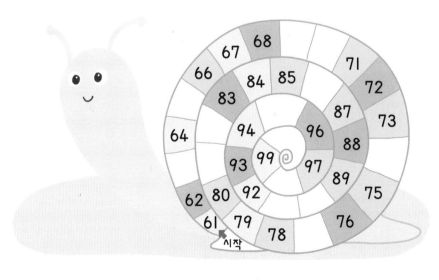

99보다 I만큼 더 큰 수를 100이라고 해요.

1

4. 수의 크기 비교하기

● **10개씩 묶음의 수가 다른 두 수의 크기 비교하기**

10개씩 묶음의 수가 클수록 큰 수입니다.

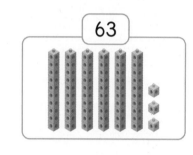 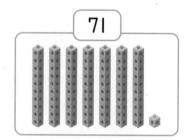

└ 63은 71보다 작습니다. ➡ 63<71
└ 71은 63보다 큽니다. ➡ 71>63

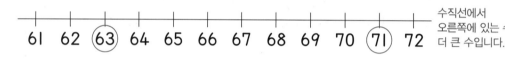

수직선에서
오른쪽에 있는 수가
더 큰 수입니다.

● **10개씩 묶음의 수가 같은 두 수의 크기 비교하기**

10개씩 묶음의 수가 같으면 낱개의 수가 클수록 큰 수입니다.

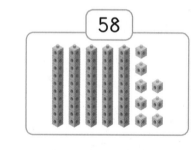 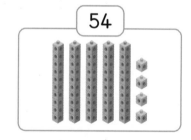

└ 58은 54보다 큽니다. ➡ 58>54
└ 54는 58보다 작습니다. ➡ 54<58

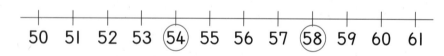

개념 자세히 보기

● **세 수 85, 91, 82의 크기도 비교할 수 있어요!**

① 10개씩 묶음의 수를 비교하면 91이 가장 큽니다.
② 85, 82의 10개씩 묶음의 수가 같으므로 낱개의 수를 비교하면 85가 더 큽니다.
➡ 91이 가장 크고 82가 가장 작습니다.

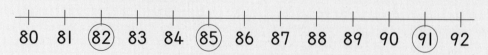

① 두 수의 크기를 비교해 보세요.

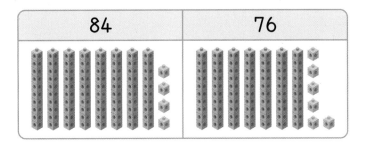

84는 76보다 (큽니다 , 작습니다).

76은 84보다 (큽니다 , 작습니다).

➡ 84 ◯ 76

큰 수쪽으로 벌어지도록
기호 >, <를 나타내요.

② 수직선을 보고 ◯ 안에 >, <를 알맞게 써넣으세요.

58 59 60 61 62 63 64 65 66 67 68 .

62 ◯ 65

③ 더 작은 수에 △표 하세요.

① | 76 | 81 |

② | 97 | 94 |

10개씩 묶음의 수가 같으면
낱개의 수를 비교해요.

④ ◯ 안에 >, <를 알맞게 써넣으세요.

① 59 ◯ 72

② 53 ◯ 48

③ 64 ◯ 61

④ 77 ◯ 78

5. 짝수와 홀수 알아보기

● **짝수와 홀수**

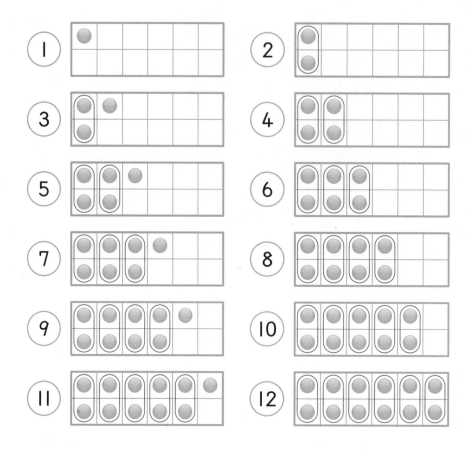

· 2, 4, 6, 8, 10, 12와 같이 둘씩 짝을 지을 때 남는 것이 없는 수 ➡ **짝수**

· 1, 3, 5, 7, 9, 11과 같이 둘씩 짝을 지을 때 하나가 남는 수 ➡ **홀수**

개념 다르게 보기

● **낱개의 수가 2, 4, 6, 8, 0이면 짝수이고 1, 3, 5, 7, 9이면 홀수예요!**

14 ➡ 짝수, 25 ➡ 홀수, 30 ➡ 짝수, 49 ➡ 홀수

● **수를 순서대로 쓰면 짝수와 홀수가 번갈아 가며 나와요!**

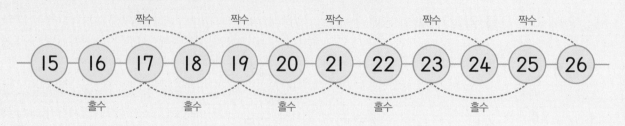

↦ 정답과 풀이 2쪽

1 □ 안에 수를 쓰고 짝수인지 홀수인지 ◯표 하세요.

①

병아리 ☐ 마리 ➡ (짝수 , 홀수)　　　풍선 ☐ 개 ➡ (짝수 , 홀수)

2 수를 세어 쓰고 둘씩 짝을 지어 짝수인지 홀수인지 써 보세요.

① 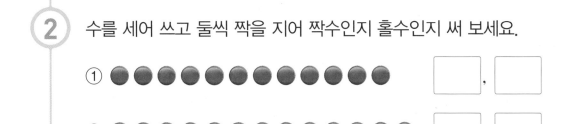 ☐ , ☐

② ●●●●●●●●●●●●●●● ☐ , ☐

> 둘씩 짝을 지을 수 있으면
> 짝수, 둘씩 짝을 지을 수
> 없으면 홀수예요.

3 짝수는 빨간색으로, 홀수는 노란색으로 색칠해 보세요.

4 홀수를 따라가 당근까지 도착하는 선을 그어 보세요.

> 낱개의 수를 보면
> 짝수인지 홀수인지
> 알 수 있어요.

꼭 나오는 유형

1 60, 70, 80, 90 알아보기

1 10개씩 묶어 세어 보세요.

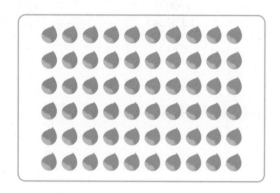

10개씩 묶음 ☐ 개 ➡ ☐

2 알맞게 이어 보세요.

10개씩 묶음 8개 ·	· 아흔
10개씩 묶음 9개 ·	· 일흔
10개씩 묶음 6개 ·	· 예순
10개씩 묶음 7개 ·	· 여든

3 어느 소극장 안의 모습입니다. 의자는 모두 몇 개일까요?

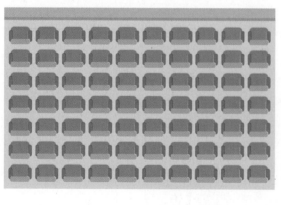

( )

4 쿠키를 오른쪽 그림과 같은 상자에 10개씩 담으려고 합니다. 쿠키를 모두 담으려면 몇 상자가 필요할까요?

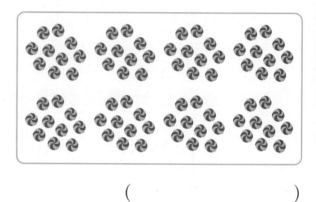

( )

2 99까지의 수

5 수를 쓰고 읽어 보세요.

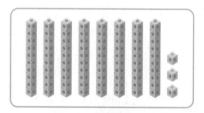

쓰기	읽기

6 수를 읽거나 수로 나타내 보세요.

(1) ┌─────┐
   │ 92 │
   └─────┘
   ➡ (,)

(2) ┌─────────┐
   │ 일흔다섯 │
   └─────────┘
   ➡ ( )

7 그림과 관계있는 것에 모두 ○표 하세요.

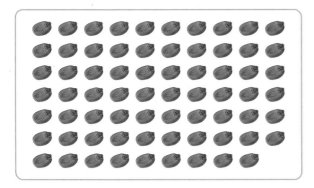

(**97** , **69** , 칠십구 , 예순아홉)

☺ 내가 만드는 문제

8 수 카드 **2**장을 고르고, 고른 수 카드로 만들 수 있는 수를 모두 써 보세요.

고른 수 카드 _____

내가 만든 수 _____

3 **수를 넣어 이야기하기**

9 그림을 보고 잘못 말한 사람은 누구인지 써 보세요.

준호: **10**개씩 묶음 **8**개와 낱개 **6**개이
므로 딸기는 **86**개야.
예은: 딸기가 여든여섯 개 있어.
도윤: 딸기가 예순여덟 개 있어.

(_____)

10 그림에서 수를 찾아 이야기를 만들어 보세요.

· _____

· _____

11 민지가 할머니께 쓴 편지를 보고, 할머니의 연세를 수로 써 보세요.

할머니! 생신 축하드려요. 항상 저를 걱정해 주시고 좋은 말씀 많이 해 주셔서 감사합니다. 올해 일흔여섯 살이시니 앞으로 더욱 건강하셨으면 좋겠어요.

(_____)

4 **수의 순서**

12 다음 수를 쓰고 읽어 보세요.

99보다 **1**만큼 더 큰 수

쓰기 _____ 읽기 _____

13 빈칸에 알맞은 수를 써넣으세요.

1만큼 더 작은 수   **1**만큼 더 큰 수

□ — **65** — □

14 ☐ 안에 알맞은 수를 써넣으세요.

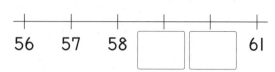

56 57 58 ☐ ☐ 61

➡ 58보다 2만큼 더 큰 수: ☐

15 사물함이 번호 순서대로 있습니다. 번호가 없는 사물함에 번호를 알맞게 써넣으세요.

63	64	65	☐	67	68
69	70	☐	72	73	☐
☐	76	☐	78	79	☐
81	☐	83	84	☐	86

16 행복 시장 안내도에 가게들이 번호 순서대로 있습니다. 안내도에서 아래 가게들의 위치를 찾아 번호를 알맞게 써넣으세요.

> 78번, 84번, 87번

79   82

76   85   88

17 나타내는 수가 다른 하나를 찾아 기호를 써 보세요.

> ㉠ 68보다 1만큼 더 큰 수
> ㉡ 69
> ㉢ 예순아홉
> ㉣ 일흔하나보다 1만큼 더 작은 수

(   )

18 수의 순서를 거꾸로 하여 쓴 것입니다. 빈칸에 알맞은 수를 써넣으세요.

94 — 93 — ☐ — ☐

☐ — 89 — ☐ — 87

서술형
19 농장에서 고구마 캐기 체험 학습을 했습니다. 민우는 고구마를 53개 캤고, 희진이는 민우보다 1개 적게 캤습니다. 희진이가 캔 고구마는 몇 개인지 풀이 과정을 쓰고 답을 구해 보세요.

풀이 _____

_____

_____

답 _____

20 수를 순서대로 썼을 때 두 수 사이에 있는 수를 모두 구해 보세요.

| 54 | | 58 |

(   )

5 두 수의 크기 비교하기

21 두 수의 크기를 비교하고 읽어 보세요.

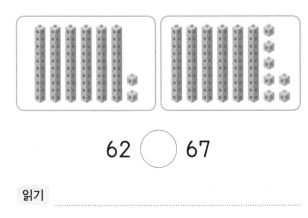

62 ◯ 67

읽기 _____

22 두 수의 크기를 바르게 비교한 사람은 누구일까요?

| 서준: 91 < 89 | | 윤아: 75 > 68 |

(   )

23 57과 71을 수직선에 ↑로 표시하고, ◯ 안에 >, <를 알맞게 써넣으세요.

```
├┼┼┼┼┼┼┼┼┼┼┼┼┼┼┼┼┼┼┼┤
55    60    65    70    75
```

57 ◯ 71

24 ◯ 안에 >, <를 알맞게 써넣으세요.

(1) 96 ◯ 69

(2) 73 ◯ 77

25 74보다 큰 수에 모두 ◯표 하세요.

| 79 | 87 | 72 | 56 |

26 ◯ 안에 알맞은 수를 써넣으세요.

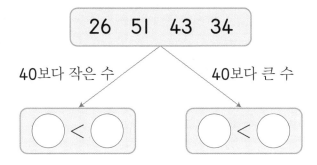

| 26 | 51 | 43 | 34 |

40보다 작은 수   40보다 큰 수

◯ < ◯   ◯ < ◯

서술형
27 줄넘기를 은희는 86번, 준서는 84번 넘었습니다. 줄넘기를 더 많이 넘은 사람은 누구인지 풀이 과정을 쓰고 답을 구해 보세요.

풀이 _____

_____

_____

답 _____

6 세 수의 크기 비교하기

28 작은 수부터 차례로 기호를 써 보세요.

| ㉠ 88 | ㉡ 72 | ㉢ 91 |

( )

29 화단에 장미가 64송이, 튤립이 61송이, 국화가 68송이 피어 있습니다. 가장 많이 피어 있는 꽃은 무엇일까요?

( )

☺ 내가 만드는 문제

30 51부터 99까지의 수 중에서 3개를 고르고, 고른 세 수의 크기를 비교해 보세요.

고른 수 _____

가장 큰 수 [ ]   가장 작은 수 [ ]

31 작은 수부터 수 카드를 놓으려고 합니다. 74 는 어디에 놓아야 할까요?

| 54 | 69 | 76 | 81 |

[ ] 와/과 [ ] 사이

7 짝수와 홀수

32 짝수에 모두 ○표 하세요.

| 17 | 26 | 9 | 38 |
| 44 | 21 | 53 | 60 |

33 홀수만 모여 있는 것을 찾아 ○표 하세요.

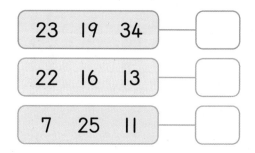

23	19	34	▢
22	16	13	▢
7	25	11	▢

34 민수의 방에 있는 장난감입니다. 장난감의 수가 짝수인지 홀수인지 각각 써 보세요.

🤖 ( )

🚗 ( )

⚽ ( )

자주 틀리는 유형

⚡ **수를 읽을 때에는 자리를 확인해야지!**

1 수를 두 가지 방법으로 읽어 보세요.

(1)
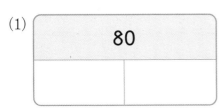

80

(2)

73

2 수를 쓰고 두 가지 방법으로 읽어 보세요.

10개씩 묶음 9개와 낱개 4개

쓰기	읽기

3 수를 잘못 읽은 것을 찾아 기호를 써 보세요.

> ㉠ 수현이네 학교 1학년 학생은 85(여든다섯)명입니다.
> ㉡ 과일 가게에 배가 90(구십)개 있습니다.
> ㉢ 진영이는 62(예순이)번 버스를 탔습니다.

( )

⚡ **10개씩 묶어 세어야지!**

4 사탕의 수를 세어 빈칸에 알맞은 수를 써넣으세요.

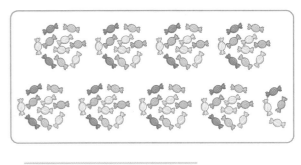

10개씩 묶음	낱개

➡ [ ]

5 연필은 모두 몇 자루인지 세어 보세요.

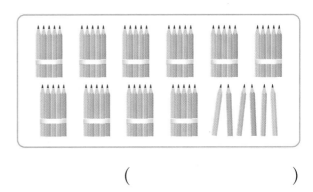

( )

6 야구공을 10개씩 묶어 보고, 모두 몇 개인지 세어 보세요.

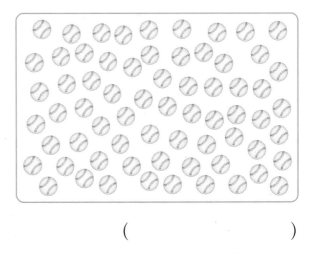

( )

7 모형이 나타내는 수보다 1만큼 더 큰 수와 1만큼 더 작은 수를 각각 써넣으세요.

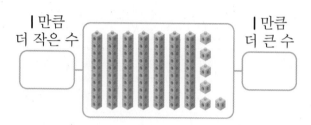

8 □ 안에 알맞은 수를 써넣으세요.

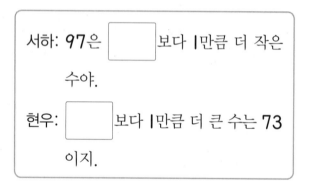

서하: **97**은 □ 보다 1만큼 더 작은 수야.

현우: □ 보다 1만큼 더 큰 수는 **73** 이지.

9 보기 와 같은 규칙으로 빈칸에 알맞은 수를 써넣으세요.

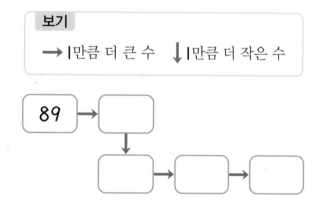

보기

→ 1만큼 더 큰 수   ↓ 1만큼 더 작은 수

89 →

10 수를 세어 써 보세요.

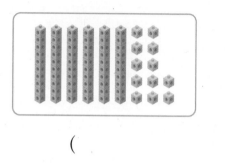

(   )

11 동전은 모두 얼마인지 구해 보세요.

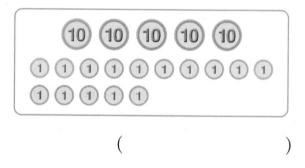

(   )

12 빈칸에 알맞은 수를 써넣으세요.

86

10개씩 묶음	낱개
8	
7	
	26

13 귤이 10개씩 묶음 **7**개와 낱개 **21**개 있습니다. 귤은 모두 몇 개일까요?

(   )

■보다 크고 ▲보다 작은 수에 ■, ▲는 포함되지 않아!

14 62와 64 사이에 있는 수를 구해 보세요.

( )

15 수직선을 보고 83보다 크고 87보다 작은 수를 모두 써 보세요.

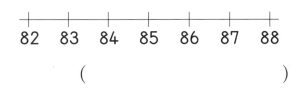

( )

16 76보다 크고 81보다 작은 수를 모두 구해 보세요.

( )

17 예순여덟보다 크고 일흔넷보다 작은 수는 모두 몇 개인지 구해 보세요.

( )

낱개의 수로 짝수와 홀수를 구분해야지!

18 짝수는 빨간색, 홀수는 파란색으로 색칠해 보세요.

19 홀수를 들고 있는 친구는 누구일까요?

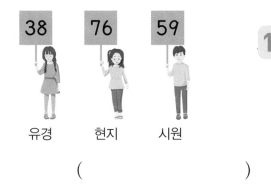

유경   현지   시원

( )

20 짝수는 모두 몇 개인지 구해 보세요.

| 5 | 26 | 80 | 63 |
| 41 | 57 | 14 | 32 |

( )

21 다음 수가 홀수일 때 0부터 9까지의 수 중 □ 안에 들어갈 수 있는 수는 모두 몇 개일까요?

9□

( )

도전1 **수 카드로 수 만들기**

1 4장의 수 카드 중에서 2장을 골라 한 번씩만 사용하여 몇십몇을 만들려고 합니다. 만들 수 있는 수 중에서 가장 큰 수를 구해 보세요.

| 5 | 8 | 1 | 3 |

( )

핵심 NOTE

가장 큰 몇십몇을 만들려면 가장 큰 수를 10개씩 묶음의 수에 놓고, 둘째로 큰 수를 낱개의 수에 놓습니다.

2 4장의 수 카드 중에서 2장을 골라 한 번씩만 사용하여 몇십몇을 만들려고 합니다. 만들 수 있는 수 중에서 가장 작은 수를 구해 보세요.

| 4 | 0 | 6 | 9 |

( )

도전 최상위

3 5장의 수 카드 중에서 2장을 골라 한 번씩만 사용하여 몇십몇을 만들려고 합니다. 만들 수 있는 수 중에서 가장 큰 홀수를 구해 보세요.

| 8 | 5 | 4 | 9 | 7 |

( )

도전2 **□ 안에 들어갈 수 있는 수 구하기**

4 0부터 9까지의 수 중에서 □ 안에 들어갈 수 있는 수를 모두 구해 보세요.

$$75 < 7\square$$

( )

핵심 NOTE

10개씩 묶음의 수를 먼저 비교하고, 낱개의 수를 비교합니다.

5 0부터 9까지의 수 중에서 □ 안에 들어갈 수 있는 수는 모두 몇 개인지 구해 보세요.

$$53 > 5\square$$

( )

6 1부터 9까지의 수 중에서 □ 안에 들어갈 수 있는 가장 작은 수를 구해 보세요.

$$74 < \square 1$$

( )

도전 최상위

7 1부터 9까지의 수 중에서 ㉠에도 들어갈 수 있고 ㉡에도 들어갈 수 있는 수를 모두 구해 보세요.

| $8㉠ > 84$ | $㉡5 < 67$ |

( )

도전3 **조건을 만족하는 수 구하기**

8 조건을 만족하는 수를 구해 보세요.

> · **10**개씩 묶음의 수가 **3**입니다.
> · **33**보다 작습니다.
> · 홀수입니다.

( )

핵심 NOTE

첫째 조건을 만족하는 수를 먼저 구한 다음 그중에서 나머지 조건들을 만족하는 수를 찾아봅니다.

9 조건을 만족하는 수를 모두 구해 보세요.

> · **66**보다 크고 **73**보다 작습니다.
> · **10**개씩 묶음의 수가 낱개의 수보다 큽니다.

( )

10 조건을 만족하는 수를 구해 보세요.

> · **75**보다 크고 **94**보다 작은 짝수입니다.
> · **10**개씩 묶음의 수가 낱개의 수보다 작습니다.

( )

도전4 **어떤 수보다 1만큼 더 큰 수와 1만큼 더 작은 수 구하기**

11 어떤 수보다 **1**만큼 더 큰 수는 **88**입니다. 어떤 수는 얼마일까요?

( )

핵심 NOTE

■보다 **1**만큼 더 큰 수는 ▲ ➡ ■는 ▲보다 **1**만큼 더 작은 수

12 어떤 수보다 **1**만큼 더 큰 수는 **65**입니다. 어떤 수보다 **1**만큼 더 작은 수는 얼마일까요?

( )

13 어떤 수보다 **1**만큼 더 작은 수는 **49**입니다. 어떤 수보다 **1**만큼 더 큰 수는 얼마일까요?

( )

도전 최상위

14 어떤 수보다 **2**만큼 더 큰 수는 **57**입니다. 어떤 수보다 **2**만큼 더 작은 수는 얼마일까요?

( )

1 그림을 보고 □ 안에 알맞은 수를 써넣으세요.

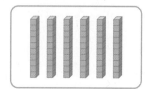

10개씩 묶음 □개이므로 □입니다.

2 색칠된 칸의 수를 세어 써 보세요.

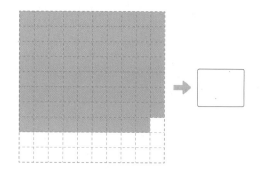 ➡ □

3 80이 되도록 ●를 더 그려 넣으세요.

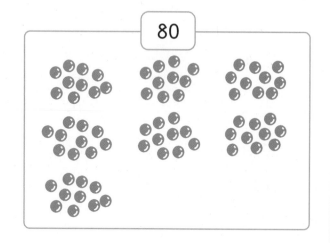

4 수로 써 보세요.

(1) 예순둘 ➡ ( )

(2) 일흔아홉 ➡ ( )

(3) 여든다섯 ➡ ( )

5 □ 안에 알맞은 수를 써넣으세요.

(1) 79보다 1만큼 더 큰 수는 □입니다.

(2) 95보다 1만큼 더 작은 수는 □입니다.

(3) 52와 55 사이에 있는 수는 □, □입니다.

6 몇 개인지 세어 보고 짝수인지 홀수인지 써 보세요.

( ), ( )

7 다음 중 나타내는 수가 다른 하나는 어느 것일까요? (   )

① 팔십   ② 80   ③ 여든
④ 예순   ⑤ 10개씩 묶음 8개

8 빈칸에 알맞은 수를 써넣으세요.

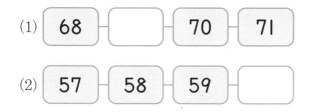

(1) 68 [   ] 70 71

(2) 57 58 59 [   ]

9 수직선을 보고 87과 92 사이의 수를 모두 써 보세요.

```
├──┼──┼──┼──┼──┼──┼──┼──┤
86 87 88 89 90 91 92 93 94
```

(   )

10 홀수를 모두 찾아 ○표 하세요.

28	49	11	34	56
53	30	25	47	12

11 ○ 안에 >, <를 알맞게 써넣으세요.

(1) 81 ◯ 75

(2) 93 ◯ 94

12 그림에서 수를 찾아 이야기를 만들어 보세요.

맛나 식당
축 70주년
선착순 59명 할인!

• ....

• ....

13 음료수가 10개씩 묶음 7개와 낱개 6개 있습니다. 음료수는 모두 몇 개일까요?

(   )

14 계산 결과가 짝수인지 홀수인지 써 보세요.

(1) 1+2 ➡ (   )
(2) 2+7 ➡ (   )
(3) 3+3 ➡ (   )

15 큰 수부터 차례로 기호를 써 보세요.

ㅤ㉠ 65ㅤㅤㅤ㉡ 73ㅤㅤㅤ㉢ 62

ㅤㅤㅤㅤ(ㅤㅤㅤㅤㅤㅤㅤ)

16 사과가 72개 있습니다. 사과를 한 상 자에 10개씩 5상자에 담으면 남는 사 과는 몇 개일까요?

ㅤㅤㅤㅤ(ㅤㅤㅤㅤㅤㅤㅤ)

17 1부터 9까지의 수 중에서 ☐ 안에 들 어갈 수 있는 수는 모두 몇 개일까요?

ㅤ☐4 > 73

ㅤㅤㅤㅤ(ㅤㅤㅤㅤㅤㅤㅤ)

18 색종이를 시은이는 10장씩 묶음 7개와 낱개 3장, 정훈이는 10장씩 묶음 6개 와 낱개 15장 가지고 있습니다. 색종이 를 더 많이 가지고 있는 사람은 누구인 지 구해 보세요.

ㅤㅤㅤㅤ(ㅤㅤㅤㅤㅤㅤㅤ)

19 귤을 은정이는 62개, 가영이는 58개 땄습니다. 귤을 더 적게 딴 사람은 누 구인지 풀이 과정을 쓰고 답을 구해 보 세요.

풀이 ㅤㅤㅤㅤㅤㅤㅤㅤㅤㅤㅤㅤㅤㅤ

ㅤㅤㅤㅤㅤㅤㅤㅤㅤㅤㅤㅤㅤㅤㅤㅤㅤㅤ

ㅤㅤㅤㅤㅤㅤㅤㅤㅤㅤㅤㅤㅤㅤㅤㅤㅤㅤ

답 ㅤㅤㅤㅤㅤㅤㅤㅤㅤㅤㅤㅤㅤ

20 20보다 크고 30보다 작은 홀수 중에 서 가장 큰 수를 구하려고 합니다. 풀 이 과정을 쓰고 답을 구해 보세요.

풀이 ㅤㅤㅤㅤㅤㅤㅤㅤㅤㅤㅤㅤㅤㅤ

ㅤㅤㅤㅤㅤㅤㅤㅤㅤㅤㅤㅤㅤㅤㅤㅤㅤㅤ

ㅤㅤㅤㅤㅤㅤㅤㅤㅤㅤㅤㅤㅤㅤㅤㅤㅤㅤ

답 ㅤㅤㅤㅤㅤㅤㅤㅤㅤㅤㅤㅤㅤ

1 그림을 보고 ☐ 안에 알맞은 수를 써넣으세요.

10개씩 묶음 5개와 낱개 4개를

☐ (이)라고 합니다.

2 딸기는 모두 몇 개일까요?

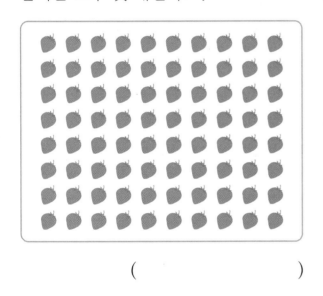

(   )

3 나타내는 수가 다른 하나를 찾아 기호를 써 보세요.

┌──────────────────────┐
│ ㉠ 구십   ㉡ 아흔 │
│ ㉢ 90   ㉣ 여든 │
└──────────────────────┘

(   )

4 수를 잘못 읽은 것은 어느 것일까요?

(   )

① 57 ➡ 오십칠, 쉰일곱
② 66 ➡ 육십육, 예순여섯
③ 78 ➡ 칠십팔, 일흔여덟
④ 82 ➡ 팔십둘, 여든이
⑤ 93 ➡ 구십삼, 아흔셋

5 100이 아닌 수를 찾아 기호를 써 보세요.

┌──────────────────────────┐
│ ㉠ 99 바로 뒤의 수   │
│ ㉡ 90보다 I만큼 더 큰 수 │
│ ㉢ 백   │
└──────────────────────────┘

(   )

6 ㉠에 알맞은 수를 구해 보세요.

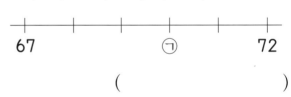

(   )

7 ☐ 안에 알맞은 수를 써넣으세요.

(1) 60보다 I만큼 더 작은 수는 ☐ 입니다.

(2) ☐ 보다 I만큼 더 큰 수는 90입니다.

8 수를 보고 짝수와 홀수를 각각 찾아 써 보세요.

| 9 | 12 | 15 | 24 | 30 | 41 |

짝수 (   )

홀수 (   )

9 수를 바르게 읽은 것을 따라 길을 찾아가 보세요.

10 사탕 70개를 그림과 같이 나눠진 상자의 한 칸에 한 개씩 담으려고 합니다. 모두 담으려면 몇 상자가 필요할까요?

(   )

11 67보다 큰 수를 모두 고르세요.

(   )

① 59   ② 65   ③ 70

④ 69   ⑤ 66

12 가장 큰 수와 가장 작은 수를 각각 찾아 써 보세요.

| 68 | 73 | 64 | 82 |

가장 큰 수 (   )

가장 작은 수 (   )

13 다음 수가 짝수일 때 0부터 9까지의 수 중 □ 안에 들어갈 수 있는 수는 모두 몇 개일까요?

| 8 □ |

(   )

14 동화책을 연재는 87권 가지고 있고, 선우는 연재보다 10권 더 많이 가지고 있습니다. 선우가 가지고 있는 동화책은 몇 권일까요?

(   )

15 설명하는 수가 다른 하나를 찾아 기호를 써 보세요.

⊙ 쉰셋보다 1만큼 더 큰 수

ⓒ 오십사보다 1만큼 더 작은 수

ⓒ 10개씩 묶음 5개와 낱개 4개

(   )

⟳ 정답과 풀이 7쪽

16 놀이동산에서 바이킹을 타기 위해 사람들이 줄을 서 있습니다. 지우는 **75**째로 줄을 섰고 민호는 **83**째로 줄을 섰습니다. 지우와 민호 사이에는 몇 명이 있을까요?

(   )

17 빈칸에 알맞은 수를 써넣으세요.

93

10개씩 묶음	낱개
9	3
8	
	23

18 조건을 만족하는 수를 구해 보세요.

> • **86**보다 크고 **92**보다 작습니다.
> • **10**개씩 묶음의 수가 낱개의 수보다 큽니다.
> • 짝수입니다.

(   )

19 당근 농장에서 당근을 지호는 **68**개, 민주는 일흔세 개, 현아는 **71**개 캤습니다. 당근을 많이 캔 사람부터 차례로 이름을 쓰려고 합니다. 풀이 과정을 쓰고 답을 구해 보세요.

풀이

답

20 5장의 수 카드 중에서 **2**장을 골라 한 번씩만 사용하여 몇십몇을 만들려고 합니다. 만들 수 있는 수 중에서 가장 큰 짝수는 얼마인지 풀이 과정을 쓰고 답을 구해 보세요.

7	6	8	1	2

풀이

답

사고력이 반짝

● 없어진 투명 그림 카드 1장을 찾아 ○표 하세요.

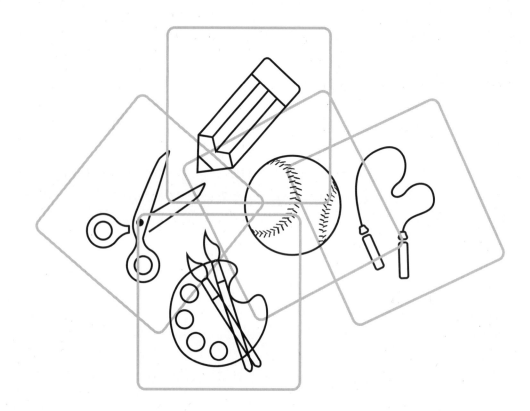

2 덧셈과 뺄셈 (1)

이번 단원에서
꼭 짚어야 할
핵심 개념을 알아보자.

핵심 1 세 수의 덧셈하기

앞의 두 수를 먼저 더하고, 두 수를 더해 나온 수에 나머지 한 수를 더합니다.

$2+4=\boxed{}$

$\boxed{}+1=\boxed{}$

→ $2+4+1=\boxed{}$

핵심 2 세 수의 뺄셈하기

앞의 두 수의 뺄셈을 먼저 하고, 두 수의 뺄셈을 하여 나온 수에서 나머지 한 수를 뺍니다.

$8-2=\boxed{}$

$\boxed{}-3=\boxed{}$

→ $8-2-3=\boxed{}$

핵심 3 10이 되는 더하기

$3+\boxed{}=10$　$7+\boxed{}=10$

핵심 4 10에서 빼기

$10-4=\boxed{}$　$10-6=\boxed{}$

핵심 5 10을 만들어 더하기

앞의 두 수 또는 뒤의 두 수로 10을 만들어 더한 다음, 나머지 수를 더합니다.

$7+3+2=\boxed{}+2=\boxed{}$

$4+2+8=4+\boxed{}=\boxed{}$

답 1. (계산 순서대로) 6, 6, 7 / 7 2. (계산 순서대로) 6, 6, 3 / 3 3. 7, 3 4. 6, 4 5. 10, 12 / 10, 14

1. 세 수의 덧셈하기

● 세 수의 덧셈

> 앞의 두 수를 먼저 더하고,
> 두 수를 더해 나온 수에 나머지 한 수를 더합니다.

$$2 + 3 = 5$$

$$5 + 4 = 9$$

➡ $2 + 3 + 4 = 9$

● 세 수의 덧셈하기 ──• 앞에서부터 순서대로 더합니다.

$$2 + 3 + 4 = 9$$

5

9

$$\begin{array}{r} 2 \\ + 3 \\ \hline 5 \end{array}$$

$$\begin{array}{r} 5 \\ + 4 \\ \hline 9 \end{array}$$

개념 자세히 보기

● 수직선으로 세 수의 덧셈을 나타낼 수 있어요!

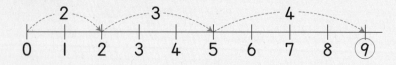

2만큼 가고 3만큼 간 후 4만큼 더 간 곳은 9입니다.
➡ $2 + 3 + 4 = 9$

● 세 수의 덧셈은 순서를 바꾸어 더해도 결과가 같아요!

$$2 + 3 + 4 = 9$$

5

9

$$2 + 3 + 4 = 9$$

7

9

정답과 풀이 9쪽

1 그림을 보고 알맞은 덧셈식을 만들어 보세요.

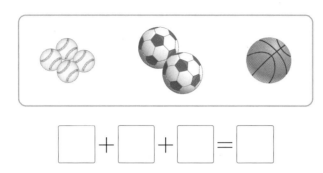

(전체 공의 수)
=(야구공의 수)
+(축구공의 수)
+(농구공의 수)

☐+☐+☐=☐

2 ☐ 안에 알맞은 수를 써넣으세요.

① 2+3+2=☐   ② 4+1+3=☐

2+3=☐   4+1=☐

☐+2=☐   ☐+3=☐

3 ☐ 안에 알맞은 수를 써넣으세요.

① 3 + 2 + 1 = ☐

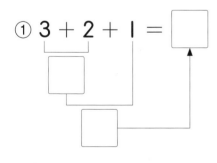

② 1 + 6 + 2 = ☐

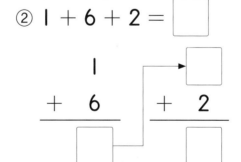

세 수의 덧셈은
앞에서부터 차례로
계산해요.

4 계산해 보세요.

① 3+1+4=☐ +4=☐

② 2+1+2=☐ +2=☐

2. 세 수의 뺄셈하기

● **세 수의 뺄셈**

> 앞의 두 수의 뺄셈을 먼저 하고,
> 두 수의 뺄셈을 하여 나온 수에서 나머지 한 수를 뺍니다.

$$9 - 3 = 6$$
$$6 - 2 = 4$$ → $$9 - 3 - 2 = 4$$

● **세 수의 뺄셈하기** ······● 앞에서부터 순서대로 뺍니다.

$$9 - 3 - 2 = 4$$
6
4

$$\begin{array}{r} 9 \\ - 3 \\ \hline 6 \end{array}$$ → $$\begin{array}{r} 6 \\ - 2 \\ \hline 4 \end{array}$$

개념 자세히 보기

● **수직선으로 세 수의 뺄셈을 나타낼 수 있어요!**

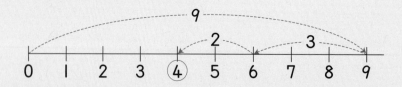

9만큼 간 후 3만큼, 2만큼 되돌아온 곳은 4입니다.

➡ $9 - 3 - 2 = 4$

● **세 수의 뺄셈은 순서를 바꾸어 계산하면 결과가 달라져요!**

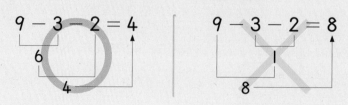

➡ 정답과 풀이 **9**쪽

1 그림을 보고 알맞은 뺄셈식을 만들어 보세요.

울타리 안에 남아 있는
양은 몇 마리인지 알아보는
식을 만들어 봐요.

$$8-\boxed{}-\boxed{}=\boxed{}$$

2 ☐ 안에 알맞은 수를 써넣으세요.

① $6-1-4=\boxed{}$ ② $8-4-2=\boxed{}$

$6-1=\boxed{}$ $8-4=\boxed{}$

$\boxed{}-4=\boxed{}$ $\boxed{}-2=\boxed{}$

3 ☐ 안에 알맞은 수를 써넣으세요.

세 수의 뺄셈은 반드시
앞에서부터 차례로
계산해야 해요.

① 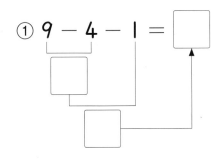 $9-4-1=\boxed{}$

② 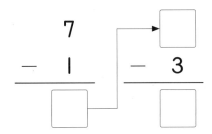 $7-1-3=\boxed{}$

4 계산해 보세요.

① $7-5-1=\boxed{}-1=\boxed{}$

② $9-1-2=\boxed{}-2=\boxed{}$

3. 10이 되는 더하기

● 10이 되는 더하기

$$1 + 9 = 10$$

$$2 + 8 = 10$$

$$3 + 7 = 10$$

$$4 + 6 = 10$$

$$5 + 5 = 10$$

$$6 + 4 = 10$$

$$7 + 3 = 10$$

$$8 + 2 = 10$$

$$9 + 1 = 10$$

개념 다르게 보기

● 이어 세어 10이 되는 더하기를 할 수 있어요!

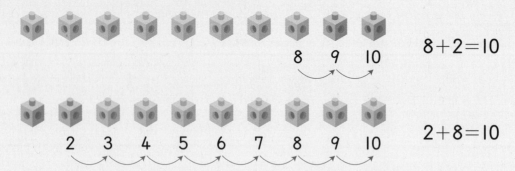

$$8 + 2 = 10$$

$$2 + 8 = 10$$

● 두 수를 바꾸어 더해도 합은 같아요!

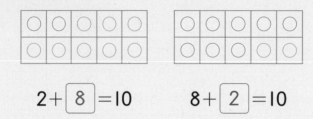

$$2 + \boxed{8} = 10 \qquad 8 + \boxed{2} = 10$$

➲ 정답과 풀이 9쪽

10칸이 ●와 ▲로 모두 채워져 있으므로 ●의 수와 ▲의 수의 합은 10이에요.

1 □ 안에 알맞은 수를 써넣으세요.

① 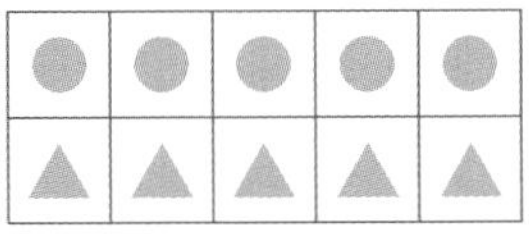

5+□=10

② 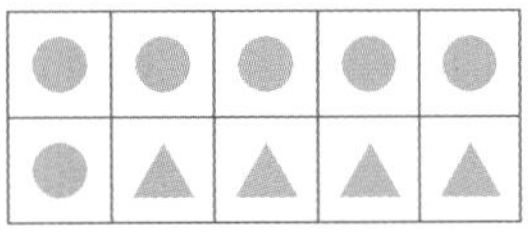

6+□=10

2 그림을 보고 알맞은 덧셈식을 만들어 보세요.

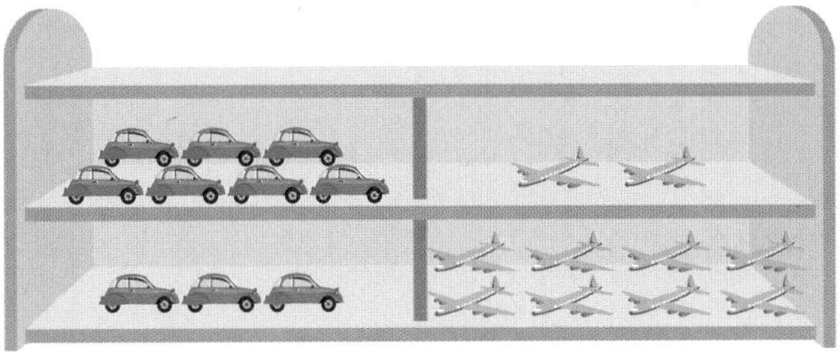

 □+□=10

 □+□=10

3 마카롱의 수의 합이 10이 되도록 이어 보세요.

 • 	• 

 • 	• 

4 덧셈을 해 보세요.

두 수의 순서를 바꾸어 더해도 결과는 같아요.

① 1+9=□

9+1=□

② 3+7=□

7+3=□

4. 10에서 빼기

- **10에서 빼기**

$$10 - 1 = 9$$
$$10 - 2 = 8$$
$$10 - 3 = 7$$
$$10 - 4 = 6$$
$$10 - 5 = 5$$
$$10 - 6 = 4$$
$$10 - 7 = 3$$
$$10 - 8 = 2$$
$$10 - 9 = 1$$

개념 다르게 보기

- 거꾸로 세어 10에서 빼기를 할 수 있어요!

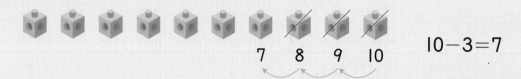

$$10 - 3 = 7$$

- $10 - \blacksquare = \blacktriangle$ 이면 $10 - \blacktriangle = \blacksquare$ 예요!

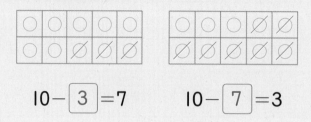

$$10 - \boxed{3} = 7 \qquad 10 - \boxed{7} = 3$$

정답과 풀이 **9**쪽

1 □ 안에 알맞은 수를 써넣으세요.

①

$$10-4=\boxed{}$$

②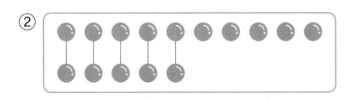

$$10-5=\boxed{}$$

2 그림을 보고 알맞은 뺄셈식을 만들어 보세요.

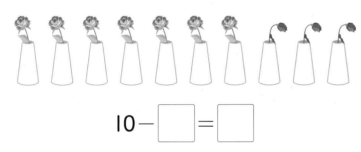

$$10-\boxed{}=\boxed{}$$

장미 10송이 중에서 3송이가 시들어 있어요.

3 파란색 연결 모형은 빨간색 연결 모형보다 몇 개 더 많은지 뺄셈식을 써 보세요.

①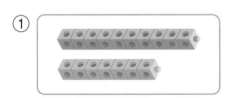

$$10-\boxed{}=\boxed{}$$

②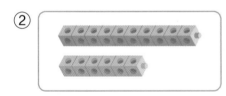

$$10-\boxed{}=\boxed{}$$

파란색 연결 모형의 수에서 빨간색 연결 모형의 수를 빼요.

4 뺄셈을 해 보세요.

① $10-1=\boxed{}$ ② $10-8=\boxed{}$

$10-9=\boxed{}$ $10-2=\boxed{}$

5. 10을 만들어 더하기

● 앞의 두 수로 10을 만들어 더하기

$$7 + 3 + 2$$

$$= 10 + 2 = 12$$

앞의 두 수를 더해 10을 만들고, 남은 수를 더합니다.

● 뒤의 두 수로 10을 만들어 더하기

$$5 + 3 + 7$$

$$= 5 + 10 = 15$$

뒤의 두 수를 더해 10을 만들고, 남은 수를 더합니다.

개념 다르게 보기

● 앞의 두 수를 먼저 더한 것과 뒤의 두 수를 먼저 더한 것의 결과는 같아요!

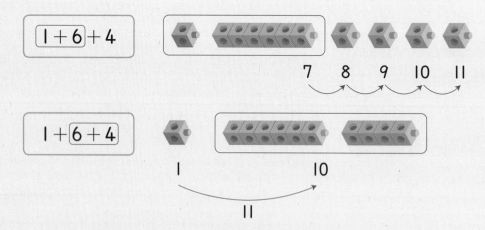

$$1 + 6 + 4$$

7   8   9   10   11

$$1 + 6 + 4$$

1   10

11

● 양 끝의 두 수로 10을 만들어 더할 수도 있어요!

$$2 + 4 + 8 = 14$$

10

14

1 피망의 수에 알맞게 ○를 그리고 식으로 나타내 보세요.

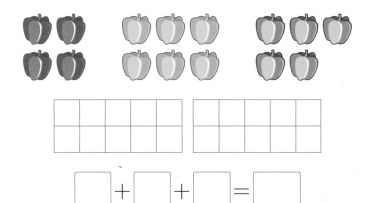

빨간색 피망, 노란색 피망, 초록색 피망의 수만큼 ○를 이어서 그려 봐요.

$$\boxed{}+\boxed{}+\boxed{}=\boxed{}$$

2 10을 만들어 덧셈을 해 보세요.

① $3+7+8=\boxed{}+8=\boxed{}$

② $6+9+1=6+\boxed{}=\boxed{}$

10이 되는 두 수를 먼저 더하면 계산이 편리해요.

2

3 계산해 보세요.

① $8+2+1=\boxed{}$

② $4+5+5=\boxed{}$

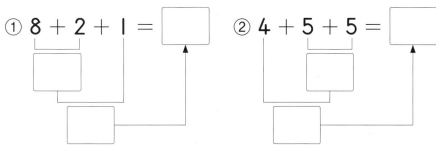

4 10을 만들어 더할 수 있는 식에 모두 ○표 하세요.

$1+9+3$ $3+4+5$ $7+6+4$

(   )   (   )   (   )

1 세 수의 덧셈하기

1 계산해 보세요.

(1) $1+4+3=$ ☐

(2) $2+5+2=$ ☐

2 합을 구하여 이어 보세요.

2+6+1 ·	· 7
3+2+3 ·	· 8
1+2+4 ·	· 9

3 수직선을 보고 덧셈식을 만들어 보세요.

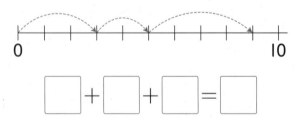

☐ + ☐ + ☐ = ☐

4 ○ 안에 >, =, <를 알맞게 써넣으세요.

(1) $1+3+3$ ○ $2+1+5$

(2) $4+1+4$ ○ $1+6+1$

5 수 카드 2장을 골라 덧셈식을 완성해 보세요.

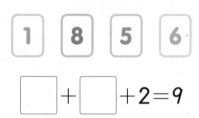

☐ + ☐ $+2=9$

6 세 가지 색으로 팔찌를 색칠하고 덧셈식을 만들어 보세요.

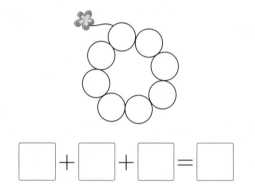

☐ + ☐ + ☐ = ☐

7 냉장고에 당근 3개, 호박 1개, 오이 2개가 들어 있습니다. 냉장고에 들어 있는 채소는 모두 몇 개일까요?

식 _____

답 _____

8 아름이와 예은이는 1층에서 엘리베이터를 탔습니다. 아름이는 4층 더 올라가서 내렸고, 예은이는 아름이보다 2층 더 올라가서 내렸습니다. 예은이는 몇 층에서 내렸을까요?

(_____)

2 세 수의 뺄셈하기

9 계산해 보세요.

(1) $8-2-3=$ ☐

(2) $5-1-2=$ ☐

10 차를 구하여 이어 보세요.

$9-4-2$ •	• 1
$6-3-1$ •	• 2
$7-2-4$ •	• 3

11 수직선을 보고 뺄셈식을 만들어 보세요.

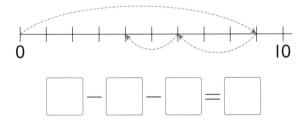

☐ $-$ ☐ $-$ ☐ $=$ ☐

서술형
12 계산에서 잘못된 곳을 찾아 까닭을 쓰고, 바르게 계산해 보세요.

$8-4-1=5$

┌─3─┐
└──5──┘

➡ [   ]

까닭 _____

13 수 카드 2장을 골라 뺄셈식을 완성해 보세요.

1 3 2 5

$7-$ ☐ $-$ ☐ $=2$

😊 내가 만드는 문제
14 ☐ 안에 수를 써넣고 뺄셈식을 만들어 보세요.

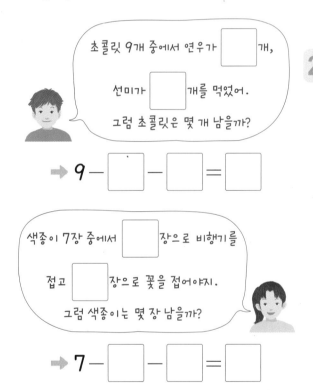

초콜릿 9개 중에서 연우가 ☐ 개, 선미가 ☐ 개를 먹었어. 그럼 초콜릿은 몇 개 남을까?

➡ $9-$ ☐ $-$ ☐ $=$ ☐

색종이 7장 중에서 ☐ 장으로 비행기를 접고 ☐ 장으로 꽃을 접어야지. 그럼 색종이는 몇 장 남을까?

➡ $7-$ ☐ $-$ ☐ $=$ ☐

15 현우는 음악 소리의 크기를 8칸에서 2칸을 줄이고 다시 4칸을 줄였습니다. 지금 듣고 있는 음악 소리의 크기만큼 칸을 색칠해 보세요.

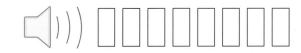

3 10이 되는 더하기

16 □ 안에 알맞은 수를 써넣으세요.

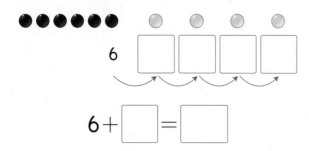

$$6 + \boxed{} = \boxed{}$$

17 그림을 보고 알맞은 덧셈식을 만들어 보세요.

$$\boxed{} + \boxed{} = 10$$

18 덧셈을 해 보세요.

(1) $2 + 8 = \boxed{}$

(2) $5 + 5 = \boxed{}$

(3) $1 + 9 = \boxed{}$

19 두 가지 색으로 색칠하고 덧셈식을 만들어 보세요.

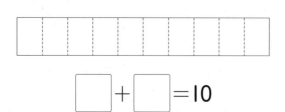

$$\boxed{} + \boxed{} = 10$$

20 □ 안에 알맞은 수를 써넣으세요.

(1) $3 + \boxed{} = 10$

(2) $\boxed{} + 2 = 10$

21 빈칸에 알맞은 수를 써넣고 그림을 그려 보세요.

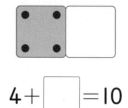

$$4 + \boxed{} = 10$$

22 놀이터에 어린이 8명이 놀고 있었습니다. 어린이 2명이 더 왔다면 지금 놀이터에 있는 어린이는 모두 몇 명일까요?

(   )

😊 내가 만드는 문제

23 ● 모양과 ♥ 모양을 그려 덧셈식을 만들어 보세요.

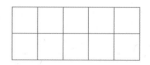

● 모양 $\boxed{}$ 개와 ♥ 모양 $\boxed{}$ 개로 덧셈식을 만들면 $\boxed{} + \boxed{} = 10$입니다.

24 준서는 줄넘기를 7개 했습니다. 10개를 하려면 줄넘기를 몇 개 더 해야 하는지 풀이 과정을 쓰고 답을 구해 보세요.

풀이

답

4 10에서 빼기

25 그림을 보고 알맞은 뺄셈식을 만들어 보세요.

10 − ☐ = ☐

26 뺄셈을 해 보세요.

(1) 10 − 5 = ☐

(2) 10 − 7 = ☐

27 수직선을 보고 ☐ 안에 알맞은 수를 써넣으세요.

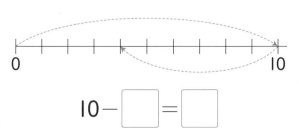

10 − ☐ = ☐

28 ☐ 안에 알맞은 수를 써넣으세요.

(1) 10 − ☐ = 6

(2) 10 − ☐ = 1

 내가 만드는 문제
29 /로 지우고 뺄셈식을 만들어 보세요.

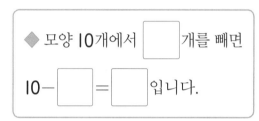

◆ 모양 10개에서 ☐개를 빼면

10 − ☐ = ☐ 입니다.

2

30 책을 효주는 10권, 수아는 9권 읽었습니다. 효주는 수아보다 몇 권을 더 읽었을까요?

(   )

31 그림을 보고 알맞은 뺄셈식을 만들어 보세요.

10 − ☐ = ☐

5 **10을 만들어 더하기**

32 □ 안에 알맞은 수를 써넣으세요.

(1) $6+4+2=\boxed{}+2=\boxed{}$

(2) $4+9+1=4+\boxed{}=\boxed{}$

33 합이 같은 것끼리 이어 보세요.

$7+1+9$ ·	· $10+3$
$2+8+3$ ·	· $7+10$
$3+7+5$ ·	· $10+5$

34 합이 10이 되는 두 수를 ⬭로 묶고 덧셈을 해 보세요.

(1) $7+3+6=\boxed{}$

(2) $8+5+5=\boxed{}$

35 밑줄 친 두 수의 합이 10이 되도록 ○ 안에 수를 써넣고 식을 완성해 보세요.

(1) $7+4+\bigcirc=\boxed{}$

(2) $\bigcirc+2+5=\boxed{}$

36 계산 결과를 비교하여 ○ 안에 >, =, <를 알맞게 써넣으세요.

$$5+7+3 \bigcirc 9+3+1$$

37 수 카드 2장을 골라 덧셈식을 완성해 보세요.

2	5	8	6

$\boxed{}+\boxed{}+4=14$

38 고리 던지기 놀이를 하여 윤지는 6개, 태호는 4개, 은채는 8개를 걸었습니다. 세 사람이 건 고리는 모두 몇 개일까요?

식 ....

답 ....

☺ 내가 만드는 문제

39 1부터 9까지의 수 중에서 두 수를 골라 합이 15가 되는 덧셈식을 만들어 보세요.

$\boxed{}+\boxed{}+5=15$

$5+\boxed{}+\boxed{}=15$

자주 틀리는 유형

⚡ **더해서 10이 되는 수를 위아래, 양옆으로 모두 찾아야지!**

1 더해서 10이 되는 두 수를 모두 찾아 ◯표 하고, 덧셈식을 써 보세요.

6	1	(8	2)
3	1	3	9
2	9	4	5
7	3	8	5

$$8+2=10$$

2 더해서 10이 되는 두 수를 모두 찾아 ◯표 하고, 덧셈식을 써 보세요.

2	5	8	9
4	6	3	1
2	3	6	5
5	7	2	8

⚡ **10이 되는 두 수를 먼저 더해야지!**

3 □ 안에 알맞은 수를 써넣으세요.

(1) $3+6+4=3+\square$

(2) $5+5+7=\square+7$

4 합이 같은 것끼리 이어 보세요.

$8+1+9$ ·	· $10+4$
$2+8+4$ ·	· $10+6$
$7+6+3$ ·	· $10+8$

5 □ 안에 알맞은 수를 써넣으세요.

(1) $8+\square+2=17$

(2) $3+\square+7=15$

6 □ 안에 알맞은 수가 가장 큰 것을 찾아 기호를 써 보세요.

㉠ $6+4+\square=15$
㉡ $9+\square+1=13$
㉢ $\square+5+5=16$

(   )

7 합이 더 큰 것에 ○표 하세요.

| 1+3+5 | 2+3+3 |

( ) ( )

8 계산 결과를 비교하여 ○ 안에 >, =, <를 알맞게 써넣으세요.

9-1-2 ◯ 1+3+1

9 차가 가장 작은 것을 찾아 ○표 하세요.

| 7-1-2 | 10-5 | 8-2-3 |

( ) ( ) ( )

10 합이 작은 것부터 차례로 기호를 써 보세요.

㉠ 2+8+5
㉡ 7+1+9
㉢ 4+3+7

( )

11 버스에 7명이 타고 있었습니다. 이번 정류장에서 몇 명이 더 타서 10명이 되었습니다. 이번 정류장에서 더 탄 사람은 몇 명일까요?

( )

12 식탁 위에 주스가 10잔 있었습니다. 그중에서 몇 잔을 마셨더니 8잔이 남았습니다. 마신 주스는 몇 잔일까요?

( )

13 지호는 스케치북을 5권 가지고 있었습니다. 몇 권을 더 사 왔더니 10권이 되었습니다. 더 사 온 스케치북은 몇 권일까요?

( )

14 색종이 10장 중에서 몇 장을 종이꽃을 접는 데 사용했더니 4장이 남았습니다. 종이꽃을 접는 데 사용한 색종이는 몇 장일까요?

( )

⚡ **왼쪽 식과 오른쪽 식을 비교해야지!**

15 옳은 것에 ○표, 틀린 것에 ✕표 하세요.

(1) $2+3+4=5+4$ (   )

(2) $1+3+5=1+7$ (   )

(3) $7+9+1=7+10$ (   )

16 □ 안에 알맞은 수를 구해 보세요.

$$2+5+1=7+\square$$

(   )

17 □ 안에 알맞은 수를 구해 보세요.

$$4+9+1=4+\square$$

(   )

18 □ 안에 알맞은 수를 구해 보세요.

$$6+\square=3+6+7$$

(   )

⚡ **더해서 10이 되는 두 수를 먼저 찾아야지!**

19 세 수의 합이 16일 때 나머지 한 수를 구해 보세요.

2	8	□

(   )

20 합이 14가 되는 세 수를 찾아 써 보세요.

7	5	3	4	1

(   )

21 합이 15가 되는 세 수를 찾아 써 보세요.

1	3	5	9	2

(   )

22 합이 18이 되는 세 수를 찾아 써 보세요.

5	4	8	2	6

(   )

도전1 **수 카드로 덧셈식, 뺄셈식 만들기**

1 수 카드 5장 중에서 3장을 골라 덧셈식을 만들려고 합니다. 계산 결과가 가장 작을 때의 덧셈식을 만들고 계산해 보세요.

핵심 NOTE

더하는 수들이 작을수록 계산 결과가 작습니다.

2 수 카드 5장 중에서 3장을 골라 뺄셈식을 만들려고 합니다. 계산 결과가 가장 클 때의 뺄셈식을 만들고 계산해 보세요.

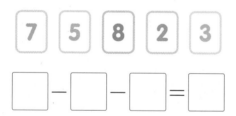

도전 최상위

3 수 카드 5장 중에서 3장을 골라 덧셈식 □+□+□와 뺄셈식 □−□−□를 만들려고 합니다. 계산 결과가 가장 작을 때의 덧셈식과 가장 클 때의 뺄셈식의 계산 결과의 차를 구해 보세요.

( )

도전2 **10이 되는 덧셈과 뺄셈의 활용**

4 서윤이는 동생과 초콜릿 10개를 모두 나누어 먹었습니다. 서윤이가 동생보다 2개 더 많이 먹었다면 서윤이가 먹은 초콜릿은 몇 개일까요?

( )

핵심 NOTE

합이 10이 되는 두 수를 모두 구하여, 그중에서 차가 2인 수를 찾아봅니다.

5 빨간색 구슬과 노란색 구슬이 모두 10개 있습니다. 빨간색 구슬이 노란색 구슬보다 4개 더 많다면 빨간색 구슬과 노란색 구슬은 각각 몇 개인지 구해 보세요.

빨간색 구슬 ( )
노란색 구슬 ( )

6 윤호는 공책 10권 중 2권을 선아에게 주고, 나머지를 동생과 똑같이 나누어 가졌습니다. 윤호가 가진 공책은 몇 권일까요?

( )

도전3 ●에 알맞은 수 구하기

7 같은 모양은 같은 수를 나타냅니다. ●에 알맞은 수를 구해 보세요.

$$10-\blacksquare=4$$
$$\bullet+2=\blacksquare$$

( )

핵심 NOTE
구할 수 있는 모양부터 차례로 구합니다. $10-\blacksquare=4$에서 ■에 알맞은 수를 먼저 구하고 $\bullet+2=\blacksquare$에서 ■ 대신에 구한 수를 넣어 ●에 알맞은 수를 구합니다.

8 같은 모양은 같은 수를 나타냅니다. ●에 알맞은 수를 구해 보세요.

$$5+\blacksquare=8$$
$$\bullet-3=\blacksquare$$

( )

9 같은 모양은 같은 수를 나타냅니다. ●에 알맞은 수를 구해 보세요.

$$\blacksquare+\blacksquare=10$$
$$\bullet-4=\blacksquare$$

( )

도전4 □ 안에 들어갈 수 있는 수 구하기

10 1부터 9까지의 수 중에서 □ 안에 들어갈 수 있는 수를 모두 구해 보세요.

$$3+1+\square<8$$

( )

핵심 NOTE
$3+1+\square=8$이 되는 □를 먼저 구해 봅니다.

11 1부터 9까지의 수 중에서 □ 안에 들어갈 수 있는 수는 모두 몇 개인지 구해 보세요.

$$9-2-\square>4$$

( )

12 1부터 9까지의 수 중에서 □ 안에 들어갈 수 있는 가장 작은 수를 구해 보세요.

$$4+\square+1>2+6$$

( )

점수

확인

1 그림을 보고 세 수의 덧셈을 해 보세요.

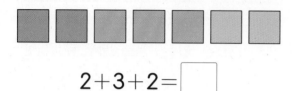

$$2+3+2=\boxed{}$$

2 □ 안에 알맞은 수를 써넣으세요.

$$9-5-2=\boxed{}$$

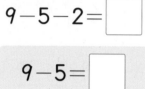

$$9-5=\boxed{}$$

$$\boxed{}-2=\boxed{}$$

3 □ 안에 알맞은 수를 써넣으세요.

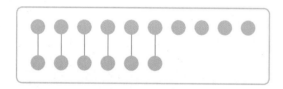

$$10-6=\boxed{}$$

4 수직선을 보고 덧셈식을 만들어 보세요.

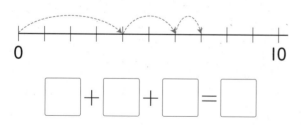

$$\boxed{}+\boxed{}+\boxed{}=\boxed{}$$

5 □ 안에 알맞은 수를 써넣으세요.

$$8+6+2=\boxed{}+6$$

6 계산해 보세요.

(1) $1+9+5=\boxed{}$

(2) $3+6+4=\boxed{}$

7 합을 구하여 이어 보세요.

$1+2+5$ ·	· 9
$2+4+1$ ·	· 8
$3+4+2$ ·	· 7

8 ○ 안에 >, =, <를 알맞게 써넣으세요.

$$9-1-2 \bigcirc 3+1+4$$

9 ☐ 안에 알맞은 수를 써넣으세요.

$$8 + \boxed{} = 10$$

$$10 - 8 = \boxed{}$$

10 막대 사탕 7개 중에서 현지가 2개를 먹고 동생이 3개를 먹었습니다. 남은 막대 사탕은 몇 개일까요?

(   )

11 두 수를 더해서 10이 되도록 빈칸에 알맞은 수를 써넣으세요.

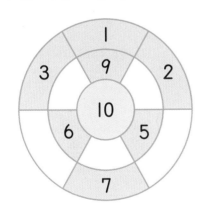

12 준호는 빨간색 색종이 3장과 노란색 색종이 7장을 가지고 있습니다. 준호가 가지고 있는 색종이는 모두 몇 장일까요?

식 _____

답 _____

13 연우는 집에 있는 위인전 10권 중 6권을 읽었습니다. 아직 읽지 않은 위인전은 몇 권일까요?

(   )

14 합이 큰 것부터 차례로 기호를 써 보세요.

> ㉠ 3+6+4
> ㉡ 7+3+8
> ㉢ 8+5+2

(   )

15 보기 와 같이 계산하여 빈칸에 알맞은 수를 써넣으세요.

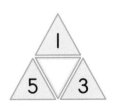

➡ 정답과 풀이 14쪽

16 가장 큰 수에서 나머지 두 수를 뺀 값을 구해 보세요.

4	3	9

(   )

17 같은 모양은 같은 수를 나타냅니다. ♥에 알맞은 수를 구해 보세요.

$$● + ● = 10$$
$$9 - ♥ = ●$$

(   )

18 수 카드 세 장을 골라 덧셈식을 완성해 보세요.

2	4	5	6	7

$$\boxed{} + \boxed{} + \boxed{} = 17$$

19 바구니에 사과 3개, 배 2개, 감 3개가 들어 있습니다. 바구니에 들어 있는 과일은 모두 몇 개인지 풀이 과정을 쓰고 답을 구해 보세요.

풀이

답

20 ㉠과 ㉡의 합은 얼마인지 풀이 과정을 쓰고 답을 구해 보세요.

$$6 + ㉠ = 10 \qquad 10 - ㉡ = 8$$

풀이

답

1 주사위의 눈의 수의 합을 구해 보세요.

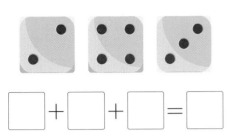

☐ + ☐ + ☐ = ☐

2 그림을 보고 알맞은 뺄셈식을 만들어 보세요.

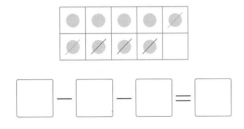

☐ − ☐ − ☐ = ☐

3 빈칸에 알맞은 수를 써넣으세요.

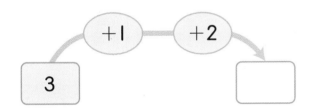

4 알맞은 것을 찾아 이어 보세요.

3+2+4   4+1+3

7   8   9

5 ☐ 안에 알맞은 수를 써넣으세요.

(1) 7+3=3+ ☐

(2) 3+ ☐ =1+2+5

6 ☐ 안에 알맞은 수를 써넣으세요.

(1) 5+5+3= ☐ +3= ☐

(2) 8+4+2= ☐ +10= ☐

7 더해서 10이 되는 두 수를 모두 찾아 ◯표 하고, 덧셈식을 써 보세요.

2	④	⑥	9	5
1	3	5	6	5
5	6	9	2	8
3	6	1	4	9
7	2	3	8	4

4+6=10

8 ○ 안에 >, =, <를 알맞게 써넣으세요.

$$8-4-1 \bigcirc 10-6$$

9 주하는 아몬드를 아침에 4개, 낮에 7개, 저녁에 3개 먹었습니다. 주하가 오늘 먹은 아몬드는 모두 몇 개일까요?

( )

10 딸기 맛 사탕은 레몬 맛 사탕보다 몇 개 더 많을까요?

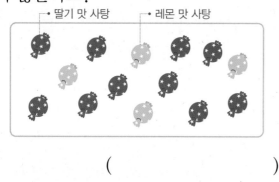

( )

11 계산 결과가 다른 하나를 찾아 기호를 써 보세요.

> ㉠ 3+7　　㉡ 4+5
> ㉢ 1+9　　㉣ 6+4

( )

12 밑줄 친 두 수의 합이 10이 되도록 ○ 안에 수를 써넣고 식을 완성해 보세요.

$$7+9+\bigcirc = \boxed{}$$

13 =의 양쪽이 같게 되도록 □ 안에 알맞은 수를 써넣으세요.

$$4+2+1=10-\boxed{}$$

14 □ 안에 알맞은 수들의 차를 구해 보세요.

> ㉠ $10-\boxed{}=2$
> ㉡ $\boxed{}+6=10$

( )

15 수 카드 두 장을 골라 뺄셈식을 완성해 보세요.

| 1 | 4 | 2 | 3 |

$$9-\boxed{}-\boxed{}=2$$

서술형 문제

정답과 풀이 15쪽

16 각 줄에 있는 세 수의 합이 15가 되도록 만들려고 합니다. ㉠과 ㉡의 합을 구해 보세요.

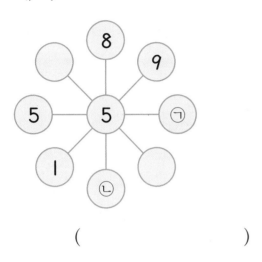

(   )

17 같은 모양은 같은 수를 나타냅니다. ●에 알맞은 수를 구해 보세요.

$$1+3+\blacksquare=10$$
$$\bullet-2=\blacksquare$$

(   )

18 1부터 9까지의 수 중에서 □ 안에 들어갈 수 있는 수는 모두 몇 개일까요?

$$8-2-\square>2$$

(   )

19 진수와 민아는 사탕을 10개씩 가지고 있었습니다. 사탕을 진수는 4개 먹었고, 민아는 2개 먹었습니다. 남은 사탕은 누가 몇 개 더 많은지 풀이 과정을 쓰고 답을 구해 보세요.

풀이

답   ,

20 축구 경기에서 몇 골을 넣었는지 나타낸 것입니다. 1반이 넣은 골은 모두 몇 골인지 풀이 과정을 쓰고 답을 구해 보세요.

1반	2반	1반	3반	1반	4반
1	2	3	1	3	3

풀이

답

사고력이 반짝

● 조각을 맞추면 어떤 수가 나오는지 써 보세요.

(   )

3 모양과 시각

> 이번 단원에서
> 꼭 짚어야 할
> **핵심 개념**을 알아보자.

핵심 1 여러 가지 모양 찾기

- ■ 모양 찾기

- ▲ 모양 찾기

- ● 모양 찾기

핵심 2 여러 가지 모양 알아보기

■	▲	●
뾰족한 부분이 4군데 있습니다.	뾰족한 부분이 ☐군데 있습니다.	둥근 부분이 있습니다.

핵심 3 여러 가지 모양 꾸미기

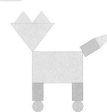

■ 모양: ☐개

▲ 모양: ☐개

● 모양: ☐개

핵심 4 몇 시 알아보기

짧은바늘: ☐

긴바늘: ☐

➡ ☐시

핵심 5 몇 시 30분 알아보기

짧은바늘: 1과 2 사이

긴바늘: ☐

➡ ☐시 ☐분

1. 여러 가지 모양 찾기

● ■, ▲, ● 모양 찾기

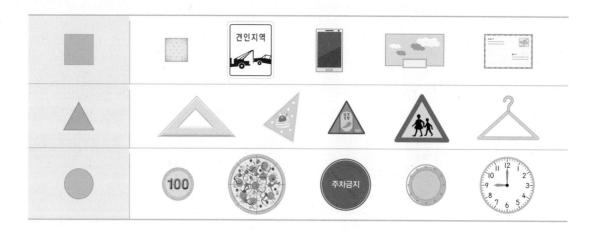

● ■, ▲, ● 모양끼리 모으기

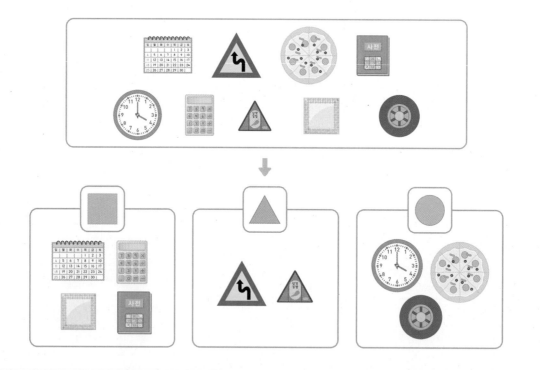

개념 자세히 보기

● ■, ▲, ● 모양의 이름을 지어 보아요!

■	▲	●
색종이 모양	산 모양	얼굴 모양
책 모양	화살표 모양	시계 모양
네모 모양	세모 모양	동그라미 모양

◐ 정답과 풀이 16쪽

1 왼쪽과 같은 모양에 ○표 하세요.

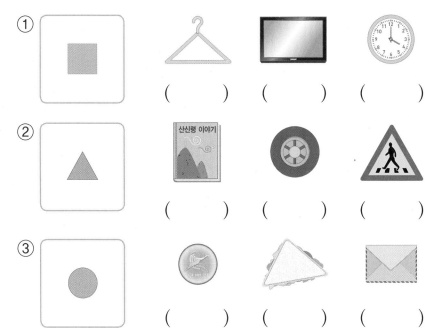

①
(   )   (   )   (   )

②
(   )   (   )   (   )

③
(   )   (   )   (   )

물건들의 공통된 특징을 생각하여 ■, ▲, ● 모양을 찾아봐요.

2 어떤 모양끼리 모은 것인지 알맞은 모양에 ○표 하세요.

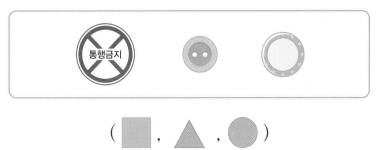

(■ , ▲ , ●)

색깔이나 크기에 상관없이 같은 모양끼리 모을 수 있어요.

3 같은 모양끼리 이어 보세요.

2. 여러 가지 모양 알아보기

- ■, ▲, ● 모양으로 된 물건을 찍어 보기

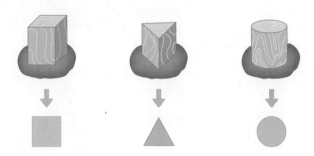

- ■, ▲, ● 모양의 특징

모양	특징
■	• 뾰족한 부분이 **4**군데입니다. • 곧은 선 **4**개로 되어 있습니다.
▲	• 뾰족한 부분이 **3**군데입니다. • 곧은 선 **3**개로 되어 있습니다.
●	• 뾰족한 부분이 없고 둥근 부분이 있습니다. • 곧은 선이 없습니다.

개념 자세히 보기

- 물건을 종이 위에 본뜬 모양은 찰흙 위에 찍은 모양과 같아요!

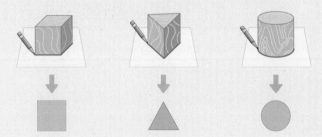

- 점판을 이용하여 ■, ▲ 모양을 그릴 수 있어요!

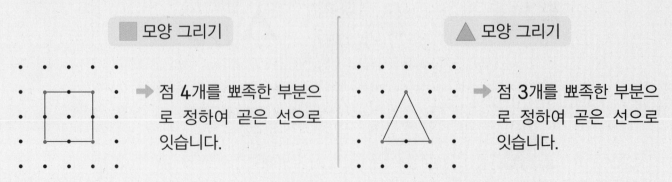

■ 모양 그리기 ➡ 점 **4**개를 뾰족한 부분으로 정하여 곧은 선으로 잇습니다.

▲ 모양 그리기 ➡ 점 **3**개를 뾰족한 부분으로 정하여 곧은 선으로 잇습니다.

○ 정답과 풀이 16쪽

① 다음 물건을 종이 위에 대고 그렸을 때 나오는 모양을 찾아 이어 보세요.

물건의 바닥 부분을 따라 그리면 어떤 모양이 될지 생각해 봐요.

② 어떤 모양을 만든 것인지 알맞게 이어 보세요.

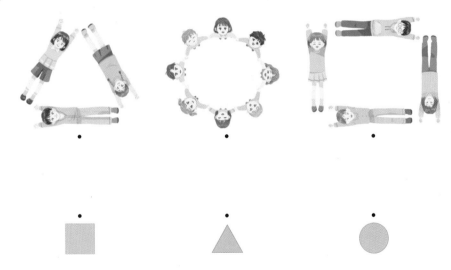

③ 설명에 알맞은 모양을 찾아 ○표 하세요.

① | 뾰족한 부분이 **3**군데입니다.

② | 뾰족한 부분이 없고 둥근 부분이 있습니다.

③ | 뾰족한 부분이 **4**군데입니다.

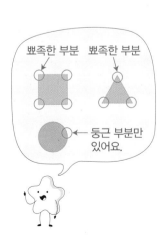

뾰족한 부분   뾰족한 부분

← 둥근 부분만 있어요.

3. 여러 가지 모양으로 꾸미기

● ■, ▲, ● 모양으로 게시판 꾸미기

꽃잎은 ● 모양으로,
줄기는 ■ 모양으로,
잎사귀는 ▲ 모양으로 꾸몄습니다.

● 꾸민 모양에서 ■, ▲, ● 모양의 수 세어 보기

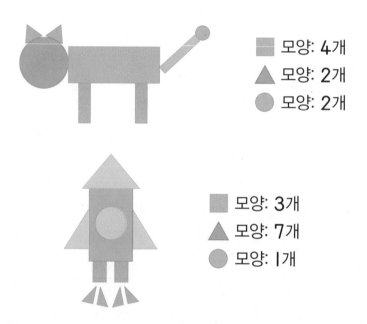

■ 모양: 4개
▲ 모양: 2개
● 모양: 2개

■ 모양: 3개
▲ 모양: 7개
● 모양: 1개

개념 자세히 보기

● 빠뜨리거나 두 번 세지 않도록 모양별로 다른 표시를 하며 세면 편리해요!

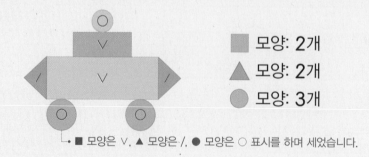

■ 모양: 2개
▲ 모양: 2개
● 모양: 3개

> ■ 모양은 ∨, ▲ 모양은 /, ● 모양은 ○ 표시를 하며 세었습니다.

1 다음 모양을 꾸미는 데 이용한 모양을 찾아 ○표 하세요.

(■ , ▲ , ●)

2 다음 모양을 꾸미는 데 이용하지 않은 모양을 찾아 ✕표 하세요.

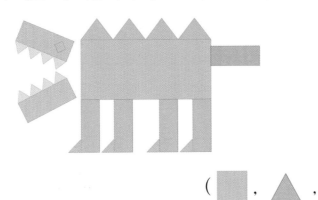

(■ , ▲ , ●)

■ 모양, ▲ 모양,
● 모양을 차례로
찾아봐요.

3 다음 모양을 꾸미는 데 이용한 ■, ▲, ● 모양은 각각 몇 개인지 써 보세요.

■ 모양 (   )
▲ 모양 (   )
● 모양 (   )

크기나 색깔에 관계없이
같은 모양을 찾아
개수를 세어 봐요.

4. 몇 시 알아보기

● **몇 시 알아보기**

짧은바늘이 **3**, 긴바늘이 **12**를 가리킬 때
시계는 **3**시를 나타내고 **세 시**라고 읽습니다.
└• 삼 시라고 읽지 않습니다.

• 시계에서 짧은바늘은 시, 긴바늘은 분을 가리킵니다.

• **짧은바늘이 ■를** 가리키고 **긴바늘이 12를** 가리킬 때 ➡ **■시**

● **몇 시를 시계에 나타내기**

• 5시 나타내기
  ① 짧은바늘이 **5**를 가리키도록 그립니다.
  ② 긴바늘이 **12**를 가리키도록 그립니다.

개념 자세히 보기

● **긴바늘이 한 바퀴 움직일 때 짧은바늘은 숫자 눈금 1칸을 움직여요!**

● **디지털시계는 바늘 대신 숫자로 나타내요!**

디지털시계에서 : 앞의 숫자는 시, : 뒤의 숫자는 분을 나타냅니다.

🔵 정답과 풀이 **17**쪽

① 시계를 보고 ☐ 안에 알맞은 수를 써넣으세요.

짧은바늘이 ☐ 을/를 가리키고,

긴바늘이 ☐ 을/를 가리키므로

시계는 ☐ 시를 나타냅니다.

② 시계를 보고 몇 시인지 써 보세요.

①  ☐시

②  ☐시

짧은바늘이 가리키는
숫자를 읽어 봐요.

③ 시계를 보고 이어 보세요.

3

디지털시계에서
: 앞에 있는 숫자가
시를 나타내요.

④ 몇 시를 나타내 보세요.

①

②

5. 몇 시 30분 알아보기

● **몇 시 30분 알아보기**

짧은바늘이 2와 3 사이, 긴바늘이 6을 가리킬 때
시계는 2시 30분을 나타내고 두 시 삼십 분이라고 읽습니다.

· 4시, 4시 30분 등을 시각이라고 합니다.

· **짧은바늘이 두 숫자 사이를** 가리키고 **긴바늘이 6을**

가리킬 때 ➡ 몇 시 30분

● **몇 시 30분을 시계에 나타내기**

· 11시 30분 나타내기
  ① 짧은바늘이 11과 12 사이에 있도록 그립니다.
  ② 긴바늘이 6을 가리키도록 그립니다.

개념 **자세히 보기**

● **긴바늘이 반 바퀴 움직일 때 짧은바늘은 숫자 눈금 반 칸을 움직여요!**

3시 30분은 3시에서 30분 지난 시각입니다.

● **6시, 6시 30분 등을 시각이라 하고, 두 시각 사이를 시간이라고 해요!**

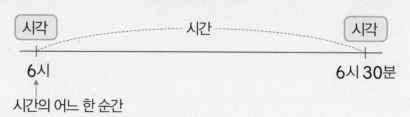

→ 정답과 풀이 17쪽

1 시계를 보고 □ 안에 알맞은 수를 써넣으세요.

짧은바늘이 □ 와/과 □ 사이,

긴바늘이 □ 을/를 가리키므로

시계는 □ 시 □ 분을 나타냅니다.

2 시계를 보고 몇 시 30분인지 써 보세요.

①  ②

□ 시 □ 분   □ 시 □ 분

짧은바늘이 숫자와 숫자 사이, 긴바늘이 6을 가리킬 때 몇 시 30분이라고 읽어요.

3

3

3 시계를 보고 이어 보세요.

디지털시계에서 :의 앞에 있는 숫자는 시, 뒤에 있는 숫자는 분을 나타내요.

 9:30   5:30   1:30

4 시계에 시각을 나타내 보세요.

① 10:30   ② 4:30

1 여러 가지 모양 찾기

1 그림에서 ■, ▲, ● 모양을 찾아 따라 그려 보세요.

2 ■ 모양에는 □표, ▲ 모양에는 △표, ● 모양에는 ○표 하세요.

(   )   (   )   (   )

3 ▲ 모양의 물건을 모두 찾아 기호를 써 보세요.

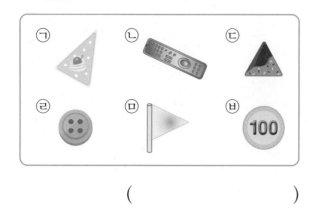

(   )

4 어떤 모양끼리 모은 것인지 알맞은 모양에 ○표 하세요.

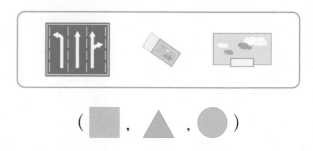

(■ , ▲ , ●)

5 같은 모양끼리 모은 사람은 누구인지 써 보세요.

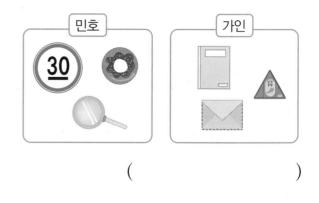

(   )

6 ■, ▲, ● 모양의 물건은 각각 몇 개인지 써 보세요.

■ 모양 (   )

▲ 모양 (   )

● 모양 (   )

😊 내가 만드는 문제

7 ■, ▲, ● 모양 중 한 가지 모양을 정해 ○표 하고, 그 모양의 물건은 몇 개인지 써 보세요.

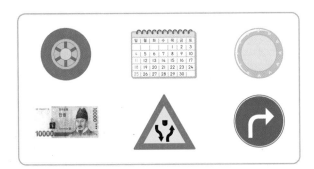

내가 정한 모양 (■ , ▲ , ●)

물건의 수 (   )

8 모양을 잘못 찾은 사람은 누구일까요?

연우: ▫은 ■ 모양이야.

지호: ○는 ▲ 모양이야.

하린: 50은 ● 모양이야.

(   )

서술형

9 유미 가방에 있는 물건 중 모양이 다른 하나는 어느 것인지 풀이 과정을 쓰고 답을 구해 보세요.

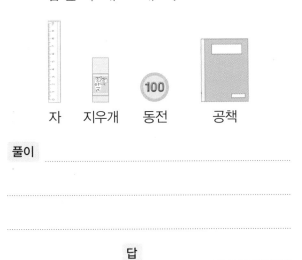

풀이

답

10 알맞게 이야기한 사람은 누구일까요?

인혜: ■ 모양이 없어.

은우: ▲ 모양이 1개 있어.

시호: ● 모양이 있어.

(   )

2 여러 가지 모양 알아보기   **3**

11 몸으로 만든 모양을 보고 ■ 모양에는 □표, ▲ 모양에는 △표, ● 모양에는 ○표 하세요.

(1)   (2)

(   ) (   )

12 종이 위에 대고 그렸을 때 ▲ 모양이 나오는 것을 찾아 기호를 써 보세요.

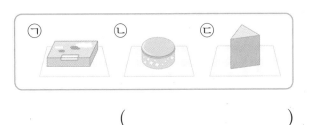

(   )

13 물건을 찰흙 위에 찍었을 때 나오는 모양을 찾아 이어 보세요.

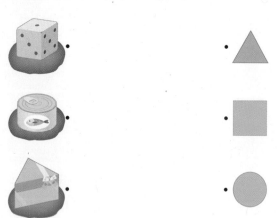

14 서아가 설명하는 모양에 ○표 하세요.

15 바르게 말한 사람은 누구인지 써 보세요.

( )

[16~18] 과자를 보고 물음에 답하세요.

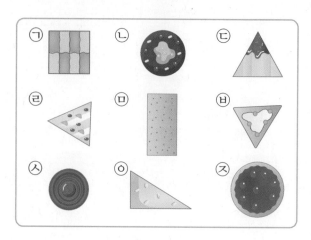

16 뾰족한 부분이 **4**군데인 과자를 모두 찾아 기호를 써 보세요.

( )

17 뾰족한 부분이 **3**군데인 과자를 모두 찾아 기호를 써 보세요.

( )

18 뾰족한 부분이 없는 과자는 모두 몇 개일까요?

( )

19 물감을 묻혀 찍었을 때 나올 수 없는 모양에 ○표 하세요.

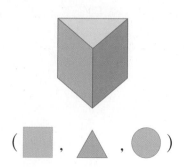

(■ , ▲ , ●)

내가 만드는 문제

20 ■, ▲, ● 모양 중 두 가지 모양을 그리고, 그린 두 모양에는 뾰족한 부분이 모두 몇 군데 있는지 구해 보세요.

(   )

서술형
21 ■ 모양과 ▲ 모양의 같은 점과 다른 점을 각각 설명해 보세요.

같은 점 _____

_____

다른 점 _____

_____

3   **여러 가지 모양으로 꾸미기**

22 다음 모양을 꾸미는 데 이용한 모양을 모두 찾아 ○표 하세요.

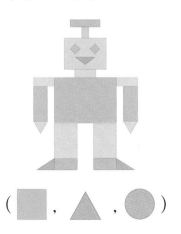

(■ , ▲ , ●)

23 다음 모양을 꾸미는 데 이용한 ■ 모양은 모두 몇 개인지 써 보세요.

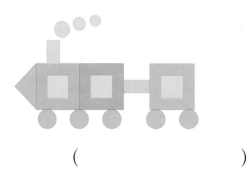

(   )

24 다음 모양을 꾸미는 데 이용한 ■, ▲, ● 모양은 각각 몇 개인지 써 보세요.

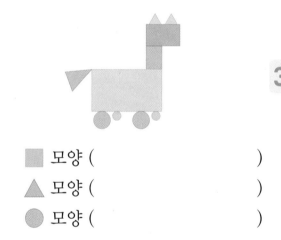

■ 모양 (   )

▲ 모양 (   )

● 모양 (   )

서술형
25 오른쪽 모양을 꾸미는 데 가장 많이 이용한 모양은 무엇인지 풀이 과정을 쓰고 답을 구해 보세요.

풀이 _____

_____

_____

답 _____

26 주어진 모양을 모두 이용하여 꾸밀 수 있는 모양을 찾아 기호를 써 보세요.

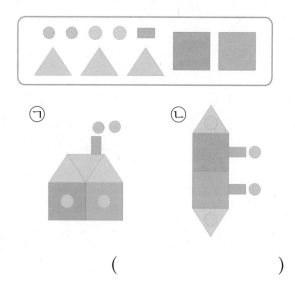

(   )

27 보기 의 모양을 모두 이용하여 로봇을 꾸며 보세요.

28 시계를 보고 몇 시인지 써 보세요.

(   )

29 지호가 아침에 일어난 시각을 써 보세요.

(   )

30 몇 시를 나타내 보세요.

31 1시일 때 시계의 짧은바늘과 긴바늘이 가리키는 숫자를 써 보세요.

짧은바늘 (   )

긴바늘 (   )

32 아영이는 **9**시에 책을 읽었습니다. 아영이가 책을 읽은 시각을 시계에 나타내 보세요.

33 그림을 보고 시계의 짧은바늘을 그려 보세요.

3시에는 그림을 그리고 6시에는 저녁을 먹었습니다.

😊 내가 만드는 문제

34 몇 시를 정하여 시계에 나타내고, 그 시각을 넣어 어제 있었던 일을 써 보세요.

35 설명하는 시각을 써 보세요.

긴바늘이 12를 가리키고 있어.

짧은바늘과 긴바늘이 완전히 겹쳐 있어.

(   )

5 몇 시 30분 알아보기

36 시계를 보고 몇 시 **30**분인지 써 보세요.

(1)

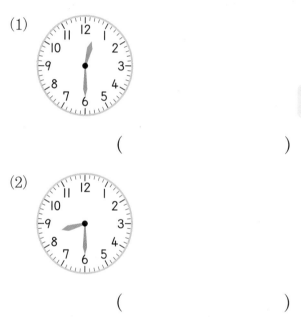

(   )

(2)

(   )

37 준서가 수영을 시작한 시각과 끝낸 시각을 써 보세요.

시작한 시각   끝낸 시각

시작한 시각 (   )
끝낸 시각 (   )

38 시계에 시각을 나타내 보세요.

39 정우가 **3**시 **30**분에 한 일을 써 보세요.

자전거 타기   책 읽기

(   )

40 계획표를 보고 이어 보세요.

하는 일	시각
산책하기	1시 30분
청소하기	4시 30분
저녁 식사	7시

청소하기   저녁 식사   산책하기

41 짧은바늘과 긴바늘을 그려 넣고 시각을 써 보세요.

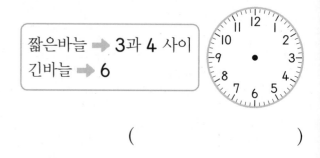

짧은바늘 ➡ **3**과 **4** 사이
긴바늘 ➡ **6**

(   )

42 공연시간의 시작 시각과 마침 시각을 나타내 보세요.

공연시간	5 : 30 ~ 7 : 30

시작 시각   마침 시각

서술형
43 긴바늘과 짧은바늘이 바르게 그려진 시계를 찾아 기호를 쓰려고 합니다. 풀이 과정을 쓰고 답을 구해 보세요.

㉠

㉡

풀이

답

응용 유형 중 자주 틀리는 유형을 집중학습함으로써 실력을 한 단계 높여 보세요.

⚡ 모양들의 특징을 알아야지!

1 물건을 종이 위에 대고 그렸을 때 뾰족한 부분이 없는 모양이 나오는 것을 찾아 기호를 써 보세요.

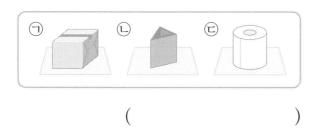

( )

2 설명하는 모양에 모두 ○표 하세요.

• 곧은 선으로 되어 있습니다.
• 뾰족한 부분이 있습니다.

3 어떤 모양의 일부분을 나타낸 그림입니다. 알맞게 이어 보세요.

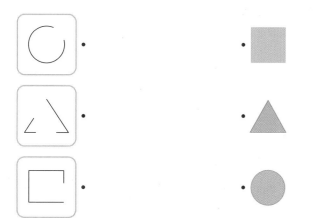

⚡ 빠뜨리지 않고 세어야지!

4 모양을 꾸미는 데 이용한 ■, ▲, ● 모양은 각각 몇 개인지 써 보세요.

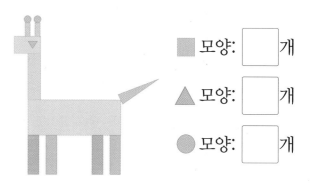

■ 모양: ☐ 개

▲ 모양: ☐ 개

● 모양: ☐ 개

5 모양을 꾸미는 데 이용한 ▲ 모양은 ■ 모양보다 몇 개 더 많은지 구해 보세요.

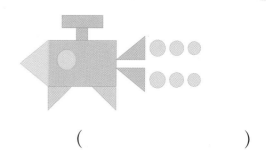

( )

6 모양을 꾸미는 데 가장 많이 이용한 모양과 가장 적게 이용한 모양 수의 차는 몇 개인지 구해 보세요.

( )

7 주어진 모양을 모두 이용하여 꾸밀 수 있는 모양에 ○표 하세요.

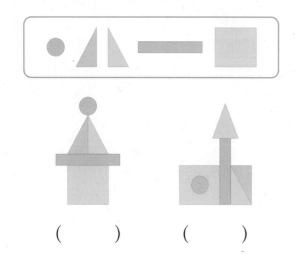

(   )   (   )

8 주어진 모양을 모두 이용하여 꾸밀 수 있는 모양을 찾아 기호를 써 보세요.

(1)

(   )

(2)

(   )

9 짧은바늘과 긴바늘이 알맞게 그려진 시계를 찾아 ○표 하세요.

(   )   (   )   (   )

10 |시 30분을 바르게 그린 사람은 누구인지 써 보세요.

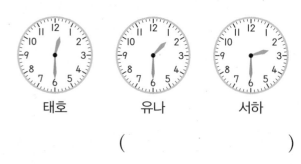

태호   유나   서하

(   )

11 왼쪽 시계에서 30분 지난 시각을 시계에 나타내고, 시각을 써 보세요.

(   )

⚡ **짧은바늘이 가리키는 숫자부터 비교해야지!**

12 더 빠른 시각에 ○표 하세요.

| 낮 2시 30분 | 낮 1시 30분 |

(   )   (   )

13 효주와 진영이가 아침에 학교에 도착한 시각입니다. 학교에 더 늦게 도착한 사람은 누구인지 써 보세요.

효주   진영

(   )

14 지혜가 낮에 한 일입니다. 먼저 한 일부터 순서대로 써 보세요.

| 피아노 연습 | 숙제하기 | 영화 보기 |

(   )

⚡ **짧은바늘은 몇 칸 움직이는지 알아야지!**

15 다음 시계의 긴바늘이 한 바퀴 움직였을 때의 시각을 써 보세요.

(   )

16 4시 30분에서 시계의 긴바늘이 두 바퀴 움직였을 때의 시각을 시계에 나타내 보세요.

17 지호는 1시 30분에 박물관에 들어가서 긴바늘이 3바퀴 움직였을 때 나왔습니다. 지호가 박물관에서 나온 시각을 구해 보세요.

(   )

도전1 겹쳐진 그림으로 모양의 수 구하기

1 겹쳐진 그림을 보고 ■, ▲, ● 모양의 수를 세어 각각 써 보세요. (단, 완전히 겹쳐진 모양은 없습니다.)

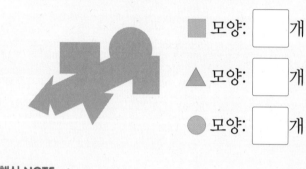

■ 모양: ☐ 개

▲ 모양: ☐ 개

● 모양: ☐ 개

핵심 NOTE
겹쳐진 그림의 특징을 보고 ■, ▲, ● 모양의 수를 각각 세어 봅니다.

2 겹쳐진 그림을 보고 가장 많은 모양에 ○표 하세요. (단, 완전히 겹쳐진 모양은 없습니다.)

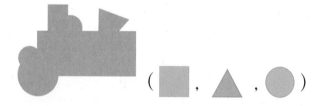

(■ , ▲ , ●)

도전 최상위
3 겹쳐진 그림을 보고 가장 적은 모양에 ○표 하세요. (단, 완전히 겹쳐진 모양은 없습니다.)

(■ , ▲ , ●)

도전2 색종이를 접어 만든 모양의 수 구하기

4 그림과 같이 색종이를 3번 접었다 펼친 후 접힌 선을 따라 모두 잘랐습니다. ■, ▲, ● 중 어떤 모양이 몇 개 만들어질까요?

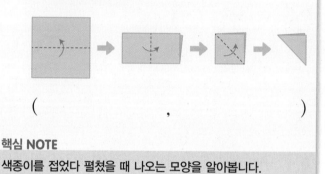

(,)

핵심 NOTE
색종이를 접었다 펼쳤을 때 나오는 모양을 알아봅니다.

5 그림과 같이 색종이를 3번 접었다 펼친 후 접힌 선을 따라 모두 잘랐습니다. ■, ▲, ● 중 어떤 모양이 몇 개 만들어질까요?

(,)

6 그림과 같이 색종이를 2번 접은 후 빨간색 선을 따라 잘랐습니다. ■, ▲, ● 중 어떤 모양이 각각 몇 개 만들어질까요?

(,)
(,)

도전3 **설명하는 시각 구하기**

7 설명하는 시각을 구해 보세요.

> • 2시와 6시 사이의 시각입니다.
> • 긴바늘이 12를 가리킵니다.
> • 4시보다 빠른 시각입니다.

(   )

핵심 NOTE
2시와 6시 사이의 시각은 2시보다 늦고 6시보다 빠른 시각입니다.

8 설명하는 시각을 구해 보세요.

> • 7시와 9시 사이의 시각입니다.
> • 긴바늘이 6을 가리킵니다.
> • 8시보다 빠른 시각입니다.

(   )

9 설명하는 시각을 구해 보세요.

> • 12시와 3시 사이의 시각입니다.
> • 긴바늘이 6을 가리킵니다.
> • 2시보다 늦은 시각입니다.

(   )

도전4 **거울에 비친 시각 구하기**

10 거울에 시계를 비추어 보았더니 다음과 같았습니다. 시계가 나타내는 시각을 써 보세요.

(   )

핵심 NOTE
짧은바늘과 긴바늘이 각각 가리키는 숫자를 알아봅니다.

11 거울에 시계를 비추어 보았더니 다음과 같았습니다. 시계가 나타내는 시각을 써 보세요.

(   )

12 주하가 이를 닦고 있는 시각을 구해 보세요.

(   )

1 왼쪽과 같은 모양에 ○표 하세요.

(   ) (   ) (   )

[2~4] 물건을 보고 물음에 답하세요.

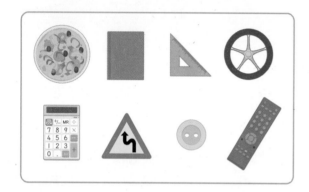

2 ■ 모양은 몇 개일까요?

(   )

3 ▲ 모양은 몇 개일까요?

(   )

4 뾰족한 부분이 없는 모양은 몇 개일까요?

(   )

5 시각을 써 보세요.

(   )

6 10시 30분을 나타내는 시계에 ○표 하세요.

(   )   (   )

7 시각에 알맞게 긴바늘을 그려 넣으세요.

8 그림을 보고 □ 안에 알맞은 수를 써넣으세요.

아침 □ 시에 학교에 갔습니다.

9 같은 모양끼리 이어 보세요.

10 과자를 보고 ☐ 안에 알맞은 수를 써넣으세요.

뽀족한 부분이 ☐ 군데입니다.

11 아래 부분에 물감을 묻혀 찍었을 때 나오는 모양을 찾아 ◯표 하세요.

(■ , ▲ , ●)

12 모양을 꾸미는 데 이용하지 않은 것에 ✕표 하세요.

13 승훈, 소희, 지연이가 낮에 공원에 간 시각입니다. 공원에 간 시각이 다른 사람은 누구일까요?

승훈   소희   지연

(   )

14 색종이를 점선을 따라 잘랐습니다. ▲ 모양은 몇 개가 될까요?

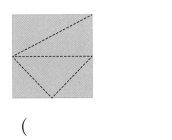

(   )

15 ■, ▲, ● 모양으로 꾸민 모양을 보고 ☐ 안에 알맞은 수를 써넣으세요.

뽀족한 부분이 있는 모양	뽀족한 부분이 없는 모양
☐ 개	☐ 개

16 주어진 모양을 모두 이용하여 꾸밀 수 있는 모양을 찾아 기호를 써 보세요.

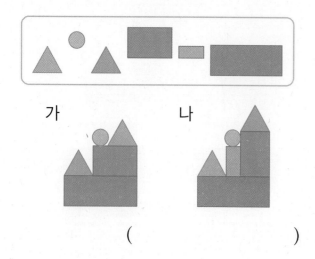

( )

19 재석이가 시계를 보고 3시 30분이라고 잘못 읽었습니다. 잘못 읽은 까닭을 쓰고 바르게 읽어 보세요.

까닭 _____

_____

_____

_____

바르게 읽기 _____

17 민호와 은주가 아침에 일어난 시각입니다. 더 일찍 일어난 사람은 누구일까요?

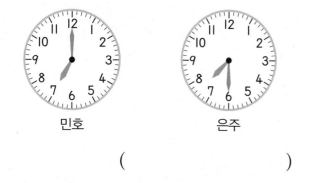

( )

20 현준이는 ■ 모양 5개, ▲ 모양 1개, ● 모양 3개를 가지고 있습니다. 다음 모양을 꾸미려면 어떤 모양이 몇 개 더 필요한지 풀이 과정을 쓰고 답을 구해 보세요.

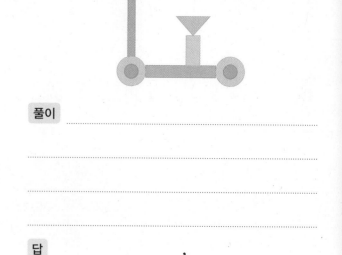

풀이 _____

_____

_____

_____

답 _____ ,

18 친구들이 설명하는 시각을 써 보세요.

( )

1 ■ 모양을 모두 찾아 ○표 하세요.

2 어떤 모양끼리 모은 것인지 알맞은 모양에 ○표 하세요.

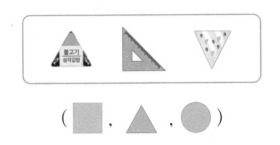

(■ , ▲ , ●)

3 같은 모양끼리 이어 보세요.

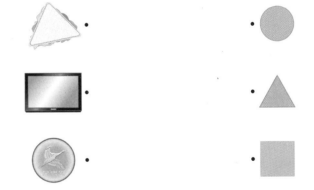

4 □ 안에 단추의 수를 써넣으세요.

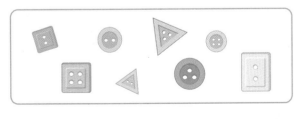

■ 모양	▲ 모양	● 모양
□ 개	□ 개	□ 개

5 시각을 써 보세요.

(   )

6 □ 안에 알맞은 수를 써넣으세요.

1시 30분은 짧은바늘이 □ 와/과

□ 사이, 긴바늘이 □ 을/를 가리킵니다.

7 같은 시각끼리 이어 보세요.

8 시계의 긴바늘이 6을 가리키는 시각을 모두 찾아 기호를 써 보세요.

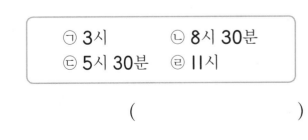

⊙ 3시   ⓒ 8시 30분

ⓒ 5시 30분   ② 11시

(   )

9 물건을 찰흙 위에 찍었을 때 나오는 모양이 다른 하나를 찾아 기호를 써 보세요.

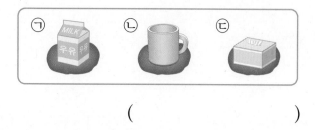

(   )

10 ■ 모양은 초록색,
▲ 모양은 보라색,
● 모양은 주황색으로 색칠해 보세요.

11 그림을 보고 잘못 설명한 사람은 누구인지 써 보세요.

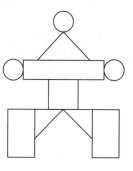

서율: 연은 ■ 모양으로만 꾸몄어.
민하: 나무는 ▲, ● 모양으로 꾸몄어.
준희: 자동차는 ■, ▲, ● 모양으로 꾸몄어.

(   )

12 ■, ▲, ● 모양을 모두 이용하여 꾸민 모양을 찾아 기호를 써 보세요.

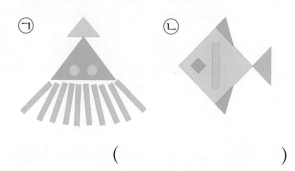

(   )

13 긴바늘과 짧은바늘이 바르게 그려진 시계를 찾아 ○표 하세요.

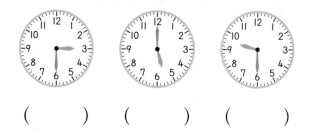

(   ) (   ) (   )

14 정우는 3시에 도서관에 갔습니다. 정우가 도서관에 간 시각을 시계에 나타내 보세요.

15 세 모양에서 찾을 수 있는 뾰족한 부분은 모두 몇 군데인지 구해 보세요.

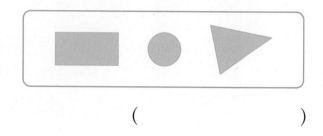

(   )

✏ 서술형 문제   ○ 정답과 풀이 22쪽

16 모양을 꾸미는 데 ▲ 모양을 더 많이 이용한 것의 기호를 써 보세요.

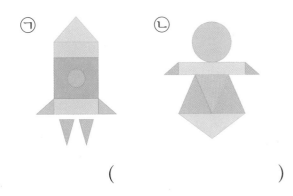

     (   )

17 가인이가 긴바늘이 한 바퀴 움직이는 동안 숙제를 하고 나서 시계를 보았더니 다음과 같았습니다. 숙제를 시작한 시각을 구해 보세요.

     (   )

18 겹쳐진 그림을 보고 ■, ▲, ● 모양의 수를 세어 각각 써 보세요. (단, 완전히 겹쳐진 모양은 없습니다.)

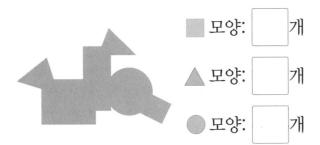

     ■ 모양: ☐ 개

     ▲ 모양: ☐ 개

     ● 모양: ☐ 개

19 연호가 6시에 한 일은 무엇인지 풀이 과정을 쓰고 답을 구해 보세요.

점심 식사 숙제하기 운동하기

풀이

답

20 모양을 꾸미는 데 가장 많이 이용한 모양과 가장 적게 이용한 모양 수의 차는 몇 개인지 풀이 과정을 쓰고 답을 구해 보세요.

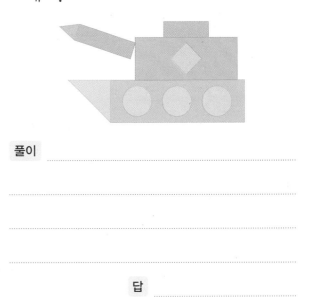

풀이

답

사고력이 반짝

● ■, ▲, ● 모양의 종이를 겹쳐 놓았습니다. 가장 아래에 있는 종이를 찾아 ↓로 표시해 보세요.

4 덧셈과 뺄셈 (2)

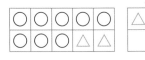

이번 단원에서
꼭 짚어야 할
핵심 개념을 알아보자.

핵심 1 덧셈 알아보기

$$8+4=\boxed{}$$

핵심 2 덧셈하기

$$6 + 9 = 6 + 4 + 5$$
$$4\ \ 5 = \boxed{} + 5$$
$$= 15$$

$$6 + 9 = 5 + 1 + 9$$
$$5\ \ 1 = 5 + \boxed{}$$
$$= 15$$

핵심 3 여러 가지 덧셈하기

$$7+4=\boxed{}$$
$$7+5=\boxed{}$$
$$7+6=\boxed{}$$

$$5+9=\boxed{}$$
$$9+5=\boxed{}$$

핵심 4 뺄셈 알아보기

$$11-4=\boxed{}$$

핵심 5 뺄셈하기

$$14 - 8 = 14 - 4 - 4$$
$$4\ \ 4 = \boxed{} - 4$$
$$= 6$$

$$14 - 8 = 10 - 8 + 4$$
$$10\ \ 4 = \boxed{} + 4$$
$$= 6$$

핵심 6 여러 가지 뺄셈하기

$$13-5=\boxed{}$$
$$13-6=\boxed{}$$
$$13-7=\boxed{}$$

$$11-8=\boxed{}$$
$$12-8=\boxed{}$$
$$13-8=\boxed{}$$

1. 덧셈 알아보기

● **7+6 계산하기**

방법 1 이어 세기로 구하기

7에서 6만큼 이어 세면 7하고 8, 9, 10, 11, 12, 13입니다.

$$7 + 6 = 13$$

방법 2 그림을 그려 구하기

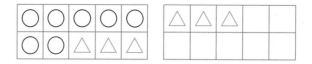

○ 7개를 그리고 △ 3개를 그려 10을 만든 후 남은 3개를 더 그리면 13이 됩니다.

$$7 + 6 = 13$$

개념 다르게 보기

● **구슬을 옮겨 덧셈을 할 수 있어요!**

㉆ **7+6 계산하기**

방법 1

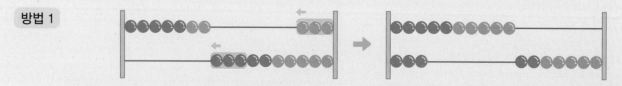

윗줄에서 구슬 7개를 옮기고 3개를 옮겨 10을 만든 다음, 아랫줄에서 남은 3개를 더 옮기면 13이 됩니다.

방법 2

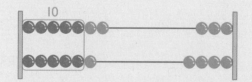

윗줄에서 7개를 옮기고, 아랫줄에서 6개를 옮기면 13이 됩니다.

○ 정답과 풀이 24쪽

1 블록은 모두 몇 개인지 이어 세기로 구해 보세요.

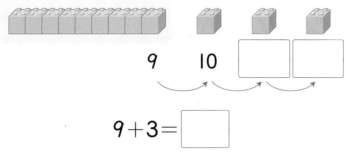

초록색 블록 9개에서 파란색 블록의 수만큼 이어 세어 보세요.

9   10

$9+3=$ ☐

➡ 블록은 모두 ☐ 개입니다.

2 인형은 모두 몇 개인지 △를 그려 구해 보세요.

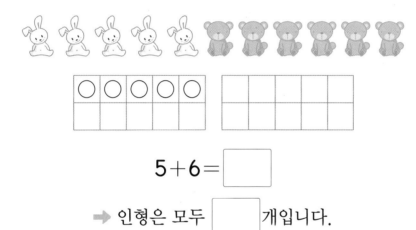

이어 세기를 통해 두 수를 더해 보고, 결과를 비교해 봐요.

4

$5+6=$ ☐

➡ 인형은 모두 ☐ 개입니다.

3 양이 8마리 있습니다. 5마리가 더 온다면 모두 몇 마리인지 구해 보세요.

식 $8+$ ☐ $=$ ☐   답 ......

2. 덧셈하기

● **7+6 계산하기**

방법 1 뒤의 수를 가르기하여 더하기

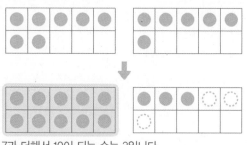

7과 더해서 10이 되는 수는 3입니다.

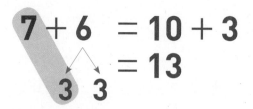

$$7 + 6 = 10 + 3$$
$$= 13$$

① 6을 3과 3으로 가르기
② 7과 3을 더해 10 만들기
③ 남은 3을 더하기

방법 2 앞의 수를 가르기하여 더하기

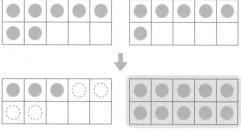

6과 더해서 10이 되는 수는 4입니다.

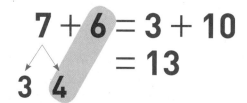

$$7 + 6 = 3 + 10$$
$$= 13$$

① 7을 3과 4로 가르기
② 4와 6을 더해 10 만들기
③ 남은 3을 더하기

개념 다르게 **보기**

● **5와 5를 더해서 10을 만들 수도 있어요!**

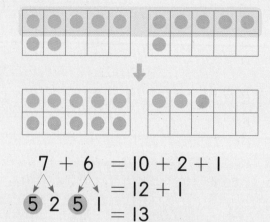

$$7 + 6 = 10 + 2 + 1$$
$$= 12 + 1$$
$$= 13$$

① 7을 5와 2로, 6을 5와 1로 가르기
② 5와 5를 더해 10 만들기
③ 남은 2와 1 더하기

1 ☐ 안에 알맞은 수를 써넣으세요.

①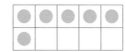

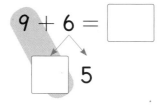

9 + 6 = ☐

5

②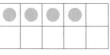

4 + 8 = ☐

2 ☐

2 ☐ 안에 알맞은 수를 써넣으세요.

① 6 + 5 = ☐ + 1   ② 7 + 7 = 4 + ☐

4   1 = ☐   4   3 = ☐

3 7 + 9를 계산해 보세요.

7 + 9 = ☐   7 + 9 = ☐

☐   6   6   ☐

7   +   9   = ☐

5 ☐   5 ☐

3. 여러 가지 덧셈하기

● **덧셈식에서 규칙 찾기(1)**

$$8 + 3 = 11$$
$$8 + 4 = 12$$
$$8 + 5 = 13$$
$$8 + 6 = 14$$

같은 수에 1씩 커지는 수를
더하면 합도 1씩 커집니다.

$$6 + 7 = 13$$
$$5 + 7 = 12$$
$$4 + 7 = 11$$
$$3 + 7 = 10$$

1씩 작아지는 수에 같은 수를
더하면 합도 1씩 작아집니다.

● **덧셈식에서 규칙 찾기(2)**

$$5 + 6 = 11$$
$$6 + 5 = 11$$

$$7 + 9 = 16$$
$$9 + 7 = 16$$

두 수를 서로 바꾸어 더해도 합은 같습니다.

개념 자세히 보기

● 5+7과 합이 같은 덧셈식을 찾을 수 있어요!

9+2							
9+3	8+3						
9+4	8+4	7+4					
9+5	8+5	7+5	6+5				
9+6	8+6	7+6	6+6	5+6			
9+7	8+7	7+7	6+7	5+7	4+7		
9+8	8+8	7+8	6+8	5+8	4+8	3+8	
9+9	8+9	7+9	6+9	5+9	4+9	3+9	2+9

합이 같은
덧셈식 → | 9+3 3+9 | 8+4 4+8 | 7+5 6+6 |

○ 정답과 풀이 24쪽

1 덧셈을 해 보세요.

① 5+6=☐

5+7=☐

5+8=☐

5+9=☐

② 8+6=☐

7+6=☐

6+6=☐

5+6=☐

덧셈을 해 보고,
규칙을 찾아봐요.

2 덧셈을 해 보세요.

①

8+4=☐

4+☐=12

②

8+8=16

☐+8=17

3 합을 구하여 보기 의 색으로 칠해 보세요.

보기

11 12 13 14 15

합이 같은 덧셈식을 찾아
색칠하면서 색칠되는
규칙을 찾아봐요.

		4+7		
	5+6	5+7	5+8	
6+5	6+6	6+7	6+8	6+9
	7+6	7+7	7+8	
		8+7		

4. 뺄셈 알아보기

• 14−6 계산하기

방법 1 거꾸로 세어 구하기

8 9 10 11 12 13 14

14에서 6만큼 거꾸로 세면 13, 12, 11, 10, 9, 8입니다.

14 − 6 = 8

방법 2 남는 것을 세어 구하기

연결 모형의 낱개에서 4개를 빼고, 10개씩 묶음에서 2개를 더 빼고 남는 것을 세면 8개입니다.

14 − 6 = 8

개념 다르게 보기

• 구슬을 옮겨 뺄셈을 할 수도 있어요!

예 14−6 계산하기

방법 1

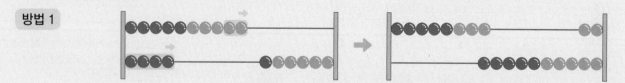

구슬 14개를 옮겨 14를 나타냅니다. 아랫줄에서 4개를 다시 원래 자리로 옮겨 10을 만든 다음 윗줄에서 남은 2개를 더 원래 자리로 옮기면 8이 됩니다.

방법 2

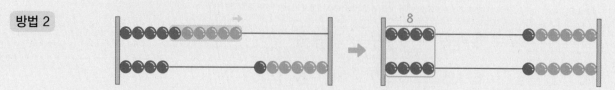

구슬 14개를 옮겨 14를 나타냅니다. 윗줄에서 6개를 다시 원래 자리로 옮기면 8이 됩니다.

1 귤 11개 중에서 4개를 먹었다면 남은 귤은 몇 개인지 거꾸로 세어 구해 보세요.

처음 귤 11개에서 먹은 귤의 수만큼 거꾸로 세어 보세요.

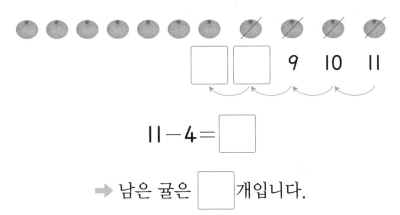

$$11-4=\boxed{}$$

➡ 남은 귤은 $\boxed{}$ 개입니다.

2 딸기주스는 포도주스보다 몇 개 더 많은지 바둑돌을 하나씩 짝지어 구해 보세요.

바둑돌을 하나씩 짝지어 보고 남는 바둑돌의 수를 세어 봐요.

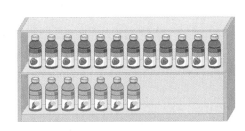

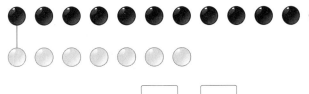

$$12-\boxed{}=\boxed{}$$

➡ 딸기주스는 포도주스보다 $\boxed{}$ 개 더 많습니다.

3 어항에 남은 물고기는 몇 마리인지 구해 보세요.

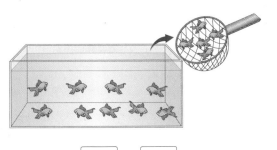

식 $14-\boxed{}=\boxed{}$ 답 ....

5. 뺄셈하기

14－6 계산하기

방법 1 뒤의 수를 가르기하여 빼기

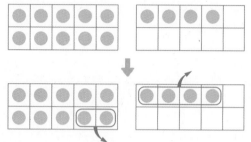

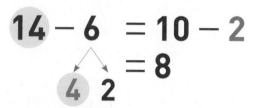

14에서 4를 빼서 10을 만듭니다.

$$14 - 6 = 10 - 2$$
$$= 8$$

① 6을 4와 2로 가르기
② 14에서 4를 빼서 10 만들기
③ 10에서 2 빼기

방법 2 앞의 수를 가르기하여 빼기

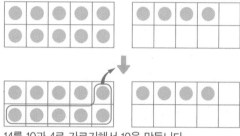

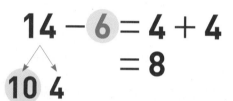

14를 10과 4로 가르기해서 10을 만듭니다.

$$14 - 6 = 4 + 4$$
$$= 8$$

① 14를 10과 4로 가르기
② 10에서 6 빼기
③ 남은 4를 더하기

개념 자세히 보기

가르기한 수를 더해야 할지, 빼야 할지 주의하여 계산해요!

• 뒤의 수를 가르기하여 빼기

$$13 - 5 = 10 - 2$$
$$= 8$$
$$3 \quad 2$$ ○

$$13 - 5 = 10 + 2$$
$$= 12$$
$$3 \quad 2$$ ✕

5를 빼기 위해서는 3을 빼고
2를 더 빼야 해요.

• 앞의 수를 가르기하여 빼기

$$13 - 5 = 5 + 3$$
$$= 8$$
$$10 \quad 3$$ ○

$$13 - 5 = 5 - 3$$
$$= 2$$
$$10 \quad 3$$ ✕

5를 이미 뺐으므로
남은 3은 더해야 해요.

○ 정답과 풀이 25쪽

1 ☐ 안에 알맞은 수를 써넣으세요.

①

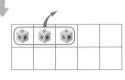

$13 - 4 = $ ☐

☐ 1

②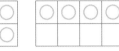

$15 - 7 = $ ☐

10 ☐

2 ☐ 안에 알맞은 수를 써넣으세요.

① $12 - 6 = $ ☐ $- 4$ ② $14 - 9 = $ ☐ $+ 4$

  2 4 $= $ ☐   10 4 $= $ ☐

3 ☐ 안에 알맞은 수를 써넣으세요.

1을 먼저 빼서 구했어.

$11 - 4 = $ ☐

1 ☐

10에서 4를 한 번에 빼서 구했어.

$11 - 4 = $ ☐

10 ☐

6. 여러 가지 뺄셈하기

● **뺄셈식에서 규칙 찾기**(1)

$$12 - 4 = 8$$
$$12 - 5 = 7$$
$$12 - 6 = 6$$
$$12 - 7 = 5$$

같은 수에서 1씩 커지는 수를
빼면 차는 1씩 작아집니다.

$$12 - 9 = 3$$
$$13 - 9 = 4$$
$$14 - 9 = 5$$
$$15 - 9 = 6$$

1씩 커지는 수에서 같은 수를
빼면 차도 1씩 커집니다.

● **뺄셈식에서 규칙 찾기**(2)

$$13 - 4 = 9$$
$$14 - 5 = 9$$
$$15 - 6 = 9$$
$$16 - 7 = 9$$

1씩 커지는 수에서 1씩 커지는 수를
빼면 차는 같습니다.

개념 **다르게 보기**

● 17−9와 차가 같은 뺄셈식을 찾을 수 있어요!

11−2	11−3	11−4	11−5	11−6	11−7	11−8	11−9
	12−3	12−4	12−5	12−6	12−7	12−8	12−9
		13−4	13−5	13−6	13−7	13−8	13−9
			14−5	14−6	14−7	14−8	14−9
				15−6	15−7	15−8	15−9
					16−7	16−8	16−9
						17−8	17−9
							18−9

차가 같은
뺄셈식 → 11−3 12−4 | 13−5 14−6 | 15−7 16−8

1 뺄셈을 해 보세요.

① 11−5= ☐   ② 12−6= ☐

11−6= ☐   13−6= ☐

11−7= ☐   14−6= ☐

11−8= ☐   15−6= ☐

뺄셈을 해 보고,
규칙을 찾아봐요.

2 뺄셈을 해 보세요.

① 14−6= ☐   ② 13−7= ☐

15−7= ☐   13−8= ☐

16−8= ☐   ③ 12−4= ☐

17−9= ☐   12−5= ☐

4

3 차를 구하여 보기 의 색으로 칠해 보세요.

보기

5   6   7   8   9

		12−7		
	13−6	13−7	13−8	
14−5	14−6	14−7	14−8	14−9
	15−6	15−7	15−8	
		16−7		

차가 같은 뺄셈식을 찾아
색칠하면서 색칠되는
규칙을 찾아봐요.

2 꼭 나오는 유형

1 덧셈 알아보기

1 단추는 모두 몇 개인지 구해 보세요.

$$9+7=\boxed{}$$

➡ 단추는 모두 $\boxed{}$ 개입니다.

2 페트병은 모두 몇 개인지 구해 보세요.

페트병이 6개 있어.

내가 5개를 더 가지고 왔어.

$$6+5=\boxed{}$$

➡ 페트병은 모두 $\boxed{}$ 개입니다.

3 오리는 모두 몇 마리인지 구해 보세요.

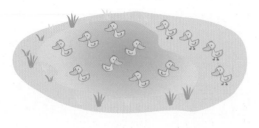

식 $8+\boxed{}=\boxed{}$

답 ....

4 합이 같도록 점을 그리고, ☐ 안에 알맞은 수를 써넣으세요.

 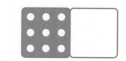

$$7+6=\boxed{} \qquad 9+\boxed{}=\boxed{}$$

2 덧셈하기

5 ☐ 안에 알맞은 수를 써넣으세요.

(1) $7+4=\boxed{}$

$\boxed{}\quad 1$

(2) $5+9=\boxed{}$

$4\quad \boxed{}$

6 덧셈을 해 보세요.

(1) $7+8=\boxed{}$

(2) $6+6=\boxed{}$

7 관계있는 것끼리 이어 보세요.

8+4 ·	· 9+1+7
6+7 ·	· 8+2+2
9+8 ·	· 3+3+7

😊 내가 만드는 문제

8 ○ 안에 **4**부터 **9**까지의 수 중에서 하나를 써넣어 문장을 완성해 보세요.

> 딸기가 **7**개 있는 접시에 딸기 ◯개를 더 놓았더니 딸기는 모두 ☐개가 되었습니다.

서술형

9 화단에 장미가 **6**송이, 튤립이 **8**송이 피어 있습니다. 화단에 피어 있는 꽃은 모두 몇 송이인지 풀이 과정을 쓰고 답을 구해 보세요.

풀이

답

10 같은 색 상자에서 수를 골라 덧셈식을 완성해 보세요.

| 3 5 | 4 9 | 15 11 |
| 6 7 | 8 7 | 12 16 |

3 + 8 = 11
☐ + ☐ = ☐
☐ + ☐ = ☐

11 휴지심 **13**개로 만들 수 있는 것을 두 가지 고르고, 덧셈식을 완성해 보세요.

> 자동차: 휴지심 5개
> 꽃: 휴지심 7개
> 집: 휴지심 8개

> 휴지심 **13**개로 (자동차 , 꽃 , 집)와/과 (자동차 , 꽃 , 집)을/를 만들 수 있습니다.

☐ + ☐ = ☐

3 여러 가지 덧셈하기

[12~13] 덧셈을 해 보세요.

12 (1) 7+4 = ☐   (2) 9+5 = ☐

7+5 = ☐   8+5 = ☐

7+6 = ☐   7+5 = ☐

13 (1) 4+9 = ☐   (2) 8+7 = ☐

9+4 = ☐   7+8 = ☐

14 계산 결과를 비교하여 ○ 안에 >, =, <를 알맞게 써넣으세요.

(1) 4+8 ◯ 8+4

(2) 5+7 ◯ 6+7

15 두 수의 합이 작은 식부터 순서대로 이어 보세요.

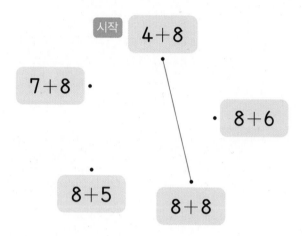

시작 4+8

7+8

8+6

8+5

8+8

16 9+5와 합이 같은 식을 모두 찾아 색칠해 보세요.

9+5	8+5	7+5	6+5
9+6	8+6	7+6	6+6
9+7	8+7	7+7	6+7
9+8	8+8	7+8	6+8

17 합이 같은 식을 찾아 보기 와 같이 ○, △, □표 하세요.

보기
⬭6+8⬬   △3+9   ▭7+6▭

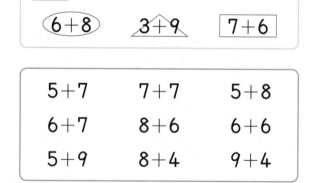

5+7	7+7	5+8
6+7	8+6	6+6
5+9	8+4	9+4

4 뺄셈 알아보기

18 /으로 지워 뺄셈을 해 보세요.

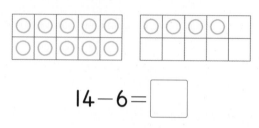

14−6= ☐

19 남은 상자는 몇 개인지 구해 보세요.

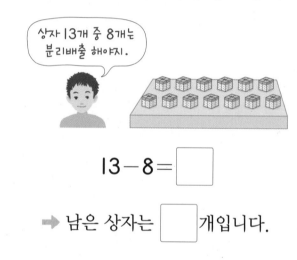

상자 13개 중 8개는 분리배출 해야지.

13−8= ☐

➡ 남은 상자는 ☐ 개입니다.

20 초코우유는 바나나우유보다 몇 개 더 많은지 구해 보세요.

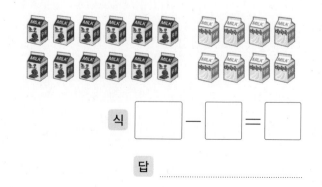

식 ☐ − ☐ = ☐

답

5 뺄셈하기

21 □ 안에 알맞은 수를 써넣으세요.

(1) 12−5= ☐

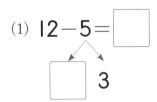

3

(2) 16−8= ☐

10 ☐

22 뺄셈을 해 보세요.

11−7= ☐

23 차를 구하여 이어 보세요.

13−8 ·	· 9
14−5 ·	· 5

서술형
24 가장 큰 수와 가장 작은 수의 차는 얼마인지 풀이 과정을 쓰고 답을 구해 보세요.

| 8 | 11 | 7 | 10 | 15 |

풀이 _____

_____

답 _____

☺ 내가 만드는 문제

25 ○ 안에 11부터 18까지의 수 중에서 하나를 골라 9를 빼려고 합니다. 뺄셈식을 쓰고 계산해 보세요.

◯ −9= ☐

26 꽃 16송이를 꽃병 한 개에 한 송이씩 꽂으려고 합니다. 꽃병이 9개 있다면 꽃병은 몇 개 더 필요한지 구해 보세요.

식 _____

답 _____

27 케이크가 13조각 있었습니다. 그중에서 7조각을 먹었습니다. 남은 케이크는 몇 조각일까요?

식 _____

답 _____

28 같은 색 풍선에서 수를 골라 뺄셈식을 완성해 보세요.

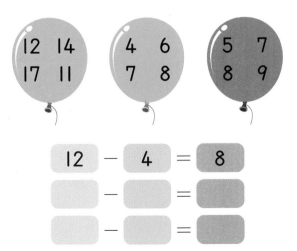

12	−	4	=	8
☐	−	☐	=	☐
☐	−	☐	=	☐

4

29 카드에 적힌 두 수의 차가 더 큰 사람이 이기는 놀이를 하였습니다. 연우와 수정이가 고른 카드가 다음과 같을 때 이긴 사람은 누구일까요?

연우

| 14 | 7 |

수정

| 15 | 6 |

(   )

6 여러 가지 뺄셈하기

30 뺄셈을 해 보세요.

(1) $13-6=\boxed{}$

$13-7=\boxed{}$

$13-8=\boxed{}$

$13-9=\boxed{}$

(2) $12-5=\boxed{}$

$13-6=\boxed{}$

$14-7=\boxed{}$

$15-8=\boxed{}$

31 차가 8이 되도록 □ 안에 알맞은 수를 써넣으세요.

| $10-2$ | $11-3$ | $12-4$ |

| $17-9$ | $=8$ | $13-\boxed{}$ |

| $16-\boxed{}$ | $15-\boxed{}$ | $14-\boxed{}$ |

32 계산 결과를 비교하여 ○ 안에 >, =, <를 알맞게 써넣으세요.

(1) $17-9 \bigcirc 16-9$

(2) $16-7 \bigcirc 17-8$

33 수 카드 **3**장으로 서로 다른 뺄셈식을 만들어 보세요.

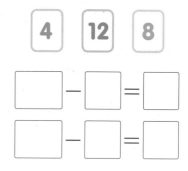

| 4 | 12 | 8 |

$\boxed{}-\boxed{}=\boxed{}$

$\boxed{}-\boxed{}=\boxed{}$

34 차가 같은 식을 찾아 보기 와 같이 ○, △, □표 하세요.

보기

⊙$11-6$ △$14-8$ □$12-3$

$14-9$	$13-7$	$13-4$
$12-6$	$15-6$	$12-7$
$13-8$	$11-5$	$14-5$

⚡ **더해서 10이 되도록 가르기해야지!**

1 ☐ 안에 알맞은 수를 써넣으세요.

(1) $7+5=7+\boxed{}+2$

$=\boxed{}+2$

$=\boxed{}$

(2) $6+9=5+\boxed{}+9$

$=5+\boxed{}$

$=\boxed{}$

2 빈칸에 알맞은 수를 써넣으세요.

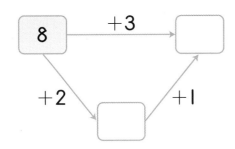

3 10을 만들어 $7+7$을 계산하려고 합니다. ☐ 안에 알맞은 수를 써넣으세요.

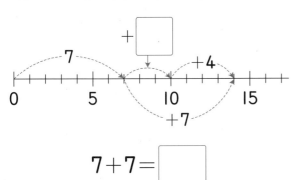

$7+7=\boxed{}$

⚡ **가르기한 수가 ＋인지, －인지 살펴봐야지!**

4 바르게 계산한 사람의 이름을 써 보세요.

상욱 $16-9=1+6=7$
         ↙   ↘
        10   6

지우 $16-9=10+3=13$
         ↙   ↘
        6   3

(   )

5 바르게 계산한 사람의 이름을 써 보세요.

현수 $12-5=5-2=3$
         ↙   ↘
        10   2

예진 $12-5=10-3=7$
         ↙   ↘
        2   3

(   )

6 잘못 계산한 식입니다. 뒤의 수를 가르기하여 바르게 계산해 보세요.

$14-6=10+2=12$
         ↙   ↘
        4   2

7 수 카드 4장 중에서 3장을 골라 뺄셈
식을 모두 만들어 보세요.

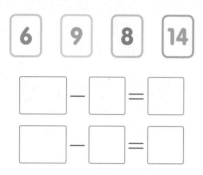

☐ − ☐ = ☐

☐ − ☐ = ☐

8 수 카드 4장 중에서 3장을 골라 뺄셈
식을 모두 만들어 보세요.

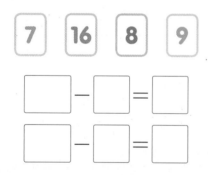

☐ − ☐ = ☐

☐ − ☐ = ☐

9 수 카드 4장 중에서 3장을 골라 뺄셈
식을 모두 만들어 보세요.

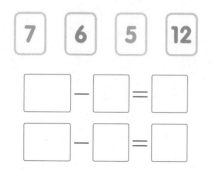

☐ − ☐ = ☐

☐ − ☐ = ☐

10 초콜릿을 주은이는 15개, 현수는 17개
가지고 있었습니다. 그중에서 주은이
는 6개를 먹었고, 현수는 9개를 먹었
습니다. 초콜릿이 더 많이 남은 사람
은 누구일까요?

( )

11 연필을 혜나는 16자루, 승호는 14자
루 가지고 있었습니다. 그중에서 혜나
는 8자루를 친구에게 주었고, 승호는
7자루를 친구에게 주었습니다. 혜나
와 승호에게 남은 연필은 모두 몇 자
루일까요?

( )

12 구슬을 지호는 9개, 수진이는 13개,
태민이는 15개 가지고 있었습니다. 그
중에서 수진이는 5개를 지호에게 주
었고, 태민이는 4개를 수진이에게 주
었습니다. 구슬을 가장 많이 가지고
있는 사람은 누구일까요?

( )

큰 수를 더할수록 합이 커지지!

13 두 상자에서 수 카드를 각각 한 장씩 뽑아 합을 구하려고 합니다. 합이 가장 클 때의 값을 구해 보세요.

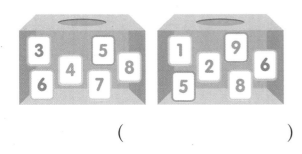

( )

14 두 상자에서 수 카드를 각각 한 장씩 뽑아 합을 구하려고 합니다. 합이 가장 작을 때의 값을 구해 보세요.

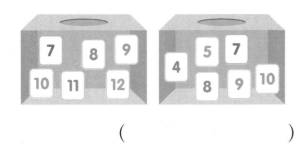

( )

15 색이 다른 수 카드를 각각 한 장씩 골라 차를 구하려고 합니다. 차가 가장 클 때와 가장 작을 때의 값을 각각 구해 보세요.

가장 클 때 ( )
가장 작을 때 ( )

계산 결과가 같을 때 더하거나 빼는 수의 크기를 생각해 봐야지!

16 □ 안에 알맞은 수를 써넣으세요.

$$10 + 3 = 13$$
$$9 + 4 = 13$$
$$8 + \boxed{} = 13$$

17 □ 안에 알맞은 수를 써넣으세요.

$$10 - 6 = 4$$
$$11 - \boxed{} = 4$$
$$12 - \boxed{} = 4$$

18 □ 안에 알맞은 수를 구해 보세요.

$$6 + \square = 9 + 3$$

( )

19 □ 안에 알맞은 수를 구해 보세요.

$$16 - \square = 14 - 6$$

( )

도전1 □ 안에 알맞은 수 구하여 크기 비교하기

1 □ 안에 알맞은 수가 더 큰 것에 ○표 하세요.

$$4+\square=12 \qquad 16-\square=7$$

(   )   (   )

핵심 NOTE
□ 안에 알맞은 수를 각각 구해 봅니다.

2 □ 안에 알맞은 수가 더 작은 것에 ○표 하세요.

$$\square+6=13 \qquad 17-\square=9$$

(   )   (   )

3 □ 안에 알맞은 수가 큰 것부터 차례로 기호를 써 보세요.

$$\text{㉠ } 7+\square=14$$
$$\text{㉡ } 14-\square=8$$
$$\text{㉢ } \square-5=6$$

(   )

도전2 모양이 나타내는 수 구하기

4 같은 모양은 같은 수를 나타냅니다. ▲에 알맞은 수를 구해 보세요.

$$\blacksquare+7=12$$
$$\blacktriangle-\blacksquare=9$$

(   )

핵심 NOTE
먼저 ■의 값을 구해 봅니다.

5 같은 모양은 같은 수를 나타냅니다. ♥에 알맞은 수를 구해 보세요.

$$5+\blacklozenge=11$$
$$\blacktriangledown-\blacklozenge=7$$

(   )

6 같은 모양은 같은 수를 나타냅니다. ★에 알맞은 수를 구해 보세요.

$$\bullet+\bullet=14$$
$$\bigstar+\bullet=15$$

(   )

도전3 □ 안에 들어갈 수 있는 수 구하기

7 **1**부터 **9**까지의 수 중에서 □ 안에 들어갈 수 있는 수를 모두 구해 보세요.

$$6+\square>9+4$$

( )

핵심 NOTE
먼저 **9+4**의 값을 구해 봅니다.

8 **1**부터 **9**까지의 수 중에서 □ 안에 들어갈 수 있는 수는 모두 몇 개인지 구해 보세요.

$$12-\square<14-7$$

( )

도전 최상위

9 **1**부터 **9**까지의 수 중에서 □ 안에 공통으로 들어갈 수 있는 수를 모두 구해 보세요.

$$\cdot 8+6>\square+7$$
$$\cdot \square>11-8$$

( )

도전4 덧셈과 뺄셈의 활용

10 유미의 나이는 **8**살이고 언니의 나이는 유미보다 **3**살 더 많습니다. 동생의 나이는 언니보다 **5**살 더 적다면 동생의 나이는 몇 살인지 구해 보세요.

( )

핵심 NOTE
언니의 나이를 먼저 구한 다음 동생의 나이를 구합니다.

11 신발장에 운동화는 **7**켤레 있고 구두는 운동화보다 **4**켤레 더 많습니다. 슬리퍼는 구두보다 **6**켤레 더 적다면 슬리퍼는 몇 켤레인지 구해 보세요.

( )

12 빨간색 색종이는 **13**장 있고, 파란색 색종이는 빨간색 색종이보다 **7**장 더 적습니다. 노란색 색종이는 파란색 색종이보다 **3**장 더 많을 때 파란색 색종이와 노란색 색종이는 모두 몇 장인지 구해 보세요.

( )

4

1 □ 안에 알맞은 수를 써넣으세요.

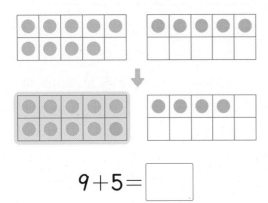

$$9+5=\boxed{}$$

2 어느 것이 몇 개 더 많은지 구해 보세요.

$$11-\boxed{}=\boxed{}$$

➡ (로봇 , 자동차)이/가 □ 개 더 많습니다.

3 □ 안에 알맞은 수를 써넣으세요.

$$6+7=\boxed{}$$

3 □

4 □ 안에 알맞은 수를 써넣으세요.

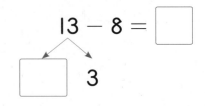

3

5 덧셈을 해 보세요.

(1) $7+4=\boxed{}$

(2) $6+9=\boxed{}$

6 뺄셈을 해 보세요.

(1) $11-5=\boxed{}$

(2) $16-7=\boxed{}$

7 빈칸에 알맞은 수를 써넣으세요.

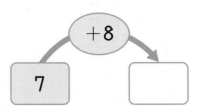

�》 정답과 풀이 **29**쪽

8 빈칸에 알맞은 수를 써넣으세요.

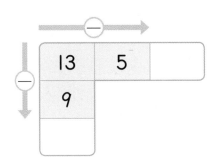

9 덧셈을 해 보세요.

$9+9=$ ☐

$9+8=$ ☐

$9+7=$ ☐

$9+6=$ ☐

10 뺄셈을 해 보세요.

$12-6=$ ☐

$13-7=$ ☐

$14-8=$ ☐

$15-9=$ ☐

11 합이 14인 덧셈식을 모두 찾아 기호를 써 보세요.

| ㉠ 5+8 | ㉡ 6+9 |
| ㉢ 7+7 | ㉣ 8+6 |

( )

12 계산 결과를 비교하여 ○ 안에 >, =, <를 알맞게 써넣으세요.

$17-8$ ◯ $17-9$

13 두 덧셈식의 합이 같도록 ☐ 안에 알맞은 수를 구해 보세요.

| 6+8 | 9+☐ |

( )

14 주현이네 반 남학생은 9명이고, 여학생은 남학생보다 3명 더 많습니다. 주현이네 반 여학생은 몇 명일까요?

( )

15 연우의 책꽂이에 동화책이 15권, 위인전이 8권 꽂혀 있습니다. 동화책은 위인전보다 몇 권 더 많을까요?

( )

● 정답과 풀이 **29**쪽

16 윤지가 공책 **4**권을 더 샀더니 공책이 모두 **11**권이 되었습니다. 처음에 가지고 있던 공책은 몇 권이었는지 구해 보세요.

식 _____

답 _____

17 수 카드를 두 장씩 골라 덧셈식으로 나타내려고 합니다. 물음에 답하세요.

6 7 8 9

(1) 합이 가장 작은 덧셈식으로 나타내 보세요.

☐ + ☐ = ☐

(2) 합이 가장 큰 덧셈식으로 나타내 보세요.

☐ + ☐ = ☐

18 다음과 같이 **14**를 넣으면 **9**가 나오는 상자가 있습니다. 이 상자에 **11**을 넣으면 얼마가 나올까요?

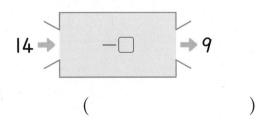

14 → ☐ - ☐ → 9

(_____)

19 계산 결과가 가장 큰 것을 찾아 기호를 쓰려고 합니다. 풀이 과정을 쓰고 답을 구해 보세요.

㉠ 9+5   ㉡ 7+6   ㉢ 8+7

풀이 _____

_____

_____

답 _____

20 민주는 구슬을 **12**개 가지고 있습니다. 현서는 민주보다 **4**개 더 적게 가지고 있고, 정우는 현서보다 **6**개 더 많이 가지고 있습니다. 정우가 가지고 있는 구슬은 몇 개인지 풀이 과정을 쓰고 답을 구하시오.

풀이 _____

_____

_____

답 _____

1 □ 안에 알맞은 수를 써넣으세요.

$14-7=\boxed{}$ $14-7=\boxed{}$

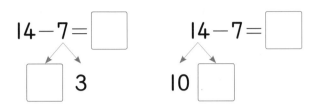

$\boxed{}$ 3 10 $\boxed{}$

2 □ 안에 알맞은 수를 써넣으세요.

(1) $7+5=7+\boxed{}+2$

$=\boxed{}+2$

$=\boxed{}$

(2) $4+9=3+\boxed{}+9$

$=3+\boxed{}$

$=\boxed{}$

3 차를 구하여 이어 보세요.

11−4 ·   · 8

12−6 ·   · 7

17−9 ·   · 6

4 합이 16인 덧셈식을 모두 찾아 ○표 하세요.

| 7+9 | 8+7 | 8+8 | 9+9 |

(   ) (   ) (   ) (   )

5 뺄셈을 해 보세요.

$15-6=\boxed{}$

$15-7=\boxed{}$

$15-8=\boxed{}$

$15-9=\boxed{}$

6 덧셈을 해 보세요.

$8+5=\boxed{}$

$5+8=\boxed{}$

7 계산 결과를 비교하여 ○ 안에 >, =, <를 알맞게 써넣으세요.

(1) $3+9 \bigcirc 9+3$

(2) $4+8 \bigcirc 4+7$

8 빈칸에 알맞은 수를 써넣으세요.

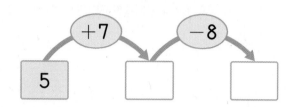

9 같은 모양에 적혀 있는 수의 합을 구해 보세요.

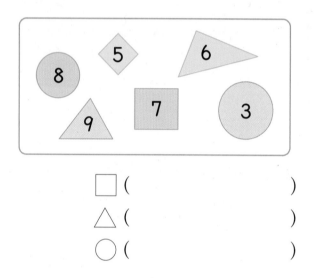

□ (   )
△ (   )
○ (   )

10 수 카드 4장 중에서 3장을 골라 **뺄셈** 식을 모두 만들어 보세요.

7   9   15   8

□ − □ = □

□ − □ = □

11 봉지에 사과가 6개, 배가 8개 들어 있습니다. 봉지에 들어 있는 과일은 모두 몇 개일까요?

식 ....

답 ....

12 형준이는 통 속에 화살을 던져 넣는 투호 놀이를 하였습니다. 화살 12개를 던져 8개가 들어갔다면 통에 들어가지 않은 화살은 몇 개일까요?

식 ....

답 ....

13 바르게 계산한 사람의 이름을 써 보세요.

준서   15−8=2+5=7
         10   5

설아   15−8=10+3=13
         5   3

(   )

14 계산 결과가 큰 것부터 차례로 기호를 써 보세요.

㉠ 13−5   ㉡ 13−8   ㉢ 13−4

(   )

15 은호가 사용한 색종이는 몇 장인지 구해 보세요.

색종이 16장 중 9장을 종이꽃을 접는 데 사용했어.

나는 12장을 가지고 있었는데 사용하고 남은 색종이의 수가 너와 같아.

서아   은호

(   )

16 ㉠과 ㉡ 사이에 있는 수를 모두 구해 보세요.

$$14-6=㉠ \qquad 5+7=㉡$$

(   )

17 같은 모양은 같은 수를 나타냅니다. ●에 알맞은 수를 구해 보세요.

$$14-■=9$$
$$■+●=13$$

(   )

18 1부터 9까지의 수 중에서 □ 안에 들어갈 수 있는 수는 모두 몇 개인지 구해 보세요.

$$8+□>7+7$$

(   )

정답과 풀이 30쪽

19 붙임딱지를 시현이는 16장 모았고, 준서는 시현이보다 8장 더 적게 모았습니다. 민정이는 준서보다 5장 더 많이 모았다면 민정이가 모은 붙임딱지는 몇 장인지 풀이 과정을 쓰고 답을 구해 보세요.

풀이

답

20 유미는 꺼낸 공에 적힌 두 수의 합을 지우의 것보다 크게 하려고 합니다. 유미는 어떤 수의 공을 꺼내야 하는지 풀이 과정을 쓰고 답을 구해 보세요.

나는 6과 7을 꺼냈어.

나는 5를 꺼냈어. 어떤 공을 더 꺼내야 이길 수 있을까?

지우   유미

3 9
4
8

풀이

답

사고력이 반짝

● 보기 와 같은 규칙으로 ○ 안에 알맞은 수를 써넣으세요.

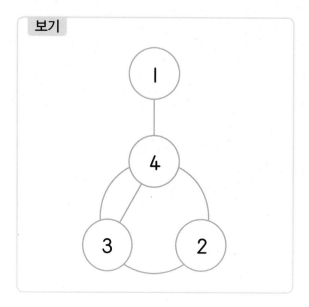

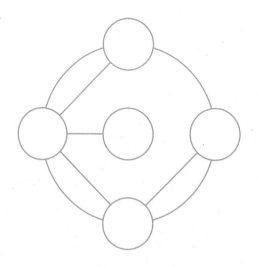

5 규칙 찾기

이번 단원에서
꼭 짚어야 할
핵심 개념을 알아보자.

핵심 1 규칙 찾기

- ●, ♥, ★이 반복됩니다.

- 빈칸에 알맞은 모양은 ☐ 입니다.

핵심 2 규칙 만들기

●●○●●○●●○

➡ 검은색 바둑돌, ☐ 바둑돌, ☐

바둑돌이 반복되는 규칙을 만들었습니다.

핵심 3 수 배열에서 규칙 찾기

- 반복되는 규칙

3	3	7	3	3	7

규칙 3, ☐, ☐ 이/가 반복됩니다.

- 커지는 규칙

10	15	20	25	30	35

규칙 10부터 시작하여 ☐ 씩 커집니다.

핵심 4 수 배열표에서 규칙 찾기

51	52	53	54	55	56	57	58	59	60
61	62	63	64	65	66	67	68	69	70
71	72	73	74	75	76	77	78	79	80

───에 있는 수는 61부터 시작하여 → 방향으로 ☐ 씩 커집니다.

───에 있는 수는 53부터 시작하여 ↓ 방향으로 ☐ 씩 커집니다.

핵심 5 규칙을 여러 가지 방법으로 나타내기

	🍓	🍌	🍓	🍌	🍓	🍌
모양	○	△	○	△	○	△
수	1	2	1	2	1	

1. 규칙 찾기

● **규칙 찾기**

규칙 ★과 ●가 반복됩니다.

규칙 ▲와 ▲가 반복됩니다.

규칙 ♥, ●, ●가 반복됩니다.

규칙 ●, ◢, ■가 반복됩니다.

규칙 ◆, ★, ★, ◆가 반복됩니다.

개념 다르게 보기

● **생활 속에서 규칙을 찾을 수 있어요!**

➡ 나무가 큰 것, 작은 것, 작은 것이 반복됩니다.
   자동차가 노란색, 파란색이 반복됩니다.

○ 정답과 풀이 32쪽

1 보기 와 같이 반복되는 부분에 ⬭ 표시해 보세요.

반복되는 모양을
묶어 보면 규칙을 쉽게
찾을 수 있어요.

보기

▲ ● ▲ ● ▲ ● ▲ ●

① ◆ ■ ◆ ■ ◆ ■ ◆ ■ ◆ ■ ◆ ■

② ♥ ● ★ ♥ ● ★ ♥ ● ★ ♥ ● ★

2 규칙을 찾아 빈칸에 알맞은 그림을 그리고 색칠해 보세요.

먼저 어떤 모양이
반복되는지 찾아봐요.

3 규칙을 찾아 ☐ 안에 알맞은 말을 써넣으세요.

• 수박   • 포도

규칙 ☐ , ☐ , ☐ 이/가 반복됩니다.

5

4 그림에서 규칙을 찾아 써 보세요.

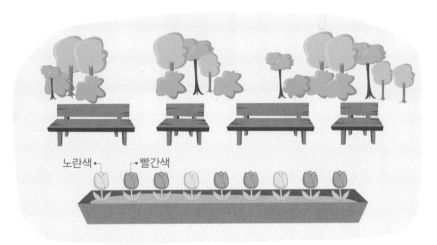

노란색 •   • 빨간색

규칙 ....

2. 규칙 만들기

● **색으로 규칙 만들기**

➡ 노란색, 빨간색이 반복되는 규칙을 만들었습니다.

● **물건으로 규칙 만들기**

➡ 장갑, 모자, 장갑이 반복되는 규칙을 만들었습니다.

● **규칙에 따라 색칠하기**

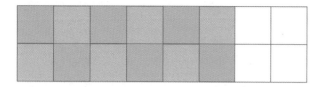

- 첫째 줄은 초록색과 주황색이 반복됩니다.
  ➡ 빈칸에 초록색, 주황색으로 색칠합니다.
- 둘째 줄은 주황색과 초록색이 반복됩니다.
  ➡ 빈칸에 주황색, 초록색으로 색칠합니다.

개념 자세히 보기

● **규칙을 만들어 무늬를 꾸밀 수 있어요!**

예 ◯, ♡로 규칙을 만들어 무늬 꾸미기

➡ ◯, ♡, ◯가 반복되는 규칙으로 무늬를 꾸몄습니다.

① 바둑돌(●, ○)로 규칙을 만들어 보세요.

② 규칙을 만들어 양말을 색칠해 보세요.

2가지 또는 3가지 색으로 반복되는 규칙을 만들어 봐요.

③ 규칙에 따라 빈칸에 알맞은 색을 칠해 보세요.

첫째 줄과 둘째 줄의 규칙을 각각 찾아봐요.

④ 규칙에 따라 빈칸에 알맞은 모양을 그리고 색칠해 보세요.

3. 수 배열과 수 배열표에서 규칙 찾기

● **수 배열에서 규칙 찾기**

| 2 | 5 | 2 | 5 | 2 | 5 | 2 | 5 |

규칙 2, 5가 반복됩니다.

| 20 | 30 | 40 | 50 | 60 | 70 | 80 | 90 |

규칙 20부터 시작하여 10씩 커집니다.

| 22 | 19 | 16 | 13 | 10 | 7 | 4 | 1 |

규칙 22부터 시작하여 3씩 작아집니다.

● **수 배열표에서 규칙 찾기**

41	42	43	44	45	46	47	48	49	50
51	52	53	54	55	56	57	58	59	60
61	62	63	64	65	66	67	68	69	70

규칙
- ══에 있는 수는 51부터 시작하여 → 방향으로 1씩 커집니다.
- ══에 있는 수는 45부터 시작하여 ↓ 방향으로 10씩 커집니다.
- 색칠한 수는 42부터 시작하여 2씩 커집니다.

개념 자세히 보기

● **수 배열표에서 ╲ 방향과 ╱ 방향의 규칙도 찾을 수 있어요!**

51	52	53	54	55
56	57	58	59	60
61	62	63	64	65
66	67	68	69	70
71	72	73	74	75

규칙
- ══에 있는 수는 51부터 시작하여 ╲ 방향으로 6씩 커집니다.
- ══에 있는 수는 55부터 시작하여 ╱ 방향으로 4씩 커집니다.

◐ 정답과 풀이 32쪽

1 수 배열에서 규칙을 찾아보세요.

① | 4 | 8 | 8 | 4 | 8 | 8 |

규칙 [ ] , [ ] , [ ] 이/가 반복됩니다.

② | 3 | 6 | 9 | 12 | 15 | 18 |

규칙 **3**부터 시작하여 [ ] 씩 커집니다.

2 규칙에 따라 빈칸에 알맞은 수를 써넣으세요.

① | 1 | 6 | 1 | 6 | [ ] | [ ] |

② | 22 | 18 | 14 | 10 | [ ] | [ ] |

수가 반복되는 규칙인지 또는 커지거나 작아지는 규칙인지 알아봐요.

3 수 배열표에서 규칙을 찾아보세요.

51	52	53	54	55	56	57	58	59	60
61	62	63	64	65	66	67	68	69	70
71	72	73	74	75	76	77	78	79	80
81	82	83	84	85	86	87	88	89	90
91	92	93	94	95					

수 배열표에서 → 방향으로, ↓ 방향으로 수가 커져요.

5

① ━━에 있는 수는 **71**부터 시작하여 → 방향으로 [ ] 씩 커집니다.

② ━━에 있는 수는 **58**부터 시작하여 ↓ 방향으로 [ ] 씩 커집니다.

③ 규칙에 따라 빈칸에 알맞은 수를 써넣으세요.

4. 규칙을 여러 가지 방법으로 나타내기

● 규칙을 찾아 여러 가지 방법으로 나타내기

① 규칙 찾기

규칙   은행잎, 은행잎, 단풍잎, 단풍잎이 반복됩니다.

② 규칙을 찾아 모양으로 나타내기

○	○	△	△	○	○	△	△

➡ 은행잎을 ○, 단풍잎을 △로 나타냅니다.

③ 규칙을 찾아 수로 나타내기

1	1	2	2	1	1	2	2

➡ 은행잎을 1, 단풍잎을 2로 나타냅니다.

개념 다르게 보기

● 몸으로 표현한 규칙을 모양이나 수로 나타낼 수 있어요!

예

모양	ㅡ	ㄴ	ㅡ	ㄴ	ㅡ	ㄴ
수	0	1	0	1	0	1

◐ 정답과 풀이 32쪽

1 규칙에 따라 ○, △로 나타내 보세요.

🐿️	🐿️	🌰	🐿️	🐿️	🌰	🐿️	🐿️
○	○	△					

다람쥐와 도토리를 각각 어떤 모양으로 나타냈는지 알아봐요.

2 규칙에 따라 빈칸에 알맞은 수를 써넣으세요.

🧢	👓	🧢	🧢	👓	🧢	🧢	👓
1	2	1					

모자와 안경을 각각 어떤 수로 나타냈는지 알아봐요.

3 규칙에 따라 빈칸에 알맞은 수를 써넣으세요.

🧤	✌️	🖐️	🤛	✌️	🖐️	🤛	✌️	🖐️
	2		0		5			

4 규칙에 따라 빈칸에 알맞은 모양을 그리고 수를 써넣으세요.

	주차 P	⚠️	⚠️	일방통행	⚠️	⚠️	자전거주차 P	⚠️
모양	□	△						
수	4	3						

1 규칙 찾기

1 규칙을 찾아 빈칸에 알맞은 그림을 그리고 색칠해 보세요.

(1)

(2)

2 규칙에 따라 알맞게 색칠해 보세요.

3 규칙을 찾아 써 보세요.

•나비 •벌

규칙 _____

4 규칙을 찾아 빈칸에 알맞은 과일의 이름을 써넣으세요.

•사과 •바나나

5 규칙을 바르게 말한 사람을 찾아 이름을 써 보세요.

색이 빨간색, 노란색, 노란색으로 반복돼.

이서

개수가 2개, 1개, 1개씩 반복돼.

선우

(   )

서술형
6 신호등에서 규칙을 찾아 다음번에 켜질 불은 무슨 색인지 풀이 과정을 쓰고 답을 구해 보세요.

•빨간색

•초록색

풀이 _____

_____

_____

답 _____

7 규칙을 찾아 빈칸에 알맞은 그림과 모양이 같은 물건에 ○표 하세요.

(   )   (   )   (   )

2 규칙 만들기

8 구슬(,)로 규칙을 만들어 보세요.

9 규칙을 만들어 풍선을 색칠해 보세요.

10 규칙에 따라 빈칸에 알맞은 색을 칠해 보세요.

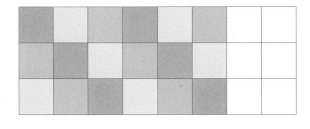

11 △, ○ 모양으로 규칙을 만들어 구슬 팔찌를 꾸며 보세요.

12 규칙을 만들어 주사위 눈을 그려 보세요.

⑴ 서아가 설명하는 규칙으로 주사위 눈을 그려 보세요.

주사위 눈의 수가 2, 4가 반복되도록 놓았어.

서아

⑵ 다른 규칙으로 주사위 눈을 그려 보세요.

13 보기 의 모양을 이용하여 규칙에 따라 무늬를 꾸며 보세요.

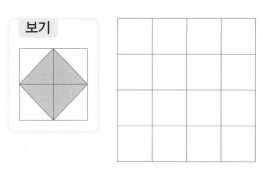

보기

☺ 내가 만드는 문제

14 여러 가지 모양으로 규칙을 만들어 무늬를 꾸며 보고, 꾸민 규칙을 써 보세요.

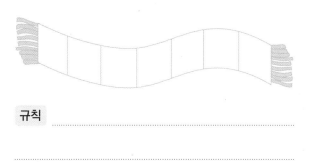

규칙

5

15 규칙에 따라 빈칸에 알맞은 수를 써넣으세요.

(1)

2 | 4 | 2 | 4 | 2 | ☐

(2)

5 | 9 | 13 | 17 | ☐ | ☐

16 수 배열에서 규칙을 찾아 써 보세요.

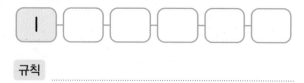

55 — 45 — 35 — 25 — 15 — 5

규칙 ....

😊 내가 만드는 문제

17 규칙을 만들어 빈칸에 수를 써넣고, 만든 규칙을 써 보세요.

1 ☐ ☐ ☐ ☐ ☐

규칙 ....

18 20부터 시작하여 3씩 커지는 규칙으로 수를 쓸 때 ㉠에 알맞은 수를 구해 보세요.

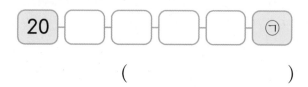

20 ☐ ☐ ☐ ㉠

(   )

19 보기 와 같은 규칙에 따라 빈칸에 알맞은 수를 써넣으세요.

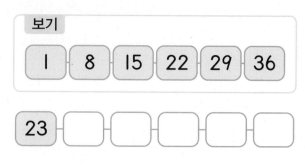

보기

1 | 8 | 15 | 22 | 29 | 36

23 — ☐ — ☐ — ☐ — ☐

20 규칙에 따라 빈칸에 알맞은 수를 써넣으세요.

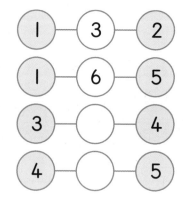

1 — 3 — 2
1 — 6 — 5
3 — ☐ — 4
4 — ☐ — 5

서술형

21 수 배열에서 두 가지 규칙을 찾아 써 보세요.

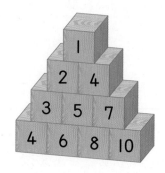

규칙 1 ....

규칙 2 ....

4 수 배열표에서 규칙 찾기

[22~24] 수 배열표를 보고 물음에 답하세요.

21	22	23	24	25	26	27	28	29	30
31	32	33	34	35	36	37	38	39	40
41	42	43	44	45	46	47	48	49	50
51	52	53	54	55					

22 ——에 있는 수는 어떤 규칙이 있는지 써 보세요.

규칙 _____

23 ——에 있는 수는 어떤 규칙이 있는지 써 보세요.

규칙 _____

24 규칙에 따라 빈칸에 알맞은 수를 써넣으세요.

25 규칙에 따라 색칠하고 색칠한 수에 있는 규칙을 써 보세요.

71	72	73	74	75	76	77	78	79	80
81	82	83	84	85	86	87	88	89	90
91	92	93	94	95	96	97	98	99	100

규칙 _____

[26~28] 수 배열표를 보고 물음에 답하세요.

41	42	43			46		48
	50		52	53		55	
57				61	62		
	66				★		
			♥				

26 ——에 있는 수는 어떤 규칙이 있는지 써 보세요.

규칙 _____

27 ——에 있는 수는 어떤 규칙이 있는지 써 보세요.

규칙 _____

28 ★과 ♥에 알맞은 수를 각각 구해 보세요.

★ (   )

♥ (   )

29 서로 다른 규칙이 나타나게 빈칸에 알맞은 수를 써넣으세요.

4	8		16
3			
2	6		14
1	5	9	

13			
		10	12
5	6	7	
1	2	3	4

5 규칙을 여러 가지 방법으로 나타내기

30 규칙에 따라 ♡, ○로 나타내 보세요.

♡	★	★	♡	★	★
♡	○	○			

31 규칙에 따라 빈칸에 알맞은 수를 써넣으세요.

🍀	🍀	🍀	🍀	🍀	🍀
3	3	4			

32 규칙에 따라 빈칸에 알맞은 주사위를 그리고 수를 써넣으세요.

⚀	⚂	⚀	⚀	⚂	⚀	
1	3	1				

33 규칙에 따라 빈칸에 알맞은 모양을 그리고 수를 써넣으세요.

□	⊥				
8	5				

34 규칙에 따라 빈칸에 알맞은 수를 써넣으려고 합니다. ㉠, ㉡에 알맞은 수의 합은 얼마인지 풀이 과정을 쓰고 답을 구해 보세요.

4	2					㉠	㉡

풀이 ....

....

....

....

답 ....

35 규칙에 따라 빈칸에 알맞은 모양을 그리고 수를 써넣으세요.

○		◇					
		0	4				

😊 내가 만드는 문제

36 규칙에 따라 몸으로 표현한 것입니다. 서로 다른 두 가지 방법으로 자유롭게 나타내 보세요.

⚡ **반복되는 부분을 찾아야지!**

1 반복되는 부분에 ▭ 표시하고 규칙을 찾아 써 보세요.

규칙

2 규칙을 찾아 빈칸에 알맞은 그림을 그리고 색칠해 보세요.

3 규칙을 찾아 아홉째에 알맞은 바둑돌은 무슨 색인지 써 보세요.

(   )

4 규칙을 찾아 10째에 알맞은 과일의 이름을 써 보세요.

바나나 사과 (   )

⚡ **규칙이 있게 만들어야지!**

5 두 가지 색으로 규칙을 만들어 모자를 색칠해 보세요.

6 ◇, ♡ 모양으로 규칙을 만들어 목걸이를 꾸며 보세요.

7 세 가지 모양을 골라 규칙을 만들어 보세요.

8 규칙을 만들어 무늬를 색칠해 보세요.

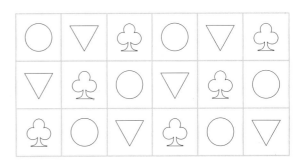

9 규칙에 따라 무늬를 꾸민 것입니다. 물음에 답하세요.

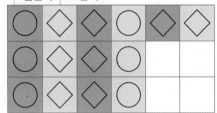

(1) 모양의 규칙을 찾아 써 보세요.

　규칙 _____

(2) 색깔의 규칙을 찾아 써 보세요.

　규칙 _____

(3) 빈칸에 알맞은 모양을 그리고 색칠해 보세요.

10 규칙에 따라 빈칸에 알맞은 모양을 그리고 색칠해 보세요.

(1) 모양의 규칙을 찾아 써 보세요.

　규칙 _____

(2) 색깔의 규칙을 찾아 써 보세요.

　규칙 _____

(3) 빈칸에 알맞은 모양을 그리고 색칠해 보세요.

11 규칙에 따라 수를 쓴 것입니다. 규칙을 찾아 기호를 써 보세요.

> ㉠ 1부터 시작하여 2씩 커집니다.
> ㉡ 1, 3, 5가 반복됩니다.

(1)

(　　　　　)

(2)

(　　　　　)

12 규칙에 따라 수를 쓴 것입니다. 규칙을 바르게 말한 사람을 찾아 쓰고, 빈칸에 알맞은 수를 써넣으세요.

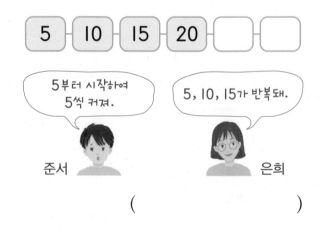

(　　　　　)

13 규칙을 만들어 빈칸에 알맞은 수를 써넣으세요.

| 20 | 22 | | | | |

→, ↓, ↘, ↗의 수 사이의 규칙을 찾아야지!

14 수 배열표에서 ──에 있는 수는 어떤 규칙이 있는지 □ 안에 알맞은 수를 써넣으세요.

11	12	13	14	15	16	17	18	19	20
21	22	23	24	25	26	27	28	29	30
31	32	33	34	35	36	37	38	39	40

규칙 21부터 시작하여 → 방향으로

□ 씩 커집니다.

15 규칙을 정해 색칠하고, 어떤 규칙인지 써 보세요.

100	99	98	97	96	95	94	93	92	91
90	89	88	87	86	85	84	83	82	81
80	79	78	77	76	75	74	73	72	71

규칙

16 규칙을 찾아 ♥에 알맞은 수를 구해 보세요.

46	47	48	49	50
51		53		
	57		59	
				♥

( )

규칙을 찾아서 여러 가지 방법으로 나타내야지!

17 규칙에 따라 ○, □로 나타내 보세요.

○				□	

18 규칙에 따라 빈칸에 알맞은 수를 써넣으세요.

4			2		

19 규칙을 두 가지 방법으로 나타내려고 합니다. 규칙에 따라 빈칸에 알맞게 써넣으세요.

			ㄴ	ㅅ	
	7				2

도전1 찢어진 수 배열표 보고 규칙 찾기

1 수 배열표의 일부분이 찢어졌습니다.
★에 알맞은 수를 구해 보세요.

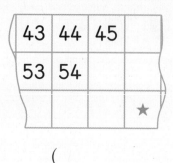

( )

핵심 NOTE
수 배열표에서 → 방향과 ↓ 방향의 규칙을 찾아봅니다.

2 수 배열표의 일부분이 찢어졌습니다.
●에 알맞은 수를 구해 보세요.

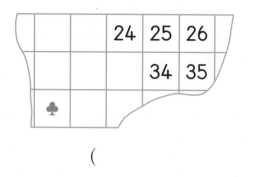

( )

3 수 배열표의 일부분이 찢어졌습니다.
♣에 알맞은 수를 구해 보세요.

( )

도전2 규칙에 따라 색칠하기

4 규칙에 따라 빈칸에 알맞게 색칠해 보세요.

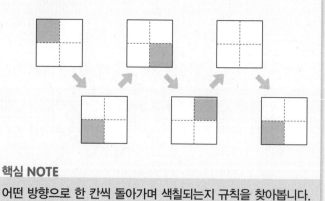

핵심 NOTE
어떤 방향으로 한 칸씩 돌아가며 색칠되는지 규칙을 찾아봅니다.

5 규칙에 따라 빈칸에 알맞게 색칠해 보세요.

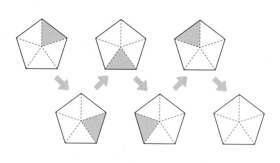

6 규칙에 따라 빈칸에 알맞게 색칠해 보세요.

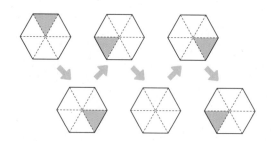

도전3 **규칙에 따라 무늬 완성하기**

7 규칙에 따라 무늬를 완성하면 ●는 모두 몇 개인지 구해 보세요.

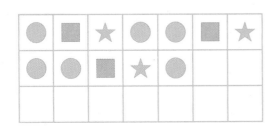

( )

핵심 NOTE
반복되는 무늬의 규칙을 찾아 무늬를 완성해 봅니다.

8 규칙에 따라 무늬를 완성하면 ♥는 모두 몇 개인지 구해 보세요.

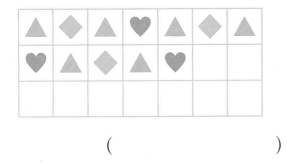

( )

9 규칙에 따라 무늬를 완성하면 ♠는 ▶보다 몇 개 더 많은지 구해 보세요.

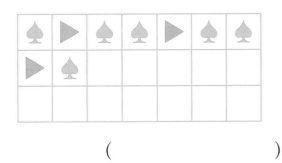

( )

도전4 **■째의 수 구하기**

10 규칙에 따라 수를 늘어놓았습니다. 10째에 놓이는 수를 구해 보세요.

| 1 | 5 | 7 | 1 | 5 | 7 | 1 | … |

( )

핵심 NOTE
수가 반복되는지 또는 수가 몇씩 커지는지 등 늘어놓은 수들의 규칙을 찾아봅니다.

11 규칙에 따라 수를 늘어놓았습니다. 10째에 놓이는 수를 구해 보세요.

| 3 | 5 | 7 | 9 | 11 | … |

( )

12 규칙에 따라 수를 늘어놓았습니다. 아홉째에 놓이는 수를 구해 보세요.

| 40 | 36 | 32 | 28 | 24 | … |

( )

도전 최상위
13 규칙에 따라 수를 늘어놓았습니다. 11째에 놓이는 수를 구해 보세요.

| 1 | 2 | 4 | 7 | 11 | 16 | … |

( )

1 반복되는 부분에 ☐ 표시하고 규칙을 써 보세요.

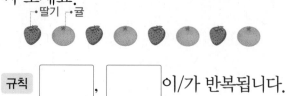

규칙 ☐ , ☐ 이/가 반복됩니다.

2 규칙을 찾아 빈칸에 알맞은 그림을 그리고 색칠해 보세요.

3 규칙을 만들어 공을 색칠해 보세요.

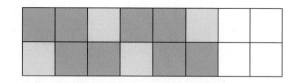

4 규칙에 따라 빈칸에 알맞게 색칠해 보세요.

5 두 가지 모양을 골라 규칙을 만들어 보세요.

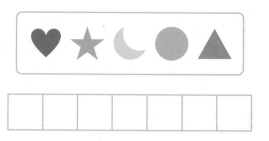

6 규칙을 만들어 빈칸에 알맞은 수를 써넣으세요.

10 15 20 ☐ ☐ ☐

7 규칙에 따라 다음에 올 수를 구해 보세요.

3 6 8 3 6 8

( )

8 규칙에 따라 ○, ×로 나타내 보세요.

×	○				

9 규칙에 따라 빈칸에 알맞은 수를 써넣으세요.

🐒	🐦	🐦	🐒	🐦	🐦
4	2	2			

[10~12] 수 배열표를 보고 물음에 답하세요.

11	12	13	14	15	16	17	18
19	20	21	22	23	24	25	26
27	28	29	30	31	32	33	34
35	36	37	38	39	40	41	42
43	44	45	46	47			

10 ━━에 있는 수는 어떤 규칙이 있는지 써 보세요.

규칙

11 ━━에 있는 수는 어떤 규칙이 있는지 써 보세요.

규칙

12 규칙에 따라 빈칸에 알맞은 수를 써넣으세요.

[13~14] 사물함을 보고 물음에 답하세요.

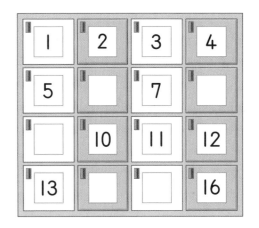

13 규칙을 찾아 빈칸에 알맞은 수를 써넣으세요.

14 색칠한 수에는 어떤 규칙이 있는지 □ 안에 알맞은 수를 써넣으세요.

규칙 2부터 시작하여 □ 씩 커집니다.

15 규칙에 따라 두 가지 방법으로 나타내려고 합니다. 빈칸에 알맞게 써넣으세요.

□	ㅌ	□	ㅌ	□	ㅌ
2	4	2			
ㅁ	ㅌ	ㅁ			

➔ 정답과 풀이 37쪽

16 규칙에 따라 수 카드를 늘어놓았습니다. 잘못 놓은 수 카드의 수를 모두 써 보세요.

| 규칙 | 12부터 3씩 커지는 규칙 |

| 12 | 15 | 19 | 21 | 25 | 27 |

( )

17 규칙에 따라 색칠하고 색칠한 수에 있는 규칙을 써 보세요.

60	61	62	63	64	65
66	67	68	69	70	71
72	73	74	75	76	77
78	79	80	81	82	83

규칙 ....

....

18 보기 와 같은 규칙으로 50부터 수를 배열할 때 ㉠에 알맞은 수를 구해 보세요.

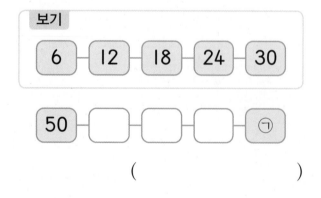

보기

| 6 | 12 | 18 | 24 | 30 |

| 50 | | | | ㉠ |

( )

19 규칙에 따라 빈칸에 알맞은 바둑돌은 무슨 색인지 구하려고 합니다. 풀이 과정을 쓰고 답을 구해 보세요.

풀이 ....

....

....

답 ....

20 규칙에 따라 빈칸에 알맞은 수를 구하려고 합니다. 풀이 과정을 쓰고 답을 구해 보세요.

| 73 | 63 | 53 | 43 | 33 | |

풀이 ....

....

....

답 ....

1 규칙을 찾아 빈칸에 알맞은 채소에 ○ 표 하세요.

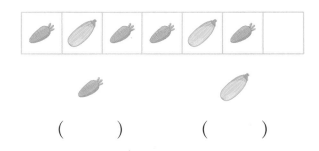

(   )   (   )

2 규칙을 찾아 빈칸에 알맞은 그림을 그리고 색칠해 보세요.

3 두 가지 색으로 규칙을 만들어 색칠해 보세요.

4 규칙에 따라 빈칸에 알맞게 색칠해 보세요.

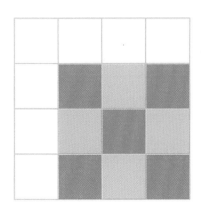

5 수 배열에서 규칙을 찾아 써 보세요.

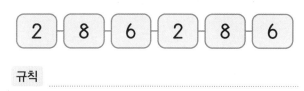

규칙

6 규칙에 따라 빈칸에 알맞은 수를 써넣으세요.

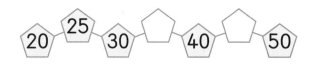

7 규칙을 바르게 말한 사람을 찾아 이름을 써 보세요.

색이 빨간색, 노란색, 노란색으로 반복돼.

연우

개수가 2개, 3개, 1개가 반복돼.

준서

(   )

8 규칙에 따라 빈칸에 알맞은 수를 써넣으세요.

🚲	🚲	🚲	🚲	🚲	🚲
2	3	2			

5

[9~10] 수 배열표를 보고 물음에 답하세요.

50	49	48	47	46	45	44
43	42	41			38	37
36	35	34		32	31	
29		27	26	25	24	23

9 규칙에 따라 빈칸에 알맞은 수를 써넣으세요.

10 색칠된 칸에 있는 수는 어떤 규칙이 있는지 써 보세요.

규칙 _____

11 규칙을 두 가지 방법으로 나타내려고 합니다. 규칙에 따라 빈칸에 알맞은 모양을 그리고 수를 써넣으세요.

🍍	🍎	🍎	🍍	🍎	🍎	🍍
◇			○			
		1	0			

12 규칙을 찾아 빈칸에 알맞은 모양과 모양이 같은 물건을 찾아 기호를 써 보세요.

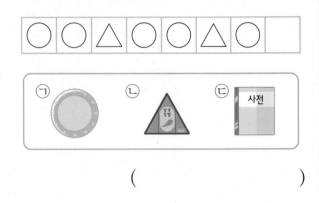

(   )

13 보기 와 같은 규칙에 따라 빈칸에 알맞은 수를 써넣으세요.

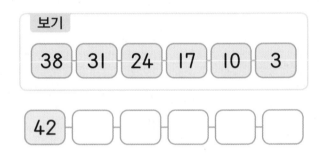

42					

14 수 배열표의 규칙에 따라 빈칸에 알맞은 수를 써넣으세요.

43			46		
	51			54	
		59			

✎ 서술형 문제　　　　　　　　● 정답과 풀이 38쪽

15 규칙에 따라 빈칸에 알맞은 색을 칠해 보세요.

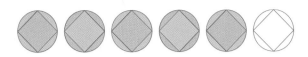

16 규칙에 따라 빈칸에 알맞은 모양을 그리고 색칠해 보세요.

▷	♡	▷	♡	▷	♡
▷	♡	▷	♡		
▷	♡	▷	♡		

17 수 배열표의 일부분이 찢어졌습니다. ♥에 알맞은 수를 구해 보세요.

18	19	20		
26	27			
			♥	

(　　　　　　　　　)

18 규칙에 따라 수를 늘어놓았습니다. 13째에 놓이는 수를 구해 보세요.

4	7	10	13	16	…

(　　　　　　　　　)

19 규칙에 따라 ㉠에 알맞은 수는 얼마인지 풀이 과정을 쓰고 답을 구해 보세요.

2	8	14	20		㉠

풀이

답

20 빈칸에 알맞은 수를 써넣고 규칙이 어떻게 다른지 써 보세요.

1	4	7
2	5	
3	6	

1	2	3
4	5	
7		

규칙

사고력이 반짝

● 서아가 집 앞에서 찍은 사진을 보고 서아의 집을 찾아 ○표 하세요.

6 덧셈과 뺄셈 (3)

이번 단원에서
꼭 짚어야 할
핵심 개념을 알아보자.

핵심 1 **(몇십몇)+(몇)**

낱개의 수끼리 더하여 낱개의 자리에 쓰고,
10개씩 묶음의 수를 그대로 내려씁니다.

$$\begin{array}{r} 2\ 5 \\ +\ \ \ 3 \\ \hline \end{array} \rightarrow \begin{array}{r} 2\ 5 \\ +\ \ \ 3 \\ \hline \ \ \ \square \end{array} \rightarrow \begin{array}{r} 2\ 5 \\ +\ \ \ 3 \\ \hline \square\ \square \end{array}$$

핵심 2 **(몇십몇)+(몇십몇)**

낱개의 수끼리 더하여 낱개의 자리에 쓰고,
10개씩 묶음의 수끼리 더하여 10개씩 묶음
의 자리에 씁니다.

$$\begin{array}{r} 4\ 2 \\ +\ 1\ 5 \\ \hline \end{array} \rightarrow \begin{array}{r} 4\ 2 \\ +\ 1\ 5 \\ \hline \ \ \ \square \end{array} \rightarrow \begin{array}{r} 4\ 2 \\ +\ 1\ 5 \\ \hline \square\ \square \end{array}$$

핵심 3 **(몇십몇)−(몇)**

낱개의 수끼리 빼서 낱개의 자리에 쓰고,
10개씩 묶음의 수를 그대로 내려씁니다.

$$\begin{array}{r} 3\ 6 \\ -\ \ \ 4 \\ \hline \end{array} \rightarrow \begin{array}{r} 3\ 6 \\ -\ \ \ 4 \\ \hline \ \ \ \square \end{array} \rightarrow \begin{array}{r} 3\ 6 \\ -\ \ \ 4 \\ \hline \square\ \square \end{array}$$

핵심 4 **(몇십몇)−(몇십몇)**

낱개의 수끼리 빼서 낱개의 자리에 쓰고,
10개씩 묶음의 수끼리 빼서 10개씩 묶음의
자리에 씁니다.

$$\begin{array}{r} 5\ 8 \\ -\ 2\ 1 \\ \hline \end{array} \rightarrow \begin{array}{r} 5\ 8 \\ -\ 2\ 1 \\ \hline \ \ \ \square \end{array} \rightarrow \begin{array}{r} 5\ 8 \\ -\ 2\ 1 \\ \hline \square\ \square \end{array}$$

핵심 5 **덧셈과 뺄셈하기**

$22+10=32$ $75-10=65$

$22+20=\boxed{}$ $75-20=\boxed{}$

$22+30=\boxed{}$ $75-30=\boxed{}$

1. 덧셈 알아보기 (1)

● **(몇십몇)+(몇)**

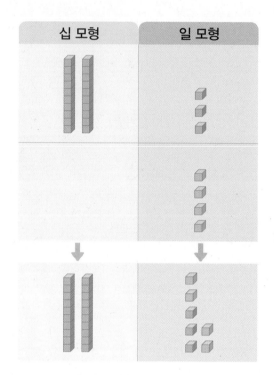

$$2\ 3$$
$$+\ \ \ 4$$

일 모형의 수끼리 줄을
맞추어 세로로 씁니다.

$$2\ \vdots\ 3$$
$$+\ \ \ \vdots\ 4$$
$$\overline{\qquad\vdots\ 7}$$

일 모형의 수끼리 더하여
일 모형의 자리에 씁니다.

$$2\ \vdots\ 3$$
$$+\ \ \ \vdots\ 4$$
$$\overline{2\ \vdots\ 7}$$

십 모형의 수를 그대로
내려씁니다.

개념 다르게 보기

● **(몇십몇)+(몇)을 여러 가지 방법으로 구할 수 있어요!**

방법 1 이어 세기로 구하기

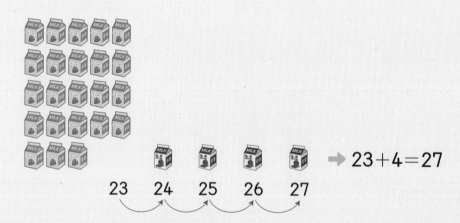

$\Rightarrow 23+4=27$

방법 2 초코우유의 수만큼 △를 그려 구하기

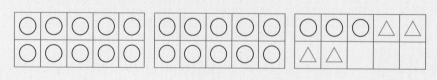

$\Rightarrow 23+4=27$

○ 정답과 풀이 **40**쪽

1 수 모형을 보고 덧셈을 해 보세요.

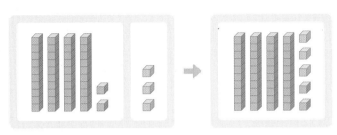

십 모형 **4**개와 일 모형 **2**개에 일 모형 **3**개를 더하면 십 모형 **4**개와 일 모형 **5**개가 돼요.

$42+3=$ ☐

2 그림을 보고 ☐ 안에 알맞은 수를 써넣으세요.

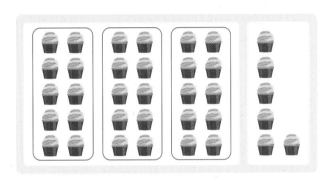

$30+$ ☐ $=$ ☐

3 ☐ 안에 알맞은 수를 써넣으세요.

```
    6 5        6 | 5        6 | 5
  +   2      + | 2        + | 2
  ───────    ──┼───       ──┼───┼───
               | ☐          | ☐ | ☐
```

낱개의 수끼리 더해야 하므로 낱개의 수끼리 나란히 줄을 맞추어 써야 해요.

6

4 덧셈을 해 보세요.

① $40+8=$ ☐

② $51+4=$ ☐

③
```
    2 4
  +   5
  ───────
    ☐
```

④
```
      2
  + 3 3
  ───────
    ☐
```

(몇)＋(몇십몇)은 (몇십몇)＋(몇)과 같은 방법으로 계산해요.

2. 덧셈 알아보기 (2)

● **(몇십)＋(몇십)**

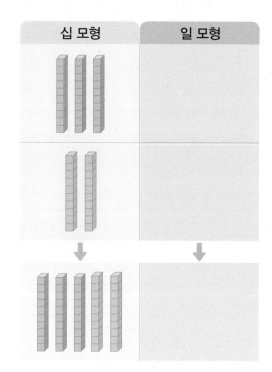

$$
\begin{array}{r}
3\ 0 \\
+\ 2\ 0 \\
\hline
\end{array}
\ \rightarrow\
\begin{array}{r}
3\ 0 \\
+\ 2\ 0 \\
\hline
0 \\
\end{array}
\ \rightarrow\
\begin{array}{r}
3\ 0 \\
+\ 2\ 0 \\
\hline
5\ 0 \\
\end{array}
$$

십 모형의 수끼리, 일 모형의 수끼리 줄을 맞추어 세로로 씁니다.

일 모형의 수가 모두 0이므로 일 모형의 자리에 0을 씁니다.

십 모형의 수끼리 더하여 십 모형의 자리에 씁니다.

● **(몇십몇)＋(몇십몇)**

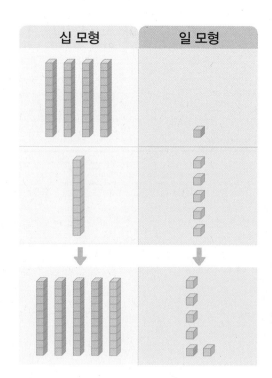

$$
\begin{array}{r}
4\ 1 \\
+\ 1\ 5 \\
\hline
\end{array}
\ \rightarrow\
\begin{array}{r}
4\ 1 \\
+\ 1\ 5 \\
\hline
6 \\
\end{array}
\ \rightarrow\
\begin{array}{r}
4\ 1 \\
+\ 1\ 5 \\
\hline
5\ 6 \\
\end{array}
$$

십 모형의 수끼리, 일 모형의 수끼리 줄을 맞추어 세로로 씁니다.

일 모형의 수끼리 더하여 일 모형의 자리에 씁니다.

십 모형의 수끼리 더하여 십 모형의 자리에 씁니다.

○ 정답과 풀이 **40**쪽

1 수 모형을 보고 덧셈을 해 보세요.

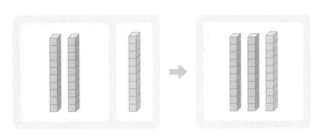

십 모형 **2**개에 십 모형 **1**개를 더하면 십 모형 **3**개가 돼요.

$$20+10=\boxed{}$$

2 그림을 보고 □ 안에 알맞은 수를 써넣으세요.

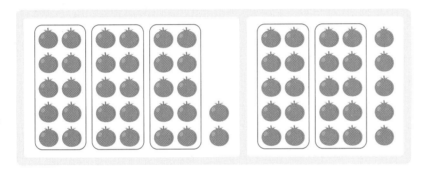

$$32+\boxed{}=\boxed{}$$

3 □ 안에 알맞은 수를 써넣으세요.

$$
\begin{array}{r} 1\ 4 \\ +\ 6\ 2 \\ \hline \end{array}
\Rightarrow
\begin{array}{r} 1\ 4 \\ +\ 6\ 2 \\ \hline \boxed{} \end{array}
\Rightarrow
\begin{array}{r} 1\ 4 \\ +\ 6\ 2 \\ \hline \boxed{}\ \boxed{} \end{array}
$$

10개씩 묶음의 수는 **10**개씩 묶음의 수끼리, 낱개의 수는 낱개의 수끼리 줄을 맞추어 써야 해요.

4 덧셈을 해 보세요.

① $30+40=\boxed{}$ ② $16+23=\boxed{}$

③
$$
\begin{array}{r} 5\ 0 \\ +\ 3\ 5 \\ \hline \boxed{} \end{array}
$$

④
$$
\begin{array}{r} 4\ 1 \\ +\ 3\ 7 \\ \hline \boxed{} \end{array}
$$

3. 뺄셈 알아보기 (1)

● (몇십몇) − (몇)

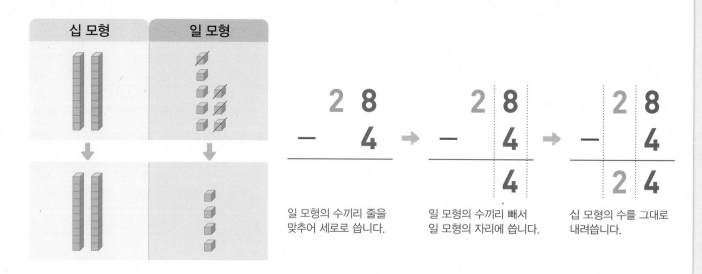

십 모형	일 모형

일 모형의 수끼리 줄을
맞추어 세로로 씁니다.

일 모형의 수끼리 빼서
일 모형의 자리에 씁니다.

십 모형의 수를 그대로
내려씁니다.

개념 다르게 **보기**

● (몇십몇) − (몇)을 여러 가지 방법으로 구할 수 있어요!

방법 1 비교하여 구하기

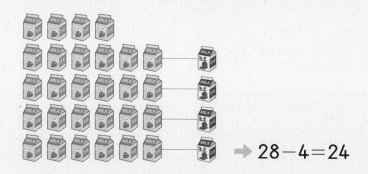

➡ 28 − 4 = 24

방법 2 초코우유의 수만큼 /을 그려 구하기

➡ 28 − 4 = 24

● 일 모형의 수끼리 줄을 꼭 맞추어 써야 해요!

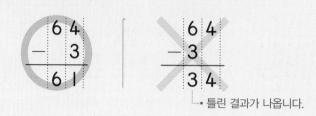

└ 틀린 결과가 나옵니다.

정답과 풀이 41쪽

1 수 모형을 보고 뺄셈을 해 보세요.

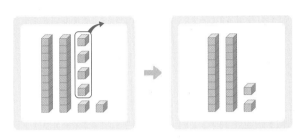

십 모형 2개와 일 모형 6개에서 일 모형 4개를 빼면 십 모형 2개와 일 모형 2개가 남아요.

$$26-4=\boxed{}$$

2 그림을 보고 □ 안에 알맞은 수를 써넣으세요.

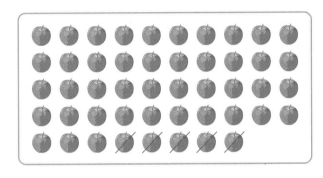

$$48-\boxed{}=\boxed{}$$

3 □ 안에 알맞은 수를 써넣으세요.

$$\begin{array}{r} 6\ 5 \\ -\quad\ 3 \\ \hline \end{array}$$
➡
$$\begin{array}{r} 6\ \vert\ 5 \\ -\quad\vert\ 3 \\ \hline \boxed{} \end{array}$$
➡
$$\begin{array}{r} 6\ \vert\ 5 \\ -\quad\vert\ 3 \\ \hline \boxed{}\ \boxed{} \end{array}$$

낱개의 수끼리 빼야 하므로 낱개의 수끼리 나란히 줄을 맞추어 써야 해요.

4 뺄셈을 해 보세요.

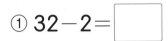

① $32-2=\boxed{}$ ② $57-1=\boxed{}$

③
$$\begin{array}{r} 8\ 6 \\ -\quad\ 5 \\ \hline \boxed{} \end{array}$$

④
$$\begin{array}{r} 4\ 9 \\ -\quad\ 7 \\ \hline \boxed{} \end{array}$$

4. 뺄셈 알아보기 (2)

● (몇십)−(몇십)

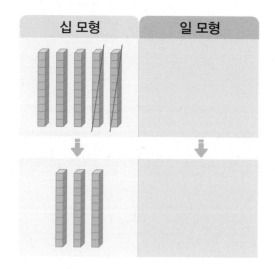

$$50 - 20$$ ➡ $$50 - 2\,0$$ ➡ $$50 - 2\,0 \atop 3\,0$$

십 모형의 수끼리, 일 모형의 수끼리 줄을 맞추어 세로로 씁니다.

일 모형의 수가 모두 0이므로 일 모형의 자리에 0을 씁니다.

십 모형의 수끼리 빼서 십 모형의 자리에 씁니다.

● (몇십몇)−(몇십몇)

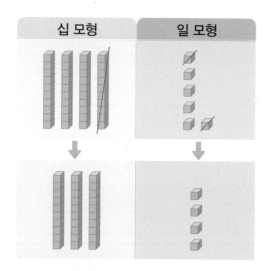

$$46 - 12$$ ➡ $$46 - 1\,2 \atop 4$$ ➡ $$46 - 1\,2 \atop 3\,4$$

십 모형의 수끼리, 일 모형의 수끼리 줄을 맞추어 세로로 씁니다.

일 모형의 수끼리 빼서 일 모형의 자리에 씁니다.

십 모형의 수끼리 빼서 십 모형의 자리에 씁니다.

개념 다르게 보기

● (몇십)−(몇십)은 (몇)−(몇)의 뒤에 0을 쓴 것과 같아!

50−20에서 10개씩 묶음의 수끼리 빼면 5−2=3입니다.

$$5 - 2 = 3 \implies 50 - 20 = 30$$

● 정답과 풀이 41쪽

1 수 모형을 보고 뺄셈을 해 보세요.

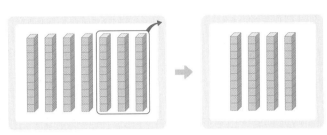

십 모형 7개에서 십 모형 3개를 빼면 십 모형 4개가 남아요.

$$70 - 30 = \boxed{}$$

2 연두색 공깃돌이 빨간색 공깃돌보다 몇 개 더 많은지 알아보세요.

$$24 - \boxed{} = \boxed{}$$

3 □ 안에 알맞은 수를 써넣으세요.

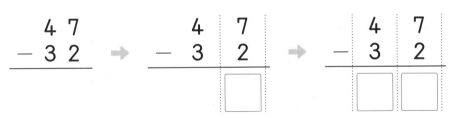

10개씩 묶음의 수는 10개씩 묶음의 수끼리, 낱개의 수는 낱개의 수끼리 줄을 맞추어 써야 해요.

4 뺄셈을 해 보세요.

① $60 - 40 = \boxed{}$ ② $56 - 25 = \boxed{}$

③
```
    8 0
  - 5 0
  ───────
```
④
```
    9 5
  - 4 3
  ───────
```

5. 덧셈과 뺄셈하기

● 덧셈하기

$$35 + 10 = 45$$
$$35 + 20 = 55$$
$$35 + 30 = 65$$
$$35 + 40 = 75$$

같은 수에 10씩 커지는 수를 더하면 합도 10씩 커집니다.

● 뺄셈하기

$$68 - 10 = 58$$
$$68 - 20 = 48$$
$$68 - 30 = 38$$
$$68 - 40 = 28$$

같은 수에서 10씩 커지는 수를 빼면 차는 10씩 작아집니다.

개념 자세히 보기

● 그림을 보고 덧셈식과 뺄셈식을 만들 수 있어요!

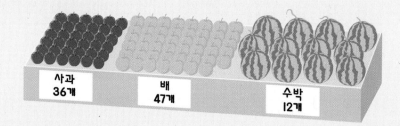

사과 36개   배 47개   수박 12개

덧셈식 만들기

• 사과와 수박은 모두 몇 개일까요? ➡ $36 + 12 = 48$(개)
• 배와 수박은 모두 몇 개일까요? ➡ $47 + 12 = 59$(개)

뺄셈식 만들기

• 배는 사과보다 몇 개 더 많을까요? ➡ $47 - 36 = 11$(개)
• 사과는 수박보다 몇 개 더 많을까요? ➡ $36 - 12 = 24$(개)

● 두 수를 바꾸어 더해도 합은 같아요!

$$23 + 14 = 37$$

→ 합은 같습니다.

$$14 + 23 = 37$$

● 정답과 풀이 41쪽

1 ☐ 안에 알맞은 수를 써넣으세요.

① 23＋12＝ ☐

23＋22＝ ☐

23＋32＝ ☐

23＋42＝ ☐

② 74－24＝ ☐

74－34＝ ☐

74－44＝ ☐

74－54＝ ☐

2 덧셈을 해 보세요.

① 24＋35＝ ☐

35＋24＝ ☐

② 41＋51＝ ☐

51＋41＝ ☐

> 두 수를 바꾸어 더해도 합은 같아요.

3 그림을 보고 물음에 답하세요.

> 노란색 책은 15권, 빨간색 책은 11권, 파란색 책은 4권, 초록색 책은 23권 있어요.

6

① 윗줄에 있는 책은 모두 몇 권인지 덧셈식으로 나타내 보세요.

☐ ＋ ☐ ＝ ☐

> 윗줄에 있는 책은 노란색 책과 빨간색 책이에요.

② 초록색 책은 빨간색 책보다 몇 권 더 많은지 뺄셈식으로 나타내 보세요.

☐ － ☐ ＝ ☐

① **(몇십몇)+(몇)**

1 그림을 보고 □ 안에 알맞은 수를 써 넣으세요.

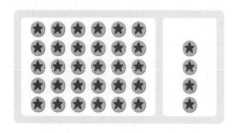

$\boxed{}$ + $\boxed{}$ = $\boxed{}$

2 덧셈을 해 보세요.

(1)
$$\begin{array}{r} 50 \\ +7 \\ \hline \end{array}$$

(2)
$$\begin{array}{r} 62 \\ +3 \\ \hline \end{array}$$

3 합이 같은 것끼리 이어 보세요.

30+8 ·	· 6+53
5+54 ·	· 40+4
43+1 ·	· 32+6

4 바르게 계산한 것에 ○표 하세요

$$\begin{array}{r} 23 \\ +5 \\ \hline 73 \end{array}$$

$$\begin{array}{r} 23 \\ +5 \\ \hline 28 \end{array}$$

(   )   (   )

5 공원에 비둘기가 15마리 있었습니다. 잠시 후 비둘기 4마리가 더 날아왔다면 공원에 있는 비둘기는 모두 몇 마리일까요?

식   15+$\boxed{}$=$\boxed{}$

답   ....

② **(몇십)+(몇십)**

6 그림을 보고 □ 안에 알맞은 수를 써 넣으세요.

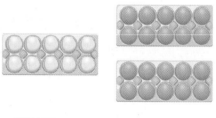

$\boxed{}$ + $\boxed{}$ = $\boxed{}$

7 덧셈을 해 보세요.

(1)
$$\begin{array}{r} 20 \\ +40 \\ \hline \end{array}$$

(2)
$$\begin{array}{r} 60 \\ +30 \\ \hline \end{array}$$

8 여학생 30명과 남학생 20명이 안전 체험관에 갔습니다. 안전 체험관에 간 학생은 모두 몇 명일까요?

(   )

9 수 카드 **2**장을 골라 합이 **70**이 되도록 덧셈식을 만들어 보세요.

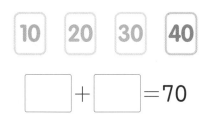

$$\boxed{} + \boxed{} = 70$$

3 (몇십몇)+(몇십몇)

10 덧셈을 해 보세요.

(1)
$$\begin{array}{r} 4\ 7 \\ +\ 3\ 2 \\ \hline \end{array}$$

(2)
$$\begin{array}{r} 2\ 3 \\ +\ 4\ 3 \\ \hline \end{array}$$

(3) $11+76$

(4) $35+61$

11 □ 안에 알맞은 수를 써넣으세요.

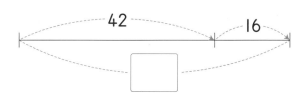

12 같은 모양에 적힌 수의 합을 구해 보세요.

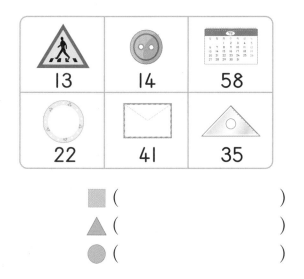

■ (   )

▲ (   )

● (   )

13 합이 가장 큰 것을 찾아 기호를 써 보세요.

(   )

😊 내가 만드는 문제

14 두 가지 종류의 공을 골라 덧셈식을 만들어 보세요.

| 빨간색 공 **32**개 | 파란색 공 **26**개 | 노란색 공 **43**개 |

(빨간색 공 , 파란색 공 , 노란색 공)

$$\boxed{} + \boxed{} = \boxed{} (개)$$

서술형

15 도화지를 준영이는 **25**장 가지고 있고, 은서는 준영이보다 **12**장 더 많이 가지고 있습니다. 은서가 가지고 있는 도화지는 몇 장인지 풀이 과정을 쓰고 답을 구해 보세요.

풀이

답

4 **(몇십몇)−(몇)**

16 그림을 보고 □ 안에 알맞은 수를 써 넣으세요.

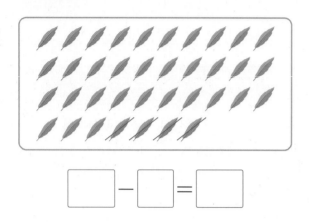

$$\boxed{}-\boxed{}=\boxed{}$$

17 뺄셈을 해 보세요.

(1)
$$\begin{array}{r} 8\ 4 \\ -\quad 3 \\ \hline \end{array}$$

(2)
$$\begin{array}{r} 4\ 8 \\ -\quad 5 \\ \hline \end{array}$$

18 차가 같은 것끼리 이어 보세요.

66−4 ·	· 58−2
79−5 ·	· 69−7
57−1 ·	· 77−3

19 잘못 계산한 곳을 찾아 바르게 계산해 보세요.

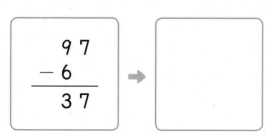

20 수 카드 **3**장 중 **2**장을 골라 가장 큰 몇십몇을 만들었습니다. 만든 몇십몇 과 남은 한 수의 차는 얼마인지 풀이 과정을 쓰고 답을 구해 보세요.

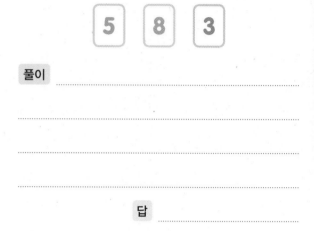

풀이 _____

_____

_____

답 _____

21 운동장에 학생 **37**명이 놀고 있었는데 그중 **6**명이 교실로 들어갔습니다. 운동장에 남아 있는 학생은 모두 몇 명일까요?

(   )

5 **(몇십)−(몇십)**

22 뺄셈을 해 보세요.

(1)
$$\begin{array}{r} 6\ 0 \\ -1\ 0 \\ \hline \end{array}$$

(2)
$$\begin{array}{r} 7\ 0 \\ -4\ 0 \\ \hline \end{array}$$

23 차가 더 작은 것에 ○표 하세요.

50−30	80−70

(   )   (   )

24 수 카드 **2**장을 골라 차가 **40**이 되도록 뺄셈식을 만들어 보세요.

$$\boxed{} - \boxed{} = 40$$

25 다음 수를 구해 보세요.

> **90**보다 **60**만큼 더 작은 수

(   )

6 **(몇십몇)−(몇십몇)**

26 뺄셈을 해 보세요.

(1)
```
   5 9
 − 2 4
```

(2)
```
   7 8
 − 3 2
```

(3) $82 - 51$

(4) $65 - 43$

27 알맞은 풍선과 고리를 연결해 보세요.

28 가장 큰 수에서 가장 작은 수를 뺀 값을 구해 보세요.

> 25   48   13   67

(   )

☺ 내가 만드는 문제

29 **보기** 와 같이 (몇십몇)−(몇십)의 차가 **14**가 되는 뺄셈식을 만들어 보세요.

보기

$$54 - 40 = 14$$

$$\boxed{} - \boxed{} = 14$$

30 색종이를 민주는 **89**장, 서우는 **24**장 가지고 있습니다. 민주는 서우보다 색종이를 몇 장 더 많이 가지고 있을까요?

식 _____

답 _____

31 해인이네 반 학생은 모두 **28**명입니다. 아침 활동 시간에 교실에서 책을 읽고 있는 학생은 몇 명일까요?

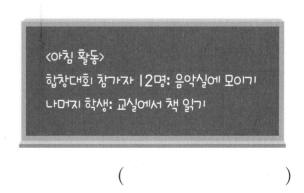

〈아침 활동〉
합창대회 참가자 **12**명: 음악실에 모이기
나머지 학생: 교실에서 책 읽기

(   )

7 덧셈과 뺄셈하기

32 뺄셈을 해 보세요.

$57-11=$ ☐

$57-12=$ ☐

$57-13=$ ☐

$57-14=$ ☐

33 덧셈을 해 보세요.

$24+35=$ ☐

$35+24=$ ☐

34 빈칸에 알맞은 수를 써넣으세요.

(1)
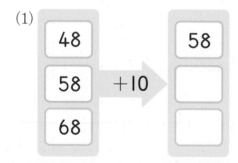

(2)
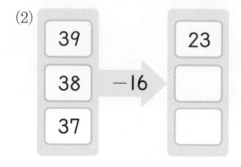

35 ☐ 안에 알맞은 수를 써넣으세요.

(1) $42+$ 26 $=68$

$42+$ ☐ $=78$

(2) $59-$ 13 $=46$

$59-$ ☐ $=36$

36 계산 결과가 큰 것부터 차례로 기호를 써 보세요.

(   )

37 친구들이 말하는 수를 각각 구해 보세요.

은희: ☐ , 지우: ☐

서술형

38 가장 큰 수와 가장 작은 수의 합과 차를 각각 구하려고 합니다. 풀이 과정을 쓰고 답을 구해 보세요.

27   43   23   65

풀이 ＿＿＿＿＿＿＿＿＿＿＿＿＿＿＿

＿＿＿＿＿＿＿＿＿＿＿＿＿＿＿＿

＿＿＿＿＿＿＿＿＿＿＿＿＿＿＿＿

답 합: ☐ , 차: ☐

8 덧셈과 뺄셈의 활용

[39~42] 그림을 보고 물음에 답하세요.

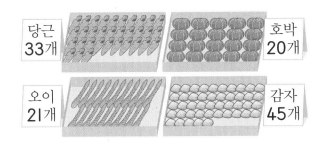

39 당근과 호박은 모두 몇 개일까요?

식 [　] + [　] = [　]

답 _____

40 감자는 오이보다 몇 개 더 많을까요?

식 [　] − [　] = [　]

답 _____

41 당근을 15개 더 캐왔습니다. 당근은 모두 몇 개가 되었을까요?

식 [　] + [　] = [　]

답 _____

42 호박과 오이 중 어느 것이 몇 개 더 많을까요?

식 [　] − [　] = [　]

답 _____

[43~44] 성범이는 정훈이와 농구를 하고 있습니다. 공을 성범이는 24개 넣었고, 정훈이는 13개 넣었습니다. 물음에 답하세요.

43 성범이와 정훈이가 넣은 공은 모두 몇 개일까요?

(　　　　　　)

44 누가 공을 몇 개 더 넣었을까요?

(　　　　), (　　　　)

45 연아는 어제 책을 35쪽 읽었고, 오늘은 어제보다 12쪽 적게 읽었습니다. 연아가 어제와 오늘 읽은 책은 모두 몇 쪽일까요?

(　　　　　　)

😊 내가 만드는 문제

46 같은 색 주머니에서 수를 하나씩 골라 덧셈식과 뺄셈식을 쓰고 계산해 보세요.

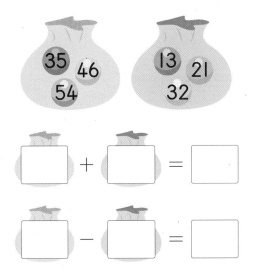

[　] + [　] = [　]

[　] − [　] = [　]

자주 틀리는 유형

⚡ **전체 수를 구하려면 덧셈을 이용해야지!**

1 놀이터에 어린이 23명이 놀고 있었습니다. 4명의 어린이가 더 왔다면 놀이터에 있는 어린이는 모두 몇 명일까요?

( )

2 어항에 금붕어가 20마리, 열대어가 30마리 있습니다. 어항에 있는 물고기는 모두 몇 마리일까요?

( )

3 빨간색 색종이가 32장, 파란색 색종이가 34장 있습니다. 색종이는 모두 몇 장일까요?

( )

4 해린이는 줄넘기를 매일 34번씩 넘습니다. 해린이가 어제와 오늘 넘은 줄넘기는 모두 몇 번인지 구해 보세요.

( )

⚡ **차이를 구하려면 뺄셈을 이용해야지!**

5 주은이는 연필을 28자루 가지고 있었습니다. 그중에서 7자루를 동생에게 주었다면 남은 연필은 몇 자루일까요?

( )

6 생선 가게에 새우가 70마리 있었습니다. 새우가 10마리 남아 있다면 팔린 새우는 몇 마리일까요?

( )

7 유진이네 반 학생은 모두 27명입니다. 그중에서 11명이 안경을 썼다면 안경을 쓰지 않은 학생은 몇 명일까요?

( )

8 농장에 젖소가 46마리, 양이 33마리 있습니다. 젖소와 양 중에서 어느 동물이 몇 마리 더 많을까요?

( ), ( )

⚡ **먼저 수의 크기를 비교해 보자!**

9 가장 큰 수와 가장 작은 수의 합을 구해 보세요.

| 12 | 5 | 24 |

(   )

10 가장 큰 수와 가장 작은 수의 차를 구해 보세요.

| 76 | 23 | 45 |

(   )

11 가장 큰 수와 둘째로 큰 수의 차를 구해 보세요.

| 54 | 72 | 86 | 63 |

(   )

12 둘째로 큰 수와 가장 작은 수의 합과 차를 각각 구해 보세요.

| 40 | 58 | 31 | 74 |

합 (   )

차 (   )

⚡ **더한 수가 클수록 합이 커져!**

13 ○ 안에 >, =, <를 알맞게 써넣으세요.

(1) $43+2 \bigcirc 43$

(2) $43+3 \bigcirc 46$

(3) $43+4 \bigcirc 49$

14 계산 결과를 비교하여 ○ 안에 >, =, <를 알맞게 써넣으세요.

(1) $35+20 \bigcirc 35+21$

(2) $74-10 \bigcirc 74-12$

15 □ 안에 알맞은 수를 써넣으세요.

(1) $72+\boxed{} > 76$

$72+\boxed{} = 76$

$72+\boxed{} < 76$

답은 여러 가지가 될 수 있습니다.

(2) $58-\boxed{} > 53$

$58-\boxed{} = 53$

$58-\boxed{} < 53$

답은 여러 가지가 될 수 있습니다.

⚡ 10개씩 묶음끼리, 낱개끼리 계산해야지!

16 □ 안에 알맞은 수를 써넣으세요.

$$
\begin{array}{r}
3\ 4 \\
+\quad\boxed{} \\
\hline
3\ 8
\end{array}
$$

17 □ 안에 알맞은 수를 써넣으세요.

(1)
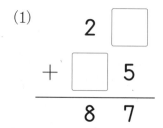

(2)

$$
\begin{array}{r}
\boxed{}\ 6 \\
-\ 5\ \boxed{} \\
\hline
3\ 5
\end{array}
$$

18 ㉠과 ㉡에 알맞은 수를 각각 구해 보세요.

㉠7 − 31 = ㉡ ㉠

㉠ (   )

㉡ (   )

⚡ 덧셈, 뺄셈을 먼저 계산하고 비교해야지!

19 0부터 9까지의 수 중에서 □ 안에 들어갈 수 있는 수를 모두 구해 보세요.

52 + 4 < 5□

(   )

20 0부터 9까지의 수 중에서 □ 안에 들어갈 수 있는 수는 모두 몇 개인지 구해 보세요.

79 − 5 > 7□

(   )

21 □ 안에 들어갈 수 있는 수 중에서 가장 큰 수를 구해 보세요.

43 + 25 > □

(   )

22 1부터 9까지의 수 중에서 □ 안에 들어갈 수 있는 가장 작은 수를 구해 보세요.

68 − 23 < □3

(   )

최상위 도전 유형

최상위 유형에 자주 나오는 문제로 학습함으로써 수학의 실력을 완성해 보세요.

도전1 **수 카드로 수 만들어 계산하기**

1 수 카드를 한 번씩만 사용하여 몇십몇을 만들려고 합니다. 만들 수 있는 가장 큰 수와 가장 작은 수의 합을 구해 보세요.

| 5 | 3 | 2 | 4 |

( )

핵심 NOTE

가장 큰 수 ➡ 10개씩 묶음의 수가 가장 크게
가장 작은 수 ➡ 10개씩 묶음의 수가 가장 작게

2 수 카드를 한 번씩만 사용하여 몇십몇을 만들려고 합니다. 만들 수 있는 가장 큰 수와 가장 작은 수의 차를 구해 보세요.

| 9 | 5 | 6 | 3 |

( )

3 수 카드를 한 번씩만 사용하여 몇십몇을 만들려고 합니다. 만들 수 있는 가장 큰 수와 가장 작은 수의 합과 차를 각각 구해 보세요.

| 2 | 7 | 1 | 8 | 4 |

합 ( )
차 ( )

도전2 **덧셈과 뺄셈의 활용**

4 I반과 2반의 남학생과 여학생 수입니다. 두 반의 학생은 모두 몇 명일까요?

반	남학생	여학생
I반	I3명	II명
2반	I2명	I3명

( )

핵심 NOTE

I반과 2반의 학생 수를 각각 구한 후 더합니다.

5 초록 농장에는 오리가 24마리, 염소가 I2마리 있고, 푸른 농장에는 오리가 22마리, 염소가 20마리 있습니다. 두 농장에 있는 가축은 모두 몇 마리일까요?

( )

6 지호는 빨간색 색연필 23자루와 노란색 색연필 I3자루를 가지고 있고, 지수는 빨간색 색연필 3I자루와 노란색 색연필 27자루를 가지고 있습니다. 누가 색연필을 몇 자루 더 많이 가지고 있는지 구해 보세요.

( ), ( )

7 같은 모양은 같은 수를 나타냅니다. ■에 알맞은 수를 구해 보세요.

$$20+30=●$$
$$●+■=62$$

( )

핵심 NOTE
덧셈을 하여 ●에 알맞은 수를 먼저 구한 다음 ■에 알맞은 수를 구합니다.

8 같은 모양은 같은 수를 나타냅니다. ★에 알맞은 수를 구해 보세요.

$$15+42=◆$$
$$◆-★=34$$

( )

9 같은 모양은 같은 수를 나타냅니다. ♥에 알맞은 수를 구해 보세요.

$$58-13=♣$$
$$21+♣=●$$
$$♥-●=12$$

( )

10 어떤 수에 20을 더해야 할 것을 잘못하여 뺐더니 40이 되었습니다. 바르게 계산하면 얼마인지 구해 보세요.

( )

핵심 NOTE
어떤 수를 □라고 하여 잘못 계산한 식을 세운 다음 어떤 수를 먼저 구합니다.

11 어떤 수에 31을 더해야 할 것을 잘못하여 뺐더니 24가 되었습니다. 바르게 계산하면 얼마인지 구해 보세요.

( )

12 어떤 수에서 12를 빼야 할 것을 잘못하여 더했더니 57이 되었습니다. 바르게 계산하면 얼마인지 구해 보세요.

( )

13 어떤 수에서 23을 빼야 할 것을 잘못하여 32를 뺐더니 41이 되었습니다. 바르게 계산하면 얼마인지 구해 보세요.

( )

도전5 □ 안에 들어갈 수 있는 수 구하기

14 0부터 9까지의 수 중에서 □ 안에 들어갈 수 있는 수를 모두 구해 보세요.

$$3\square + 14 < 48$$

(   )

핵심 NOTE
3□+14=48이 되는 □의 값을 먼저 구해 봅니다.

15 0부터 9까지의 수 중에서 □ 안에 들어갈 수 있는 수는 모두 몇 개인지 구해 보세요.

$$46 - 2\square > 21$$

(   )

16 1부터 9까지의 수 중에서 □ 안에 들어갈 수 있는 수는 모두 몇 개인지 구해 보세요.

$$\square 5 + 32 < 87$$

(   )

도전6 합이 ■, 차가 ▲인 두 수 찾기

17 합이 47인 두 수를 찾아 써 보세요.

| 16 | 25 | 12 | 4 | 31 |

(   )

핵심 NOTE
낱개의 수의 합이 7이 되는 두 수를 먼저 찾은 다음 합이 47이 되는지 확인해 봅니다.

18 차가 32인 두 수를 찾아 써 보세요.

| 72 | 56 | 69 | 14 | 37 |

(   )

19 합이 65인 두 수를 찾아 두 수의 차를 구해 보세요.

| 23 | 21 | 32 | 44 | 50 |

(   )

도전 최상위
20 합이 58이고 차가 14인 두 수를 구해 보세요.

(   )

1 그림을 보고 □ 안에 알맞은 수를 써넣으세요.

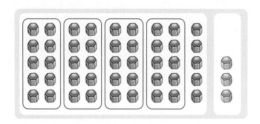

$$45 + \boxed{} = \boxed{}$$

2 계산해 보세요.

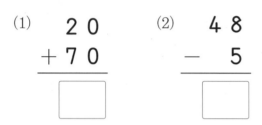

(1)
$$\begin{array}{r} 2\,0 \\ +\,7\,0 \\ \hline \boxed{} \end{array}$$

(2)
$$\begin{array}{r} 4\,8 \\ -5 \\ \hline \boxed{} \end{array}$$

(3) $61 + 24 = \boxed{}$

(4) $79 - 37 = \boxed{}$

3 빈칸에 알맞은 수를 써넣으세요.

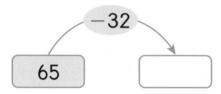

4 계산에서 틀린 곳을 찾아 바르게 계산해 보세요.

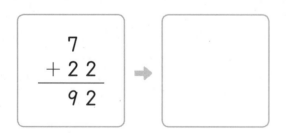

$$\begin{array}{r} 7 \\ +\,2\,2 \\ \hline 9\,2 \end{array}$$

5 □ 안에 알맞은 수를 써넣으세요.

$$47 + 21 = \boxed{}$$

$$21 + 47 = \boxed{}$$

6 덧셈을 해 보세요.

$$25 + 40 = \boxed{}$$

$$24 + 41 = \boxed{}$$

$$23 + 42 = \boxed{}$$

7 빈칸에 알맞은 수를 써넣으세요.

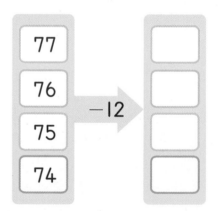

8 민지가 말하는 수를 구해 보세요.

63보다 16만큼 더 큰 수

민지

(   )

9 차가 같은 것끼리 이어 보세요.

70 − 20 ·   · 89 − 46

82 − 50 ·   · 65 − 15

64 − 21 ·   · 35 − 3

10 우리 반 남학생은 15명이고 여학생은 13명입니다. 우리 반 학생은 모두 몇 명일까요?

(   )

11 세원이의 일기를 읽고 소극장에 있는 의자는 모두 몇 개인지 구해 보세요.

○월 ○일 ○요일

제목: 연극 관람
가족들과 함께 소극장으로 연극 공연을 보러 갔다. 소극장 1층에는 의자가 52개, 2층에는 36개가 있었다. 가족들과 함께 연극을 보니 참 좋았다.

(   )

12 차가 작은 순서대로 글자를 써서 단어를 만들어 보세요.

90 − 60 → 아   87 − 52 → 시

69 − 50 → 오   77 − 34 → 스

(   )

[13~14] 현아는 친구들과 고리 던지기 놀이를 하고 있습니다. 고리를 현아는 27개 걸었고, 유미는 12개 걸었습니다. 물음에 답하세요.

13 현아와 유미가 건 고리는 모두 몇 개일까요?

(   )

14 현아는 유미보다 고리를 몇 개 더 많이 걸었나요?

(   )

15 가람이는 붙임딱지를 29장 가지고 있고 민호는 붙임딱지를 19장 가지고 있습니다. 누가 붙임딱지를 몇 장 더 많이 가지고 있을까요?

(   ), (   )

16 수 카드 3장 중 2장을 골라 가장 큰 몇 십몇을 만들었습니다. 만든 몇십몇과 남은 수의 합을 구해 보세요.

$$\boxed{4} \quad \boxed{7} \quad \boxed{5}$$

(   )

17 어떤 수에서 33을 빼야 할 것을 잘못 하여 더했더니 89가 되었습니다. 바르 게 계산하면 얼마인지 구해 보세요.

(   )

18 1부터 9까지의 수 중에서 ☐ 안에 들어 갈 수 있는 수를 모두 구해 보세요.

$$44+3\boxed{}<78$$

(   )

19 예은이는 어제 동화책을 33쪽 읽었고 오늘은 어제보다 12쪽 더 많이 읽었습 니다. 예은이가 오늘 읽은 동화책은 몇 쪽인지 풀이 과정을 쓰고 답을 구해 보 세요.

풀이

답

20 다음 중 가장 큰 수와 가장 작은 수의 차를 구하려고 합니다. 풀이 과정을 쓰 고 답을 구해 보세요.

| 58 | 76 | 53 | 85 |

풀이

답

1 그림을 보고 □ 안에 알맞은 수를 써넣으세요.

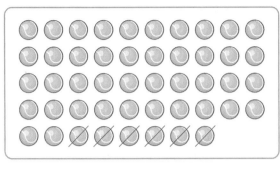

$$\boxed{} - \boxed{} = \boxed{}$$

2 계산해 보세요.

(1)
```
    3
+ 3 5
```

(2)
```
  6 9
−   4
```

(3) $47 + 32$

(4) $55 - 24$

3 두 수의 합과 차를 각각 구해 보세요.

43	54

합 (   )

차 (   )

4 □ 안에 알맞은 수를 써넣으세요.

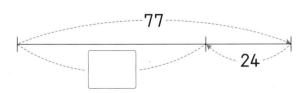

5 계산 결과가 같은 것끼리 이어 보세요.

$23 + 24$ ·   · $58 - 2$

$30 + 13$ ·   · $59 - 12$

$15 + 41$ ·   · $68 - 25$

6 빈칸에 알맞은 수를 써넣으세요.

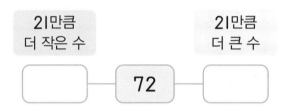

7 계산 결과가 가장 큰 것을 찾아 기호를 써 보세요.

㉠ $89 - 36$ ㉡ $23 + 31$ ㉢ $62 - 10$

(   )

8 흰색 달걀이 42개, 갈색 달걀이 43개 있습니다. 달걀은 모두 몇 개일까요?

(   )

[9~10] 그림을 보고 물음에 답하세요.

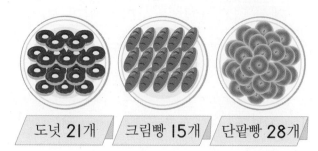

| 도넛 21개 | 크림빵 15개 | 단팥빵 28개 |

9 도넛과 크림빵은 모두 몇 개일까요?

식 ....

답 ....

10 단팥빵은 크림빵보다 몇 개 더 많을까요?

식 ....

답 ....

11 유나의 일기를 읽고 방송 댄스 수업을 들은 학생은 모두 몇 명인지 구해 보세요.

> 9월 13일 토요일　　◎ ☁ ☁ ☂ ❄
>
> 제목: 신나는 방송 댄스
>
> 오늘은 방송 댄스 수업을 들었다. 수업을 들은 사람은 여학생이 13명, 남학생이 11명이었다. 음악에 맞춰 신나게 춤을 추다 보니 매우 좋았다.

(　　　　　　　　)

12 비즈 공예를 하는 데 분홍색 비즈를 24개, 노란색 비즈를 14개 사용했습니다. 어느 색 비즈를 몇 개 더 많이 사용했는지 구해 보세요.

(　　　　　　　), (　　　　　　　)

13 □ 안에 알맞은 수를 써넣으세요.

(1)
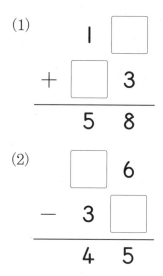

$$\begin{array}{r} 1\ \square \\ +\ \square\ 3 \\ \hline 5\ 8 \end{array}$$

(2)
$$\begin{array}{r} \square\ 6 \\ -\ 3\ \square \\ \hline 4\ 5 \end{array}$$

14 규칙에 따라 빈칸을 채우고, ♥－★의 값을 구해 보세요.

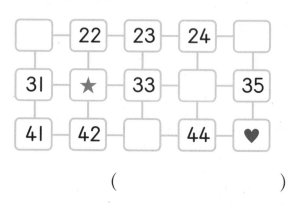

□	22	23	24	□
31	★	33	□	35
41	42	□	44	♥

(　　　　　　　　)

정답과 풀이 **47**쪽

서술형 문제

15 합이 **78**인 두 수를 찾아 ○표 하세요.

| 54 43 26 52 45 |

16 수 카드 **4**장 중에서 **2**장을 골라 합이 가장 큰 덧셈식을 만들고 계산해 보세요.

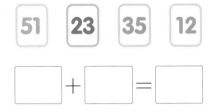

☐ + ☐ = ☐

17 ☐ 안에 알맞은 수를 써넣으세요.

$36+42=98-$ ☐

18 같은 모양은 같은 수를 나타냅니다. ◆에 알맞은 수를 구해 보세요.

$35+34=●$
$●-27=★$
$★-◆=21$

(   )

19 계산에서 틀린 곳을 찾아 까닭을 쓰고 바르게 계산해 보세요.

$$\begin{array}{r} 7\ 9 \\ -\ \ 4 \\ \hline 3\ 9 \end{array}$$

까닭

20 고구마 캐기 체험학습에서 고구마를 진수는 **34**개 캤고, 민규는 진수보다 **11**개 더 많이 캤습니다. 진수와 민규가 캔 고구마는 모두 몇 개인지 풀이 과정을 쓰고 답을 구해 보세요.

풀이

답

6

사고력이 반짝

● 다음과 같이 쌓아 올린 장난감 고리를 위에서 볼 때 몇 개의 고리가 보이는지 써 보세요.

(   )

계산이 아닌

개념을 깨우치는

수학을 품은 연산

디딤돌
연산
수학

1~6학년(학기용)

수학 공부의 새로운 패러다임

상위권의 기준

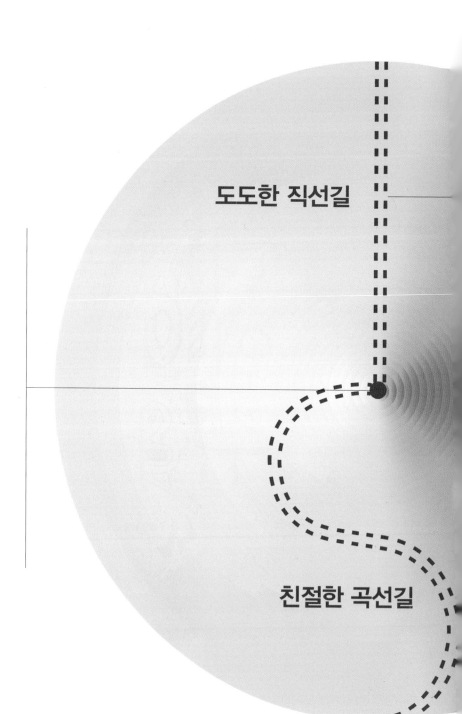

상위권의 기준

최상위
사고력

수학 좀 한다면
디딤돌

도도한 직선길

친절한 곡선길

수학 좀 한다면

수시 평가
자료집

$\dfrac{1}{2}$

수학 좀 한다면

디딤돌

초등수학 기본+유형

수시평가 자료집

$\dfrac{1}{2}$

1 그림을 보고 ☐ 안에 알맞은 수를 써넣으세요.

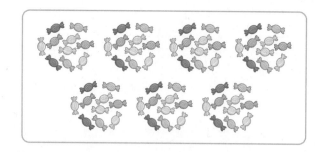

10개씩 묶음 ☐ 개이므로 ☐ 입니다.

2 모양이 나타내는 수를 쓰고 읽어 보세요.

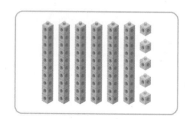

쓰기 ＿＿＿＿＿＿＿＿＿＿

읽기 ＿＿＿＿＿＿＿＿ , ＿＿＿

3 ☐ 안에 알맞은 수를 써넣으세요.

92는 10개씩 묶음 ☐ 개와 낱개 ☐ 개입니다.

4 알맞게 이어 보세요.

60	·	· 팔십 ·	· 여든
70	·	· 육십 ·	· 아흔
80	·	· 구십 ·	· 일흔
90	·	· 칠십 ·	· 예순

5 설명하는 수를 구해 보세요.

· 99 바로 뒤의 수
· 아흔아홉보다 1만큼 더 큰 수

(＿＿＿＿＿＿＿＿)

6 그림에서 수를 찾아 이야기를 써 보세요.

＿＿＿＿＿＿＿＿＿＿＿＿＿＿＿

＿＿＿＿＿＿＿＿＿＿＿＿＿＿＿

◐ 정답과 풀이 49쪽

7 빈칸에 알맞은 수를 써넣으세요.

| 81 | | 79 | | 77 |

8 나타내는 수가 다른 하나를 찾아 기호를 쓰려고 합니다. 풀이 과정을 쓰고 답을 구해 보세요.

> ㉠ 76
> ㉡ 일흔다섯보다 1만큼 더 큰 수
> ㉢ 칠십칠
> ㉣ 일흔여섯

풀이

답

9 그림을 보고 잘못 이야기한 사람은 누구인지 풀이 과정을 쓰고 답을 구해 보세요.

> 유미: 10개씩 묶음 8개와 낱개 7개이므로 쿠키는 87개야.
> 진우: 쿠키가 여든일곱 개 있어.
> 은성: 쿠키가 일흔여덟 개 있어.

풀이

답

10 초콜릿이 한 상자에 10개씩 들어 있습니다. 수연이가 초콜릿을 90개 사려면 몇 상자 사야 하는지 풀이 과정을 쓰고 답을 구해 보세요.

풀이

답

1

11 두 수의 크기를 비교하여 ○ 안에 >, <를 알맞게 써넣으세요.

(1) 66 ◯ 91

(2) 85 ◯ 83

12 다음 중 짝수가 아닌 것은 어느 것일까요? (   )

① 10 ② 24 ③ 36
④ 45 ⑤ 58

13 똑같은 동화책을 우재는 67쪽, 주호는 63쪽 읽었습니다. 동화책을 더 많이 읽은 사람은 누구인지 풀이 과정을 쓰고 답을 구해 보세요.

풀이

답

14 ㉠과 ㉡에 알맞은 수는 각각 얼마인지 풀이 과정을 쓰고 답을 구해 보세요.

> 65보다 10만큼 더 큰 수는 ㉠이고, 65보다 10만큼 더 작은 수는 ㉡입니다.

풀이

답 ㉠:   , ㉡:

15 74와 78 사이에 있는 수는 모두 몇 개인지 풀이 과정을 쓰고 답을 구해 보세요.

풀이

답

16 큰 수부터 차례로 쓰려고 합니다. 풀이 과정을 쓰고 답을 구해 보세요.

| 77 | 59 | 94 | 86 |

풀이 ......

......

......

답 ......

17 나타내는 수가 홀수인 것을 찾아 기호를 써 보세요.

⊙ 85보다 1만큼 더 작은 수
ⓒ 일흔둘보다 1만큼 더 큰 수

(   )

18 사탕이 10개씩 묶음 8개와 낱개 12개 있습니다. 사탕은 모두 몇 개인지 풀이 과정을 쓰고 답을 구해 보세요.

풀이 ......

......

......

답 ......

19 조건을 만족하는 수는 얼마인지 풀이 과정을 쓰고 답을 구해 보세요.

• 85보다 크고 89보다 작은 수입니다.
• 홀수입니다.

풀이 ......

......

......

답 ......

20 어떤 수보다 1만큼 더 작은 수는 53입니다. 어떤 수보다 1만큼 더 큰 수는 얼마인지 풀이 과정을 쓰고 답을 구해 보세요.

풀이 ......

......

......

답 ......

1

1 □ 안에 알맞은 수를 써넣으세요.

(1) 50은 10개씩 묶음 □ 개입니다.

(2) 78은 10개씩 묶음 □ 개와 낱개

□ 개입니다.

2 빈칸에 알맞은 수를 써 보세요.

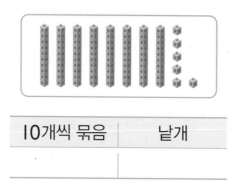

10개씩 묶음	낱개

3 빈칸에 알맞은 수를 써넣으세요.

(1) 68 — □ — 70 — □ — 72

(2) 96 — 97 — 98 — □ — □

4 수 배열표에서 홀수에 모두 ○표 하세요.

40	41	42	43	44	45	46
47	48	49	50	51	52	53
54	55	56	57	58	59	60

5 알맞게 이어 보세요.

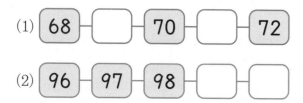

· 팔십 ·   · 일흔

· 구십 ·   · 여든

· 육십 ·   · 아흔

6 그림에서 수를 찾아 이야기를 써 보세요.

....

....

7 수직선의 빈칸에 알맞은 수를 써넣고
○ 안에 >, <를 알맞게 써넣으세요.

59 60 □ 62 63 64 □

65 ○ 61

8 100에 대한 설명으로 틀린 것은 어느 것일까요? (   )

① 99 바로 뒤의 수입니다.
② 백이라고 읽습니다.
③ 80보다 10만큼 더 큰 수입니다.
④ 99보다 1만큼 더 큰 수입니다.
⑤ 96보다 4만큼 더 큰 수입니다.

9 순서를 생각하며 빈칸에 알맞은 수를 써넣으세요.

67	68	69	70	71	72
78	77			74	73
		81	82	83	84
90	89			86	

10 왼쪽 수보다 큰 수를 모두 찾아 ○표 하세요.

85 — 81   87   77   90

11 빈칸에 알맞은 수를 써넣으세요.

64

10개씩 묶음	낱개
6	
5	

12 교실에 학생들이 앉아 있습니다. 알맞은 말에 ○표 하세요.

학생 수는 (짝수 , 홀수)입니다.

13 빈칸에 알맞은 수를 써넣으세요.

1만큼 더 작은 수		1만큼 더 큰 수
	93	

14 어린이 소극장 자리 안내 그림입니다. 의자는 모두 몇 개일까요?

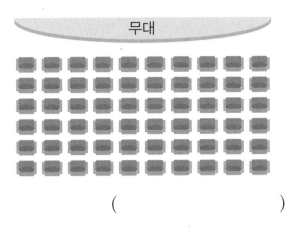

(   )

15 가장 큰 수에 ○표, 가장 작은 수에 △표 하세요.

| 71 | 68 | 77 |

16 짝수와 홀수를 구분하고 크기를 비교하여 ○ 안에 알맞은 수를 써넣으세요.

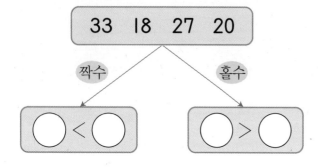

| 33 | 18 | 27 | 20 |

짝수   홀수

○ < ○   ○ > ○

17 0부터 9까지의 수 중에서 □ 안에 들어갈 수 있는 수는 모두 몇 개일까요?

8□ > 85

( )

18 다음에서 설명하는 수를 모두 구해 보세요.

• 65보다 크고 73보다 작습니다.
• 10개씩 묶음의 수가 낱개의 수보다 큽니다.

( )

19 어떤 수보다 10만큼 더 큰 수는 85입니다. 어떤 수는 얼마인지 풀이 과정을 쓰고 답을 구해 보세요.

풀이

답

20 수 카드 5장 중에서 2장을 골라 한 번씩만 사용하여 몇십몇을 만들려고 합니다. 만들 수 있는 수 중에서 가장 작은 수는 얼마인지 풀이 과정을 쓰고 답을 구해 보세요.

2   7   6   1   5

풀이

답

1 그림을 보고 알맞은 덧셈식을 만들어 보세요.

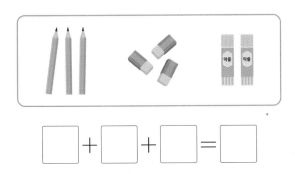

$$\boxed{}+\boxed{}+\boxed{}=\boxed{}$$

2 □ 안에 알맞은 수를 써넣으세요.

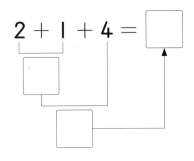

3 계산해 보세요.

(1) $1+5+3=\boxed{}$

(2) $9-4-2=\boxed{}$

4 계산에서 잘못된 곳을 찾아 까닭을 쓰고, 바르게 계산해 보세요.

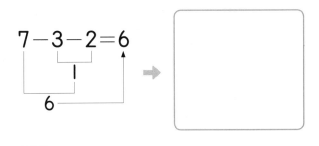

까닭 ....

....

....

5 □ 안에 알맞은 수를 써넣으세요.

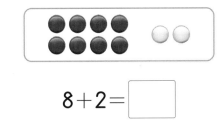

$$8+2=\boxed{}$$

6 □ 안에 알맞은 수를 써넣으세요.

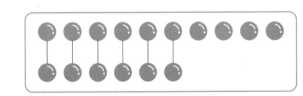

$$10-6=\boxed{}$$

7 합이 같은 것끼리 이어 보세요.

6+4+5 ·   · 10+7

5+9+5 ·   · 10+5

7+1+9 ·   · 10+9

8 합이 10이 되는 두 수를 ⬭로 묶고 계산해 보세요.

(1) 4+6+8=☐

(2) 5+7+3=☐

9 다음 중 차가 가장 큰 것은 어느 것일까요? (   )

① 10-6   ② 10-9
③ 10-5   ④ 10-3
⑤ 10-8

10 계산 결과가 짝수인 두 식을 찾아 기호를 쓰려고 합니다. 풀이 과정을 쓰고 답을 구해 보세요.

┌─────────────────────────────┐
│ ㉠ 2+8   ㉡ 10-3   │
│ ㉢ 2+4+3   ㉣ 9-1-2   │
└─────────────────────────────┘

풀이 _____

_____

_____

답 _____

11 구슬 10개가 들어 있는 상자에서 다음과 같이 구슬 3개를 꺼냈습니다. 상자 안에 남아 있는 구슬은 몇 개인지 풀이 과정을 쓰고 답을 구해 보세요.

풀이 _____

_____

_____

답 _____

12 바구니에 사과가 3개, 귤이 5개, 감이 1개 들어 있습니다. 바구니에 들어 있는 과일은 모두 몇 개인지 풀이 과정을 쓰고 답을 구해 보세요.

풀이

답

13 합이 10이 되도록 □ 안에 알맞은 수를 써넣으세요.

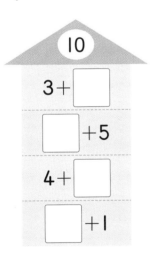

14 색종이 8장 중에서 지수가 2장, 유리가 3장을 사용했습니다. 남은 색종이는 몇 장인지 풀이 과정을 쓰고 답을 구해 보세요.

풀이

답

15 □ 안에 알맞은 수가 다른 하나를 찾아 기호를 쓰려고 합니다. 풀이 과정을 쓰고 답을 구해 보세요.

> ㉠ $7+\square=10$
> ㉡ $9-4-\square=2$
> ㉢ $10-\square=3$

풀이

답

16 올바른 식이 되도록 ◯ 안에 ＋, － 기호를 알맞게 써넣으세요.

$$4 \bigcirc 1 \bigcirc 2 = 7$$

17 호연이는 칭찬 붙임딱지를 6장 모았습니다. 칭찬 붙임딱지를 모두 10장 모으려면 몇 장 더 모아야 하는지 풀이 과정을 쓰고 답을 구해 보세요.

풀이

답

18 수 카드 5장 중에서 3장을 골라 한 번씩만 사용하여 세 수의 **뺄셈식**을 만들려고 합니다. 계산 결과가 가장 클 때의 값은 얼마인지 풀이 과정을 쓰고 답을 구해 보세요.

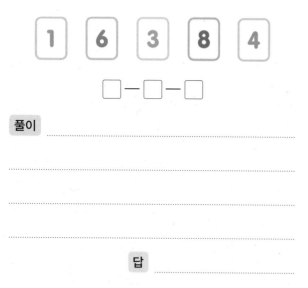

$$\square - \square - \square$$

풀이

답

19 1부터 9까지의 수 중에서 □ 안에 들어갈 수 있는 가장 작은 수는 얼마인지 풀이 과정을 쓰고 답을 구해 보세요.

$$4 + 6 + \square > 15$$

풀이

답

20 합이 16이 되는 세 수를 찾아 쓰려고 합니다. 풀이 과정을 쓰고 답을 구해 보세요.

| 9 | 4 | 5 | 1 | 6 |

풀이

답

2. 덧셈과 뺄셈(1)

1 두 수를 더해 보세요.

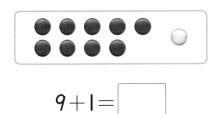

$9+1=\boxed{}$

2 그림을 보고 세 수의 뺄셈을 해 보세요.

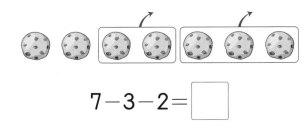

$7-3-2=\boxed{}$

3 수직선을 보고 덧셈식을 만들어 보세요.

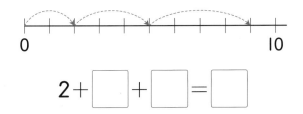

$2+\boxed{}+\boxed{}=\boxed{}$

4 계산해 보세요.

(1) $1+5+3=\boxed{}$

(2) $7-2-2=\boxed{}$

5 ☐ 안에 알맞은 수를 써넣으세요.

(1) $6+4+2=\boxed{}+2=\boxed{}$

(2) $5+1+9=5+\boxed{}=\boxed{}$

6 ☐ 안에 알맞은 수를 써넣으세요.

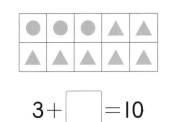

$3+\boxed{}=10$

7 넘어지지 않은 컵은 몇 개인지 식으로 써 보세요.

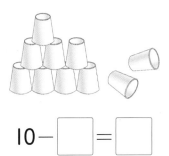

$10-\boxed{}=\boxed{}$

2

8 그림을 보고 □ 안에 알맞은 수를 써넣으세요.

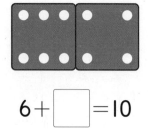

$6+\boxed{}=10$

$10-6=\boxed{}$

9 □ 안에 알맞은 수를 써넣으세요.

(1) $10=5+\boxed{}$

(2) $10=\boxed{}+1$

10 가장 큰 수에서 나머지 두 수를 뺀 값을 구해 보세요.

2	9	5

( )

11 더해서 10이 되는 두 수를 모두 찾아 ◯표 하고, 덧셈식을 써 보세요.

1	7	5	9
8	3	4	6
4	5	3	2
9	1	6	8

$7+3=10$

12 □ 안에 알맞은 수를 써넣으세요.

$2+1+5=10-\boxed{}$

13 오렌지 맛 사탕이 4개, 포도 맛 사탕이 1개, 딸기 맛 사탕이 3개 있습니다. 사탕은 모두 몇 개일까요?

( )

14 정원에 빨간색 장미 10송이와 노란색 장미 4송이가 피었습니다. 빨간색 장미는 노란색 장미보다 몇 송이 더 많을까요?

( )

정답과 풀이 53쪽

15 밑줄 친 두 수의 합이 10이 되도록 ◯ 안에 수를 써넣고 식을 완성해 보세요.

(1) $3+8+\bigcirc=\boxed{}$

(2) $\bigcirc+4+7=\boxed{}$

16 승호는 쿠폰을 7장 모았습니다. 쿠폰을 10장 모으려면 몇 장을 더 모아야 할까요?

(   )

17 주차장에 승용차 8대, 트럭 2대, 택시 3대가 주차되어 있습니다. 주차장에 주차되어 있는 자동차는 모두 몇 대일까요?

(   )

18 수 카드 4장 중에서 두 장을 골라 ☐ 안에 한 번씩만 써넣어 뺄셈식을 완성해 보세요.

$\boxed{2}$ $\boxed{3}$ $\boxed{4}$ $\boxed{5}$

$7-\boxed{}-\boxed{}=1$

19 계산 결과가 더 큰 것의 기호를 쓰려고 합니다. 풀이 과정을 쓰고 답을 구해 보세요.

> ㉠ $2+2+3$ ㉡ $9-2-1$

풀이

답

20 미소는 8살이고 미소의 언니는 미소보다 2살 더 많습니다. 미소의 동생이 미소의 언니보다 3살 더 적다면 미소의 동생은 몇 살인지 풀이 과정을 쓰고 답을 구해 보세요.

풀이

답

1 ▲ 모양에 ○표 하세요.

(   ) (   ) (   )

2 모양이 다른 하나를 찾아 기호를 쓰려고 합니다. 풀이 과정을 쓰고 답을 구해 보세요.

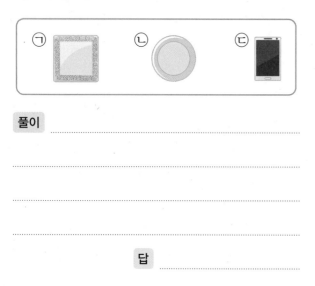

풀이 _____

_____

_____

답 _____

3 어떤 모양끼리 모은 것인지 찾아 ○표 하세요.

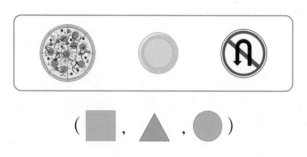

(■ , ▲ , ●)

4 같은 모양끼리 이어 보세요.

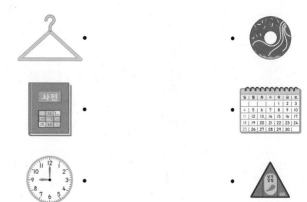

5 어떤 모양을 만든 것인지 알맞은 모양에 ○표 하세요.

(■ , ▲ , ●)

6 시각을 써 보세요.

(   )

7 시계를 보고 은희가 시각을 읽은 것입니다. 잘못 읽은 까닭을 쓰고 바르게 읽어 보세요.

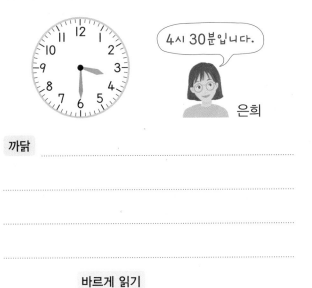

4시 30분입니다.

은희

까닭

바르게 읽기

8 시계에 시각을 나타내 보세요.

9 선우가 6시 30분에 한 일은 무엇인지 써 보세요.

그림 그리기   저녁 먹기   일기 쓰기

(   )

10 짧은바늘과 긴바늘을 그려 넣고, 시계가 나타내는 시각을 구하려고 합니다. 풀이 과정을 쓰고 답을 구해 보세요.

짧은바늘 ➡ 12와 1 사이
긴바늘 ➡ 6

풀이

답

11 물건을 종이 위에 대고 그렸을 때 다른 모양이 나오는 것을 찾아 기호를 쓰려고 합니다. 풀이 과정을 쓰고 답을 구해 보세요.

풀이

답

12 지우, 민하, 현서가 운동을 시작한 시각입니다. 다른 시각에 운동을 시작한 사람은 누구일까요?

지우   민하   현서

(   )

13 설명하는 모양은 무엇인지 풀이 과정을 쓰고 답을 구해 보세요.

> • 곧은 선으로 되어 있습니다.
> • 뾰족한 부분이 3군데입니다.

풀이

답 ⎯⎯⎯⎯⎯⎯⎯⎯⎯⎯⎯⎯

14 다음 모양은 어떤 모양을 이용하여 꾸민 것인지 ○표 하세요.

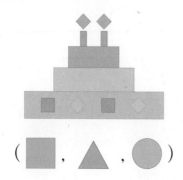

(■ , ▲ , ●)

15 ■, ▲, ● 모양으로 꾸몄습니다. ■, ▲, ● 모양은 각각 몇 개인지 써 보세요.

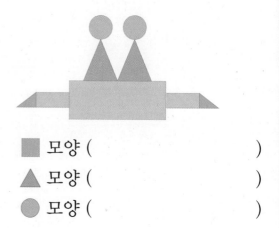

■ 모양 (   )

▲ 모양 (   )

● 모양 (   )

16 민선이와 혜수가 저녁에 잠자리에 든 시각입니다. 더 일찍 잠자리에 든 사람은 누구인지 풀이 과정을 쓰고 답을 구해 보세요.

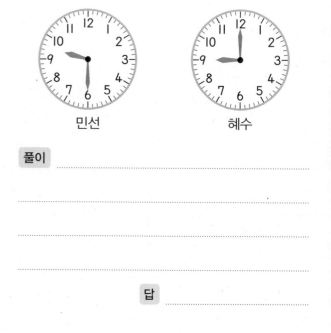

민선   혜수

풀이

답 ⎯⎯⎯⎯⎯⎯⎯⎯⎯⎯⎯⎯

17 뾰족한 부분이 4군데인 모양은 모두 몇 개인지 풀이 과정을 쓰고 답을 구해 보세요.

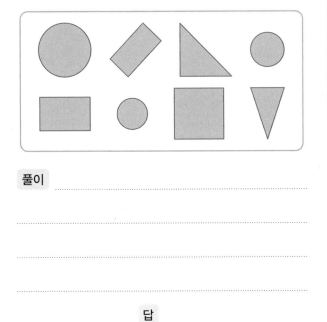

풀이

답

18 주어진 모양을 모두 이용하여 꾸밀 수 있는 모양을 찾아 기호를 쓰려고 합니다. 풀이 과정을 쓰고 답을 구해 보세요.

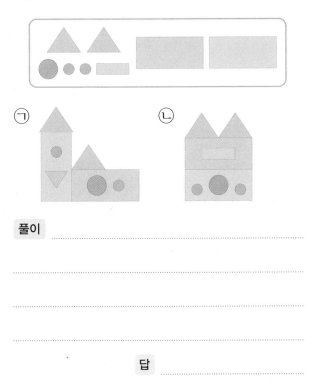

풀이

답

19 거울에 비친 시계가 나타내는 시각을 구하려고 합니다. 풀이 과정을 쓰고 답을 구해 보세요.

풀이

답

20 현정이는 ■ 모양 2개, ▲ 모양 7개, ● 모양 1개를 가지고 있습니다. 다음 모양을 꾸미면 어떤 모양이 몇 개 남는지 풀이 과정을 쓰고 답을 구해 보세요.

풀이

답 ,

1 왼쪽 물건은 어떤 모양인지 ○표 하세요.

(■ , ▲ , ●)

2 ▲ 모양의 물건은 모두 몇 개일까요?

( )

3 같은 시각끼리 이어 보세요.

4 시계에 시각을 나타내 보세요.

5 3시 30분을 나타내는 시계에 ○표 하세요.

( ) ( )

[6~8] 모양을 보고 물음에 답해 보세요.

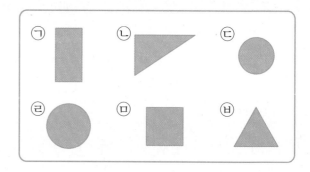

6 곧은 선이 없는 모양을 모두 찾아 기호를 써 보세요.

( )

7 곧은 선이 4개 있고, 뾰족한 부분이 4군데 있는 모양을 모두 찾아 기호를 써 보세요.

( )

8 뾰족한 부분이 3군데 있는 모양을 모두 찾아 기호를 써 보세요.

( )

9 빈칸에 알맞은 수를 써넣으세요.

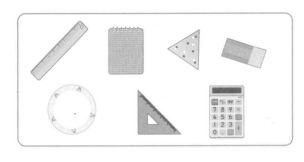

모양	■	▲	●
개수(개)			

10 유하가 7시 30분에 한 일은 무엇일까요?

숙제 하기   저녁 먹기   일기 쓰기

(   )

11 설명하는 시각을 써 보세요.

> • 7시와 8 사이의 시각입니다.
> • 시계의 긴바늘이 6을 가리킵니다.

(   )

12 다음과 같이 필통을 종이 위에 대고 그렸을 때 나오는 모양을 찾아 ○표 하세요.

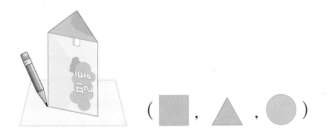

(■ , ▲ , ●)

13 윤아는 등산을 9시 30분에 시작해서 11시에 끝냈습니다. 등산을 시작한 시각과 끝낸 시각을 각각 시계에 나타내 보세요.

시작한 시각   끝낸 시각

14 다음은 라오스의 국기입니다. 라오스의 국기에 없는 모양에 ○표 하세요.

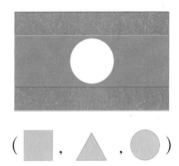

(■ , ▲ , ●)

15 ■ 모양과 ● 모양만을 이용하여 모양을 꾸민 사람은 누구일까요?

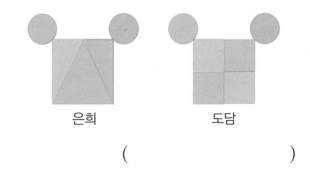

은희   도담

(   )

16 모양을 꾸미는 데 가장 많이 이용한 모양에 ◯표 하세요.

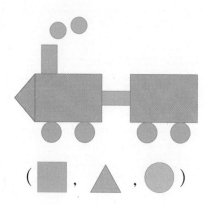

(▨ , ▲ , ●)

17 모양을 꾸미는 데 ▲ 모양을 ● 모양보다 몇 개 더 많이 이용했는지 구해 보세요.

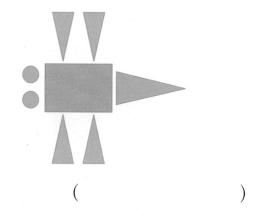

(   )

18 시계를 거울에 비추어 보았더니 다음과 같았습니다. 시계가 나타내는 시각을 써 보세요.

(   )

19 설명하는 모양의 물건을 찾아 기호를 쓰려고 합니다. 풀이 과정을 쓰고 답을 구해 보세요.

┌─────────────────────────────┐
│ 뾰족한 부분이 한 군데도 없습니다. │
└─────────────────────────────┘

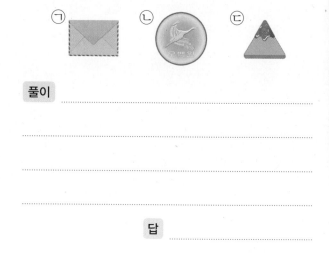

풀이 _____

_____

_____

_____

답 _____

20 재우네 가족이 오늘 저녁에 집에 들어온 시각을 나타낸 것입니다. 집에 가장 늦게 들어온 사람은 누구인지 풀이 과정을 쓰고 답을 구해 보세요.

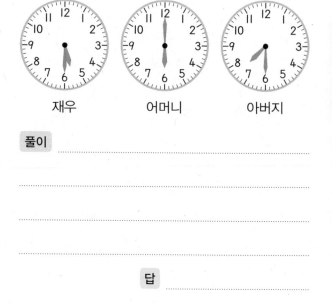

풀이 _____

_____

_____

_____

답 _____

4. 덧셈과 뺄셈(2)

1 △를 그려 덧셈을 해 보세요.

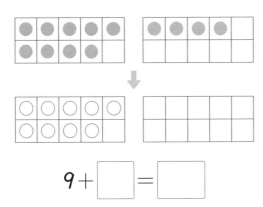

$$9 + \boxed{} = \boxed{}$$

2 /으로 지워 뺄셈을 해 보세요.

$$16 - 8 = \boxed{}$$

3 주스는 모두 몇 병인지 □ 안에 알맞은 수를 써넣으세요.

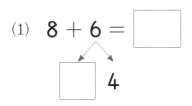

주스는 모두 $\boxed{}$ 병입니다.

4 □ 안에 알맞은 수를 써넣으세요.

(1) $8 + 6 = \boxed{}$

$\boxed{}$ 　4

(2) $5 + 7 = \boxed{}$

2 　$\boxed{}$

5 지우가 잘못 계산한 까닭을 쓰고 바르게 계산해 보세요.

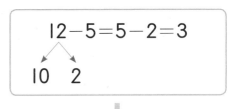

$$12 - 5 = 5 - 2 = 3$$

10　2

까닭

6 차를 구하여 이어 보세요.

11−4 ·   · 9

15−9 ·   · 7

16−7 ·   · 6

7 계산해 보세요.

(1) $9+6=$ ▢

(2) $3+8=$ ▢

(3) $17-9=$ ▢

(4) $13-6=$ ▢

8 덧셈을 하고 알게 된 점을 써 보세요.

$6+6=$ ▢

$6+7=$ ▢

$6+8=$ ▢

$6+9=$ ▢

9 ▢ 안에 알맞은 수를 써넣으세요.

$10-5=5$

$11-▢=5$

$12-▢=5$

10 ▢ 안에 알맞은 수를 써넣으세요.

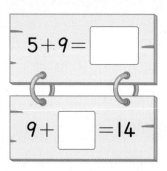

$5+9=$ ▢

$9+▢=14$

11 합이 16인 식을 모두 찾아 ○표 하세요.

8+8		6+9
( )		( )

7+6		9+7
( )		( )

12 축구공과 야구공 중에서 어느 것이 몇 개 더 많은지 풀이 과정을 쓰고 답을 구해 보세요.

풀이

답 _____ , _____

13 차가 6인 뺄셈식에 모두 색칠해 보세요.

13−7	13−8	13−9
14−7	14−8	14−9
15−7	15−8	15−9

14 계산 결과가 가장 큰 것을 찾아 기호를 쓰려고 합니다. 풀이 과정을 쓰고 답을 구해 보세요.

ㄱ 12−5   ㄴ 14−8   ㄷ 17−9

풀이

답

15 연필꽂이에 연필이 7자루, 볼펜이 5자루 꽂혀 있습니다. 연필꽂이에 꽂혀 있는 연필과 볼펜은 모두 몇 자루인지 풀이 과정을 쓰고 답을 구해 보세요.

풀이

답

16 공책이 13권 있습니다. 학생 9명에게 한 권씩 나누어 주려고 합니다. 나누어 주고 남는 공책은 몇 권인지 풀이 과정을 쓰고 답을 구해 보세요.

4

풀이

답

17 서하는 붙임딱지를 **8**장 모았습니다. 붙임딱지 **3**장을 더 받았다면 서하가 모은 붙임딱지는 모두 몇 장인지 풀이 과정을 쓰고 답을 구해 보세요.

풀이

답

18 □ 안에 알맞은 수는 얼마인지 풀이 과정을 쓰고 답을 구해 보세요.

$$15-9=12-\square$$

풀이

답

19 수 카드 **2**장을 골라 한 번씩만 사용하여 차가 가장 큰 뺄셈식을 만들려고 합니다. 풀이 과정을 쓰고 뺄셈식을 만들어 보세요.

| 6 | 15 | 8 | 13 |

풀이

답

20 같은 모양은 같은 수를 나타냅니다. ●에 알맞은 수는 얼마인지 풀이 과정을 쓰고 답을 구해 보세요.

$$\star+5=14$$
$$\bullet-\star=8$$

풀이

답

1 새는 모두 몇 마리인지 구해 보세요.

$$8+\boxed{}=\boxed{}$$

2 ☐ 안에 알맞은 수를 써넣으세요.

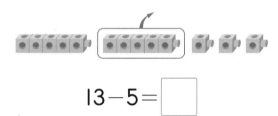

$$13-5=\boxed{}$$

3 덧셈을 해 보세요.

$$9 \quad + \quad 7 \quad = \boxed{}$$

5 ☐   5 ☐

4 ☐ 안에 알맞은 수를 써넣으세요.

$$12 - 7 = \boxed{}$$

☐   5

5 관계있는 것끼리 이어 보세요.

8+6 ·	· 9+1+2
5+7 ·	· 8+2+4
9+3 ·	· 2+3+7

6 계산해 보세요.

(1) $7+6=\boxed{}$

(2) $11-8=\boxed{}$

7 뺄셈을 해 보세요.

$$12-9=\boxed{}$$

$$13-9=\boxed{}$$

$$14-9=\boxed{}$$

$$15-9=\boxed{}$$

8 빈칸에 알맞은 수를 써넣으세요.

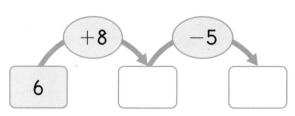

[9~10] 그림을 보고 물음에 답하세요.

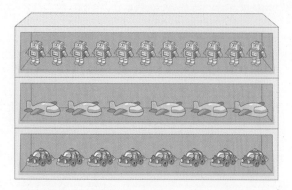

9 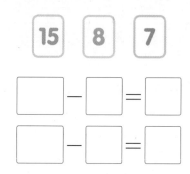와 🚗는 모두 몇 개일까요?

식 ....

답 ....

10 🤖은 ✈️보다 몇 개 더 많을까요?

식 ....

답 ....

11 같은 색 구슬에 쓰인 두 수의 합을 구해 보세요.

5 7 8 6 4 9

⬤ (   )

⬤ (   )

⬤ (   )

12 재희는 어제 수학문제집을 8쪽 풀었습니다. 오늘 6쪽을 풀었다면 재희가 어제와 오늘 푼 수학문제집은 모두 몇 쪽일까요?

(   )

13 수 카드 3장으로 서로 다른 뺄셈식을 만들어 보세요.

15   8   7

☐ − ☐ = ☐

☐ − ☐ = ☐

14 합이 14인 덧셈식에 모두 색칠해 보세요.

6+6	6+7	6+8
7+6	7+7	7+8
8+6	8+7	8+8

15 성욱이는 방학 동안 동화책 8권과 위인전 몇 권을 읽었습니다. 성욱이가 방학 동안 읽은 책이 13권이라면 위인전을 몇 권 읽었는지 구해 보세요.

(   )

16 □ 안에 알맞은 수를 써넣으세요.

$$7+\boxed{6}=13$$

$$7+\boxed{}=14$$

$$7+\boxed{}=15$$

$$7+\boxed{}=16$$

17 인애는 과자를 9개 먹었습니다. 상철이는 과자를 인애보다 2개 더 많이 먹었고, 은주는 상철이보다 5개 더 적게 먹었습니다. 은주가 먹은 과자는 몇 개일까요?

(　　　　　　　)

18 1부터 9까지의 수 중에서 □ 안에 들어갈 수 있는 수를 모두 구해 보세요.

$$9+\boxed{}>16$$

(　　　　　　　)

19 상자에 분홍색 구슬이 14개, 노란색 구슬이 16개 있었습니다. 그중에서 분홍색 구슬을 6개, 노란색 구슬을 7개 꺼냈습니다. 상자에 더 많이 남아 있는 구슬은 무슨 색인지 풀이 과정을 쓰고 답을 구해 보세요.

풀이 _____

_____

_____

답 _____

20 다음 중 두 수를 골라 합이 가장 큰 덧셈식을 만들려고 합니다. 풀이 과정을 쓰고 덧셈식을 만들어 보세요.

| 3 | 7 | 5 | 9 |

풀이 _____

_____

_____

답 _____

1 규칙을 찾아 □ 안에 알맞은 말을 써넣으세요.

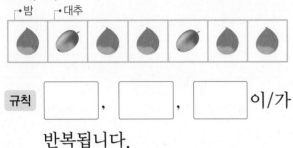

규칙 [ ], [ ], [ ]이/가

반복됩니다.

2 규칙을 찾아 빈칸에 알맞은 그림을 그리고 색칠하려고 합니다. 풀이 과정을 쓰고 답을 구해 보세요.

풀이 ....

....

....

답 ....

3 규칙을 만들어 컵케이크를 색칠해 보세요.

4 규칙을 찾아 쓰고, 규칙에 따라 빈칸에 알맞게 색칠해 보세요.

규칙 ....

....

....

5 보기 의 모양을 이용하여 규칙에 따라 무늬를 꾸며 보세요.

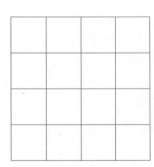

6 규칙에 따라 수를 쓸 때 ♥에 알맞은 수를 구해 보세요.

> 규칙 2부터 시작하여 3씩 커집니다.

| 2 | | | | | ♥ |

(   )

7 규칙에 따라 ◇와 ○로 나타내 보세요.

8 규칙에 따라 빈칸에 알맞은 수를 써넣으세요.

| 🐕 | 🐕 | 🐞 | 🐕 | 🐕 | 🐞 |
| 4 | 4 | 6 | | | |

9 규칙을 잘못 말한 사람을 찾아 이름을 쓰고 바르게 고쳐 보세요.

> 민하: 색이 빨간색, 주황색, 주황색으로 반복돼.
> 서윤: 개수가 1개, 2개, 1개씩 반복돼.

잘못 말한 사람 _____

바르게 고치기 _____

_____

10 규칙에 따라 다음번에 켜질 신호등의 색은 무슨 색인지 풀이 과정을 쓰고 답을 구해 보세요.

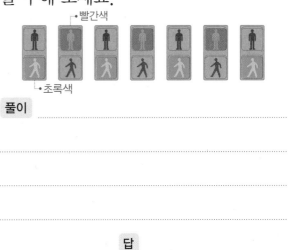

풀이 _____

_____

_____

답 _____

5

41	42	43	44	45	46	47	48	49	50
51	52	53	54	55	56	57	58	59	60
61	62	63	64	65	66	67	68	69	70
71	72	73	74	75	76				

11 ━━━에 있는 수는 어떤 규칙이 있는지 써 보세요.

규칙 ....

....

....

12 ━━━에 있는 수는 어떤 규칙이 있는지 써 보세요.

규칙 ....

....

....

13 규칙에 따라 빈칸에 알맞은 수를 써넣으세요.

14 두 가지 모양을 골라 규칙을 만들어 보세요.

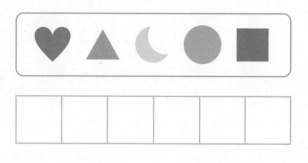

15 규칙에 따라 빈칸에 알맞은 수를 써넣으세요.

22 — 20 — 18 — 16 — 14 — ☐

16 규칙에 따라 두 가지 방법으로 나타내려고 합니다. 빈칸에 알맞게 써넣으세요.

3	8	3			
ㄴ	ㅁ	ㄴ			

17 규칙에 따라 빈칸에 알맞은 수를 구하려고 합니다. 풀이 과정을 쓰고 답을 구해 보세요.

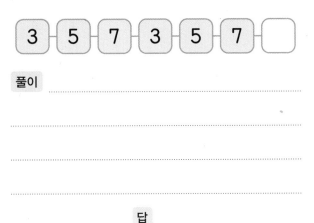

풀이

답

18 수 배열에서 보기 와 같이 규칙을 찾아 두 가지 써 보세요.

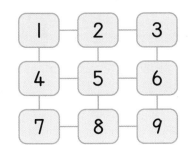

보기

1, 4, 7은 3씩 커지는 규칙이 있습니다.

규칙

19 수 배열표에서 ★에 알맞은 수를 구하려고 합니다. 풀이 과정을 쓰고 답을 구해 보세요.

15	16	17			20	21
	23	24			27	
	30					
				★		

풀이

답

20 규칙에 따라 ㉠과 ㉡에 알맞은 수의 합은 얼마인지 풀이 과정을 쓰고 답을 구해 보세요.

✌	✌	✋	✌	✌	✋	✌
2	2	5	㉠	2	㉡	2

풀이

답

1 반복되는 부분에 ☐ 표시해 보세요.

2 규칙에 따라 빈칸에 알맞은 모양을 그려 보세요.

3 규칙에 따라 빈칸에 알맞게 색칠해 보세요.

4 수 배열에서 규칙을 찾아 ☐ 안에 알맞은 수를 써넣으세요.

규칙 3부터 시작하여 ☐ 씩 커집니다.

5 규칙에 따라 ○와 ☐로 나타내 보세요.

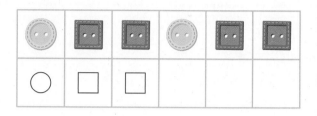

6 규칙을 바르게 말한 사람을 찾아 이름을 써 보세요.

연필, 지우개의 순서로 놓는 규칙이야.

연필, 지우개, 지우개의 순서로 놓는 규칙이야.

선우   이서

(   )

7 규칙을 만들어 사탕을 색칠해 보세요.

8 규칙에 따라 다음에 올 수를 구해 보세요.

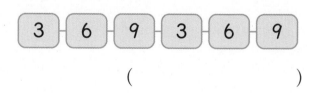

(   )

9 ♡, ◇ 모양으로 규칙을 만들어 구슬 팔찌를 꾸며 보세요.

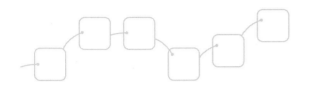

10 규칙에 따라 빈칸에 알맞은 수를 써넣으세요.

🚲	🚲	🚲	🚲	🚲	🚲
2	3	2			

11 규칙에 따라 두 가지 방법으로 나타내려고 합니다. 빈칸에 알맞게 채우세요.

🚌	⚠	🚌	⚠	🚌	⚠
□	△				
4	3				

[12~14] 수 배열표를 보고 물음에 답하세요.

51	52	53	54	55	56	57
58	59	60	61	62	63	64
65	66	67	68	69	70	71
72	73	74				

12 ──에 있는 수는 어떤 규칙이 있는지 □ 안에 알맞은 수를 써넣으세요.

규칙 58부터 시작하여 → 방향으로

□ 씩 커집니다.

13 ──에 있는 수는 어떤 규칙이 있는지 □ 안에 알맞은 수를 써넣으세요.

규칙 53부터 시작하여 ↓ 방향으로

□ 씩 커집니다.

5

14 규칙에 따라 빈칸에 알맞은 수를 써넣으세요.

15 규칙에 따라 빈칸에 알맞은 수를 써넣으세요.

50 — 46 — 42 — 38 — 34 — □

정답과 풀이 61쪽

16 규칙에 따라 색칠하고 색칠된 칸에 있는 수에는 어떤 규칙이 있는지 써 보세요.

33	34	35	36	37	38	39	40
41	42	43	44	45	46	47	48
49	50	51	52	53	54	55	56

규칙 ....

....

17 규칙에 따라 무늬를 완성했을 때 알맞은 모양이 다른 하나를 찾아 기호를 써 보세요.

☆ ● ● ☆ ● ● ☆ ● ㉠
● ● ☆ ● ● ☆ ● ● ㉡
☆ ● ● ☆ ● ● ☆ ● ㉢

(   )

18 극장의 좌석표입니다. 다열 다섯째 좌석은 몇 번일까요?

	첫째	둘째	셋째	넷째	다섯째	여섯째
가열	1	2	3	4	5	6
나열	7	8				
다열						

(   )

19 규칙에 따라 빈칸에 알맞은 과일은 무엇인지 풀이 과정을 쓰고 답을 구해 보세요.

바나나 오렌지

풀이 ....

....

....

....

답 ....

20 보기 와 같은 규칙에 따라 빈칸에 알맞은 수를 써넣으려고 합니다. 풀이 과정을 쓰고 답을 구해 보세요.

보기

11 — 14 — 17 — 20 — 23

29 □ □ □ □

풀이 ....

....

....

....

1 연결 모형을 보고 덧셈을 해 보세요.

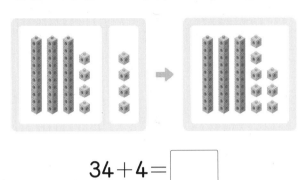

$$34+4=\boxed{}$$

2 계산해 보세요.

(1)　　4 1
　　+ 1 6

(2)　　7 8
　　− 3 0

(3) 52＋7

(4) 65−24

3 두 수의 합과 차를 구해 보세요.

20	73

합 (　　　　　　　　　)

차 (　　　　　　　　　)

4 잘못 계산한 곳을 찾아 까닭을 쓰고 바르게 계산해 보세요.

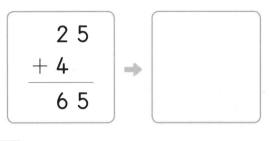

까닭

5 ☐ 안에 알맞은 수를 써넣으세요.

$$46+33=\boxed{}$$

$$33+46=\boxed{}$$

6 빈칸에 알맞은 수를 써넣으세요.

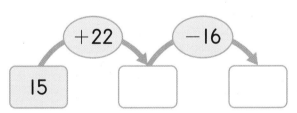

7 덧셈을 해 보세요.

$$52+3=\boxed{}$$

$$52+4=\boxed{}$$

$$52+5=\boxed{}$$

$$52+6=\boxed{}$$

8 빈칸에 알맞은 수를 써넣으세요.

(1)

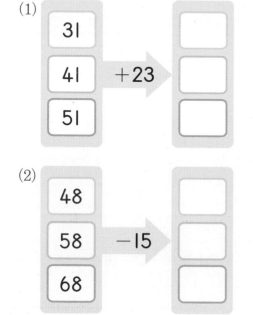

[9~10] 그림을 보고 물음에 답하세요.

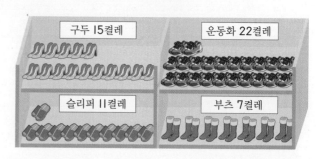

구두 15켤레

운동화 22켤레

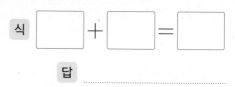

슬리퍼 11켤레

부츠 7켤레

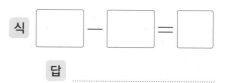

9 운동화와 부츠는 모두 몇 켤레일까요?

식 $\boxed{}+\boxed{}=\boxed{}$

답 _____

10 구두는 슬리퍼보다 몇 켤레 더 많을까요?

식 $\boxed{}-\boxed{}=\boxed{}$

답 _____

11 계산 결과가 다른 하나를 찾아 기호를 쓰려고 합니다. 풀이 과정을 쓰고 답을 구해 보세요.

┌─────────────────────────────────┐
│ ㉠ 34+12 ㉡ 57−21 ㉢ 49−3 │
└─────────────────────────────────┘

풀이 ....

....

....

....

답

정답과 풀이 62쪽

12 귤이 37개 있었습니다. 그중에서 4개가 썩어서 버렸습니다. 남아 있는 귤은 몇 개인지 풀이 과정을 쓰고 답을 구해 보세요.

풀이

답

13 지호네 학교 1학년 학생은 여학생이 43명, 남학생이 45명입니다. 지호네 학교 1학년 학생은 모두 몇 명인지 풀이 과정을 쓰고 답을 구해 보세요.

풀이

답

14 붙임딱지를 서윤이는 49장 모았고, 현서는 36장 모았습니다. 누가 붙임딱지를 몇 장 더 많이 모았는지 풀이 과정을 쓰고 답을 구해 보세요.

풀이

답 ,

15 ㉠과 ㉡의 차를 구하려고 합니다. 풀이 과정을 쓰고 답을 구해 보세요.

㉠ 10개씩 묶음 3개와 낱개 5개인 수
㉡ 87보다 1만큼 더 작은 수

풀이

답

6

16 두 수를 골라 차가 가장 큰 뺄셈식을 만들어 차를 구하려고 합니다. 풀이 과정을 쓰고 답을 구해 보세요.

| 37 | 62 | 85 | 21 |

풀이

답

17 수 카드 4장 중에서 2장을 골라 한 번씩만 사용하여 몇십몇을 만들려고 합니다. 만들 수 있는 가장 큰 수와 가장 작은 수의 합은 얼마인지 풀이 과정을 쓰고 답을 구해 보세요.

6 1 2 5

풀이

답

18 ☐ 안에 알맞은 수를 써넣으세요.

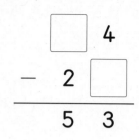

$$\begin{array}{r} \boxed{}\ 4 \\ -\ \ 2\ \boxed{} \\ \hline 5\ \ 3 \end{array}$$

19 0부터 9까지의 수 중에서 ☐ 안에 들어갈 수 있는 수는 모두 몇 개인지 풀이 과정을 쓰고 답을 구해 보세요.

| 63+24<8☐ |

풀이

답

20 어떤 수에 13을 더해야 할 것을 잘못하여 뺐더니 62가 되었습니다. 바르게 계산하면 얼마인지 풀이 과정을 쓰고 답을 구해 보세요.

풀이

답

1 연결 모형을 보고 뺄셈식을 만들어 계산해 보세요.

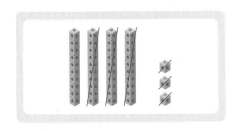

$$43 - \boxed{} = \boxed{}$$

2 □ 안에 알맞은 수를 써넣으세요.

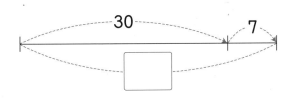

3 잘못 계산한 곳을 찾아 바르게 계산해 보세요.

$$\begin{array}{r} 7\ 3 \\ -\ \ 2 \\ \hline 5\ 3 \end{array}$$ ➡

4 덧셈을 해 보세요.

$50+6=\boxed{}$

$51+6=\boxed{}$

$52+6=\boxed{}$

$53+6=\boxed{}$

5 뺄셈을 해 보세요.

$84-43=\boxed{}$

$84-53=\boxed{}$

$84-63=\boxed{}$

$84-73=\boxed{}$

6 나타내는 수를 구해 보세요.

43보다 35만큼 더 큰 수

(   )

7 계산 결과를 비교하여 ○ 안에 >, =, <를 알맞게 써넣으세요.

$$47+2 \bigcirc 23+25$$

8 민서가 젤리 38개를 가지고 있었습니다. 그중에서 15개를 먹었다면 남은 젤리는 몇 개일까요?

(   )

9 이야기를 읽고 ☐ 안에 알맞은 수를 써넣으세요.

봄이 되었어요.
해님이 얼굴을 내밀자 꽃들이 피어나기 시작했어요.
나비가 말했어요.
"어제까지는 꽃이 4송이밖에 안 피었었는데
24송이가 더 피어서 ☐ 송이가 되었네~!
친구들을 불러야지."

10 같은 모양에 적힌 수의 합을 구해 보세요.

13   51   35
37   24   74

◼️ (   )
⬛ (   )
⚫ (   )

11 계산 결과가 같은 것끼리 이어 보세요.

32+3 ·   · 89−52

26+11 ·   · 78−31

23+24 ·   · 96−61

12 화살표의 규칙에 따라 빈칸에 알맞은 수를 써넣으세요.

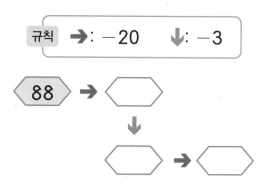

규칙 ➡ : −20   ⬇ : −3

88 ➡ ⬡
       ⬇
⬡ ➡ ⬡

[13~14] 현지네 반 학급문고에 위인전이 32권, 동화책이 55권 있습니다. 물음에 답하세요.

13 위인전과 동화책은 모두 몇 권일까요?

(   )

14 동화책은 위인전보다 몇 권 더 많을까요?

(   )

정답과 풀이 **64**쪽

15 □ 안에 알맞은 수를 써넣으세요.

$$76-14=31+\boxed{}$$

16 차가 21인 두 수를 찾아 □ 안에 알맞은 수를 써넣으세요.

64	95	42	74

$$\boxed{}-\boxed{}=21$$

17 두 수를 골라 합이 가장 큰 덧셈식을 만들어 합을 구해 보세요.

33	8	27	51

(   )

18 □ 안에 알맞은 수를 써넣으세요.

$$\begin{array}{r} 1\ \boxed{} \\ +\ \boxed{}\ 4 \\ \hline 6\ 7 \end{array}$$

서술형 문제

19 수 카드 3장 중 두 장을 골라 한 번씩만 사용하여 가장 큰 몇십몇을 만들었습니다. 만든 몇십몇과 남은 수의 차는 얼마인지 풀이 과정을 쓰고 답을 구해 보세요.

5	3	7

풀이 _____

_____

_____

_____

답 _____

20 ㉠과 ㉡의 합은 얼마인지 풀이 과정을 쓰고 답을 구해 보세요.

㉠ 34−3	㉡ 78−22

풀이 _____

_____

_____

_____

답 _____

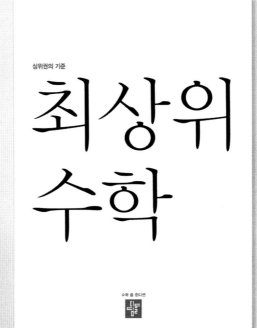

한걸음 한걸음 디딤돌을 걷다 보면
수학이 완성됩니다.

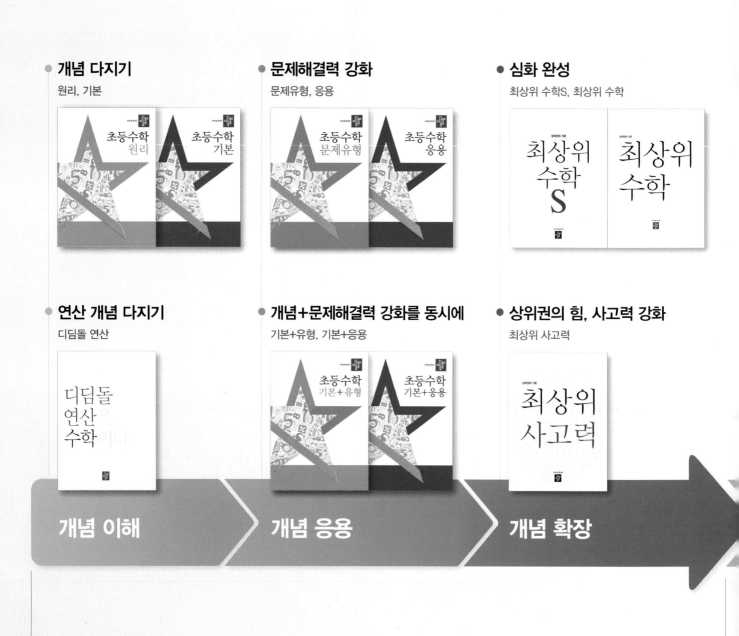

개념 다지기
원리, 기본

초등수학 원리
초등수학 기본

문제해결력 강화
문제유형, 응용

초등수학 문제유형
초등수학 응용

심화 완성
최상위 수학S, 최상위 수학

최상위 수학 S
최상위 수학

연산 개념 다지기
디딤돌 연산

디딤돌 연산 수학

개념+문제해결력 강화를 동시에
기본+유형, 기본+응용

초등수학 기본+유형
초등수학 기본+응용

상위권의 힘, 사고력 강화
최상위 사고력

최상위 사고력

개념 이해

개념 응용

개념 확장

학습 능력과 목표에 따라
맞춤형이 가능한 디딤돌 초등 수학

● 개념 이해

디딤돌수학 개념연산

● 개념 응용

최상위수학 라이트

● 개념 적용

디딤돌수학 개념기본

● 개념 확장

최상위수학

● 개념 이해 · 적용

디딤돌수학 고등 개념기본

고등 수학

중학 수학

초등부터
고등까지

수학 좀 한다면

개념을 이해하고, 깨우치고, 꺼내 쓰는
올바른 중고등 개념 학습서

수능까지 연결되는 독해 로드맵

디딤돌 독해력은 수능까지 연결되는 체계적인 라인업을 통하여
수능에서 요구하는 핵심 독해 원리에 대한 이해는 물론,
단계 별로 심화되며 연결되는 학습의 과정을 통해
깊이 있고 종합적인 독해 사고의 능력까지 기를 수 있도록 도와줍니다.

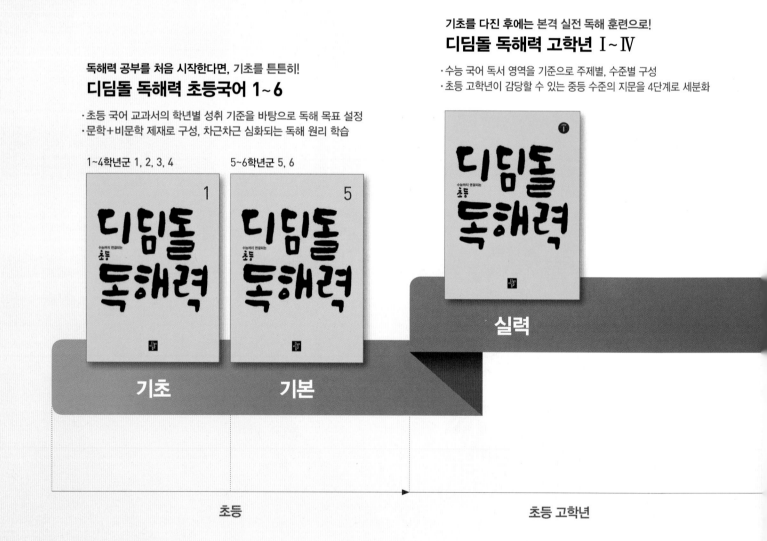

기초를 다진 후에는 본격 실전 독해 훈련으로!
디딤돌 독해력 고학년 I ~ IV

· 수능 국어 독서 영역을 기준으로 주제별, 수준별 구성
· 초등 고학년이 감당할 수 있는 중등 수준의 지문을 4단계로 세분화

독해력 공부를 처음 시작한다면, 기초를 튼튼히!
디딤돌 독해력 초등국어 1~6

· 초등 국어 교과서의 학년별 성취 기준을 바탕으로 독해 목표 설정
· 문학+비문학 제재로 구성, 차근차근 심화되는 독해 원리 학습

1~4학년군 1, 2, 3, 4   5~6학년군 5, 6

실력

기초   기본

초등   초등 고학년

기본+유형 │ 정답과 풀이

1/2

수학 좀 한다면
디딤돌

진도책 정답과 풀이

1 100까지의 수

1학년 1학기에 배운 50까지의 수를 확장하여 100까지의 수를 알아봅니다. 십진법의 원리에 따라 두 자리 수의 구성 방법을 이해하는 것은 자연수의 구성을 이해하는 데 기초가 됩니다. 10개씩 묶음의 수와 낱개의 수를 이용하여 99까지의 수를 구성하고 100을 도입하여 수 체계가 형성되도록 합니다. 또 두 자리 수의 크기 비교에 부등호 >, <를 도입하고, 짝수와 홀수를 직관적으로 이해하도록 합니다.

STEP 교과개념 1. 60, 70, 80, 90 알아보기　7쪽

1 6, 0 / 60, 육십, 예순

2 8, 0 / 80, 팔십, 여든

3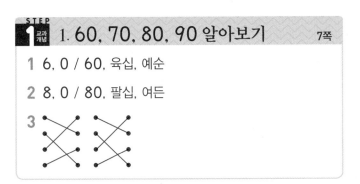

3 60 – 육십 – 예순, 70 – 칠십 – 일흔,
80 – 팔십 – 여든, 90 – 구십 – 아흔

STEP 교과개념 2. 99까지의 수 알아보기　9쪽

1 8, 5 / 85, 팔십오, 여든다섯

2 7, 8 / 78, 칠십팔, 일흔여덟

3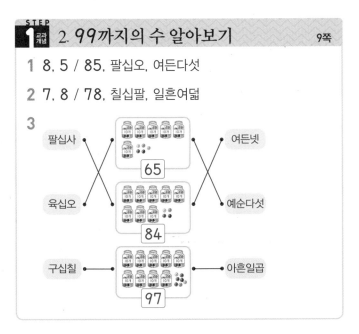

2 10개씩 묶음 7개와 낱개 8개는 78이라 쓰고, 칠십팔 또는 일흔여덟이라고 읽습니다.

3 65 – 육십오 – 예순다섯, 84 – 팔십사 – 여든넷,
97 – 구십칠 – 아흔일곱

STEP 교과개념 3. 수의 순서 알아보기　11쪽

1 69, 71 / 69, 71

2 ① 64, 66　② 74, 77　③ 81, 84

3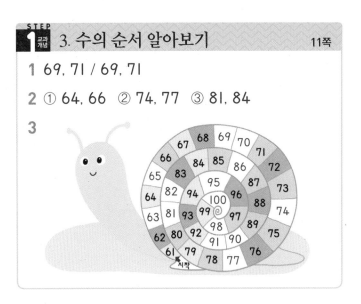

1 70보다 1만큼 더 작은 수는 수를 순서대로 썼을 때 바로 앞의 수인 69이고, 1만큼 더 큰 수는 수를 순서대로 썼을 때 바로 뒤의 수인 71입니다.

3 61부터 100까지의 수를 순서대로 써 봅니다.

STEP 교과개념 4. 수의 크기 비교하기　13쪽

1 큽니다에 ○표 / 작습니다에 ○표 / >

2 <

3 ① 76에 △표　② 94에 △표

4 ① <　② >　③ >　④ <

1 84와 76의 10개씩 묶음의 수를 비교하면 8>7입니다. 따라서 84>76입니다.

2 수직선에서 오른쪽에 있는 수가 더 큰 수이므로 62<65입니다.

3 ① 76과 81의 10개씩 묶음의 수를 비교하면 7<8이므로 76<81입니다.
② 97과 94의 10개씩 묶음의 수가 9로 같으므로 낱개의 수를 비교하면 7>4입니다.
따라서 97>94입니다.

4 ① 59와 72의 10개씩 묶음의 수를 비교하면 5<7이므로 59<72입니다.
③ 64와 61의 10개씩 묶음의 수가 6으로 같으므로 낱개의 수를 비교하면 4>1입니다.
따라서 64>61입니다.

STEP 1 교과개념 5. 짝수와 홀수 알아보기 15쪽

1 ① 5 / 홀수에 ○표 ② 8 / 짝수에 ○표

2 ①
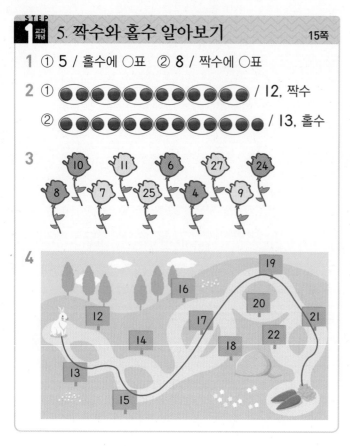
/ 12, 짝수

② / 13, 홀수

3

4

1 ① 병아리 5마리는 둘씩 짝을 지을 때 하나가 남으므로 홀수입니다.
② 풍선 8개는 둘씩 짝을 지을 때 남는 것이 없으므로 짝수입니다.

2 ① 12는 둘씩 짝을 지을 때 남는 것이 없으므로 짝수입니다.
② 13은 둘씩 짝을 지을 때 하나가 남으므로 홀수입니다.

4 낱개의 수가 1, 3, 5, 7, 9인 수를 따라가면서 선으로 잇습니다.

STEP 2 꼭 나오는 유형 16~20쪽

1 예
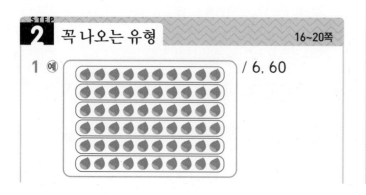
/ 6, 60

2

3 70개

4 8상자

5 83, 팔십삼, 여든셋

6 (1) 구십이, 아흔둘 (2) 75

7 69, 예순아홉에 ○표 ❽ 예 7, 9 / 79, 97

9 도윤

10 예 버스 번호는 육십삼 번입니다. / 예 선착순으로 구십구(또는 아흔아홉) 명까지 할인하고 있습니다.

11 76 12 100, 백

13 64, 66 14 59, 60 / 60

15

16
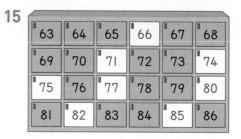

17 ㉣ 18 92, 91, 90, 88

19 52개 20 55, 56, 57

21 < / 62는 67보다 작습니다.(또는 67은 62보다 큽니다.)

22 윤아

23
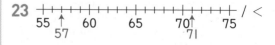
/ <

24 (1) > (2) < 25 79, 87에 ○표

26 26, 34 / 43, 51 27 은희

28 ㉡, ㉠, ㉢ 29 국화

㉚ 예 83, 67, 92 / 92, 67

31 69, 76

32 26, 38, 44, 60에 ○표

33
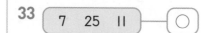

34 짝수, 홀수, 짝수

1 밤이 10개씩 6줄 있습니다. 10개씩 묶음 6개는 60입니다.

2 10개씩 묶음 ■개는 ■0입니다.

3 의자가 10개씩 7줄 있으므로 70개입니다.

4 쿠키는 10개씩 묶음 8개이므로 모두 80개입니다. 한 상자에 쿠키를 10개 담을 수 있으므로 쿠키를 모두 담으려면 8상자가 필요합니다.

5 10개씩 묶음 8개와 낱개 3개는 83이라 쓰고, 팔십삼 또는 여든셋이라고 읽습니다.

7 곶감이 10개씩 6줄과 낱개 9개 있습니다. 10개씩 묶음 6개와 낱개 9개는 69라 쓰고, 육십구 또는 예순아홉이라고 읽습니다.

9 딸기가 10개씩 묶음 8개와 낱개 6개이므로 86개입니다. 86은 여든여섯이라고 읽습니다.
따라서 그림을 보고 잘못 말한 사람은 도윤입니다.

12 99보다 1만큼 더 큰 수를 100이라 쓰고, 백이라고 읽습니다.

13 65보다 1만큼 더 작은 수는 65 바로 앞의 수인 64입니다. 65보다 1만큼 더 큰 수는 65 바로 뒤의 수인 66입니다.

16 76부터 88까지 수를 순서대로 써 보고, 주어진 가게들의 위치를 찾아봅니다.

17 ㉠ 68보다 1만큼 더 큰 수 ➡ 69
㉡ 69
㉢ 예순아홉 ➡ 69
㉣ 일흔하나(71)보다 1만큼 더 작은 수 ➡ 70

18 수의 순서를 거꾸로 세는 것이므로 1씩 작아지도록 씁니다.

19 ⑩ 희진이는 민우보다 고구마를 1개 적게 캤으므로 희진이가 캔 고구마 수는 53보다 1만큼 더 작은 수입니다. 따라서 희진이가 캔 고구마는 52개입니다.

평가 기준	배점(5점)
희진이가 캔 고구마 수는 53보다 1만큼 더 작은 수임을 알았나요?	2점
희진이가 캔 고구마는 몇 개인지 구했나요?	3점

20 54부터 58까지의 수를 순서대로 쓰면 54, 55, 56, 57, 58입니다. 따라서 54와 58 사이에 있는 수는 55, 56, 57입니다.

22 서준: 91과 89의 10개씩 묶음의 수를 비교하면 9 > 8이므로 91 > 89입니다.

23 수직선에서 오른쪽에 있는 수가 더 큰 수이므로 57 < 71입니다.

24 (1) 96과 69의 10개씩 묶음의 수를 비교하면 9 > 6이므로 96 > 69입니다.
(2) 73과 77의 10개씩 묶음의 수가 7로 같으므로 낱개의 수를 비교하면 3 < 7입니다.
따라서 73 < 77입니다.

25 74는 10개씩 묶음 7개와 낱개 4개입니다.
10개씩 묶음의 수가 7보다 큰 수는 87입니다.
10개씩 묶음의 수가 7인 수 중 낱개의 수가 4보다 큰 수는 79입니다.
따라서 74보다 큰 수는 79, 87입니다.

26 40보다 작은 수는 26, 34이고 40보다 큰 수는 51, 43입니다. 26과 34의 10개씩 묶음의 수를 비교하면 2 < 3이므로 26 < 34이고, 51과 43의 10개씩 묶음의 수를 비교하면 5 > 4이므로 43 < 51입니다.

27 ⑩ 86과 84의 10개씩 묶음의 수가 8로 같으므로 낱개의 수를 비교하면 6 > 4입니다.
따라서 86 > 84이므로 줄넘기를 더 많이 넘은 사람은 은희입니다.

평가 기준	배점(5점)
86과 84의 크기를 비교했나요?	3점
줄넘기를 더 많이 넘은 사람은 누구인지 구했나요?	2점

28 10개씩 묶음의 수를 비교하면 7 < 8 < 9이므로 72 < 88 < 91입니다.

29 64, 61, 68의 10개씩 묶음의 수가 6으로 모두 같으므로 낱개의 수를 비교하면 68이 가장 큽니다.
따라서 가장 많이 피어 있는 꽃은 국화입니다.

30 ⑩ 83, 67, 92의 10개씩 묶음의 수를 비교하면 6 < 8 < 9입니다.
따라서 가장 큰 수는 92이고, 가장 작은 수는 67입니다.

31 74는 69보다 크고 76보다 작습니다.
따라서 74는 69와 76 사이에 놓아야 합니다.

32 낱개의 수가 2, 4, 6, 8, 0이면 짝수이므로 짝수는 26, 38, 44, 60입니다.

33 · 23, 19는 홀수이고 34는 짝수입니다.
· 22, 16은 짝수이고 13은 홀수입니다.
· 7, 25, 11은 모두 홀수입니다.

34 로봇 8개 — 짝수, 자동차 11개 — 홀수,
축구공 6개 — 짝수

STEP 3 자주 틀리는 유형   21~23쪽

1 (1) 팔십, 여든 (2) 칠십삼, 일흔셋

2 94, 구십사, 아흔넷   **3** ©

4 8, 4 / 84   **5** 56자루

6 예 / 67개

7 75, 77   **8** 98, 72

9 90 / 89, 90, 91   **10** 72

11 65원

12 (위에서부터) 6 / 16 / 6

13 91개   **14** 63

15 84, 85, 86   **16** 77, 78, 79, 80

17 5개

18

19 시원   **20** 4개

21 5개

1 (1) 80은 팔십 또는 여든이라고 읽습니다.
(2) 73은 칠십삼 또는 일흔셋이라고 읽습니다.

2 10개씩 묶음 9개와 낱개 4개는 94라 쓰고, 구십사 또는 아흔넷이라고 읽습니다.

3 © 62는 육십이 또는 예순둘이라고 읽습니다.
버스의 번호는 육십이 번이라고 읽어야 합니다.

4 10개씩 묶음 8개와 낱개 4개이므로 84입니다.

5 연필을 10자루씩 묶어 세어 보면 10자루씩 묶음 5개와 낱개 6자루이므로 56자루입니다.

6 야구공을 10개씩 묶어 세어 보면 10개씩 묶음 6개와 낱개 7개이므로 67개입니다.

7 10개씩 묶음 7개와 낱개 6개이므로 모형이 나타내는 수는 76입니다. 76보다 1만큼 더 작은 수는 76 바로 앞의 수인 75이고, 76보다 1만큼 더 큰 수는 76 바로 뒤의 수인 77입니다.

8 97은 97 바로 뒤의 수인 98보다 1만큼 더 작은 수입니다.
73은 73 바로 앞의 수인 72보다 1만큼 더 큰 수입니다.

9 89보다 1만큼 더 큰 수: 90
90보다 1만큼 더 작은 수: 89
90보다 1만큼 더 큰 수: 91

10 낱개 12개는 10개씩 묶음 1개와 낱개 2개와 같습니다. 따라서 10개씩 묶음 7개와 낱개 2개이므로 72입니다.

11 1원짜리 동전 15개는 10원짜리 동전 1개와 1원짜리 동전 5개와 같습니다. 따라서 10원짜리 동전 6개와 1원짜리 동전 5개이므로 65원입니다.

12 86은 10개씩 묶음 8개와 낱개 6개입니다.
10개씩 묶음 7개는 70이므로 86이 되려면 낱개가 16개 있어야 합니다.
낱개 26개는 10개씩 묶음 2개와 낱개 6개이므로 86이 되려면 10개씩 묶음 6개가 있어야 합니다.

13 낱개 21개는 10개씩 묶음 2개와 낱개 1개와 같습니다. 따라서 10개씩 묶음 9개와 낱개 1개 있으므로 귤은 모두 91개입니다.

14 수를 순서대로 쓰면 62−63−64이므로 62와 64 사이에 있는 수는 63입니다.

15 83보다 크고 87보다 작은 수는 83과 87 사이에 있는 수이므로 84, 85, 86입니다.

16 수를 순서대로 쓰면 76−77−78−79−80−81 입니다.
76보다 크고 81보다 작은 수는 76과 81 사이에 있는 수이므로 77, 78, 79, 80입니다.

17 예순여덟: 68, 일흔넷: 74
수를 순서대로 쓰면
68−69−70−71−72−73−74입니다.
68보다 크고 74보다 작은 수는 68과 74 사이에 있는 수이므로 69, 70, 71, 72, 73으로 모두 5개입니다.

18 낱개의 수가 2, 4, 6, 8, 0이면 짝수, 1, 3, 5, 7, 9이면 홀수이므로 짝수는 18, 20, 22, 24이고, 홀수는 17, 19, 21, 23입니다.

19 낱개의 수가 1, 3, 5, 7, 9이면 홀수이므로 홀수는 59입니다.
따라서 홀수를 들고 있는 친구는 시원입니다.

20 낱개의 수가 2, 4, 6, 8, 0이면 짝수입니다.
따라서 짝수는 26, 80, 14, 32로 모두 4개입니다.

21 낱개의 수가 1, 3, 5, 7, 9이면 홀수이므로 ☐ 안에 들어갈 수 있는 수는 1, 3, 5, 7, 9로 모두 5개입니다.

STEP
4 최상위 도전 유형　　　　24~25쪽

1 85	**2** 40
3 97	**4** 6, 7, 8, 9
5 3개	**6** 8
7 5, 6	**8** 31
9 70, 71, 72	**10** 78
11 87	**12** 63
13 51	**14** 53

---

1 수의 크기를 비교하면 8>5>3>1입니다. 10개씩 묶음의 수가 클수록 큰 수이므로 10개씩 묶음의 수에 가장 큰 수인 8을, 낱개의 수에 둘째로 큰 수인 5를 놓습니다.
따라서 만들 수 있는 가장 큰 수는 85입니다.

2 수의 크기를 비교하면 0<4<6<9입니다. 10개씩 묶음의 수가 작을수록 작은 수이고, 10개씩 묶음의 수에 0은 올 수 없으므로 10개씩 묶음의 수에 둘째로 작은 수인 4를, 낱개의 수에 0을 놓습니다.
따라서 만들 수 있는 가장 작은 수는 40입니다.

3 수의 크기를 비교하면 9>8>7>5>4입니다. 10개씩 묶음의 수가 클수록 큰 수이므로 10개씩 묶음의 수에 가장 큰 수인 9를, 낱개의 수에 남은 홀수 중 큰 수인 7을 놓습니다.
따라서 만들 수 있는 가장 큰 홀수는 97입니다.

4 75와 7☐의 10개씩 묶음의 수가 같으므로 낱개의 수를 비교하면 5<☐입니다.
따라서 ☐ 안에 들어갈 수 있는 수는 6, 7, 8, 9입니다.

5 53과 5☐의 10개씩 묶음의 수가 같으므로 낱개의 수를 비교하면 3>☐입니다.
따라서 ☐ 안에 들어갈 수 있는 수는 0, 1, 2로 모두 3개입니다.

6 74와 ☐1의 10개씩 묶음의 수를 비교하면 7<☐이므로 ☐ 안에 들어갈 수 있는 수는 8, 9입니다.
낱개의 수를 비교하면 4>1이므로 ☐ 안에 7은 들어갈 수 없습니다.
따라서 ☐ 안에 들어갈 수 있는 가장 작은 수는 8입니다.

7 8㉠과 84의 10개씩 묶음의 수가 같으므로 낱개의 수를 비교하면 ㉠>4입니다.
➡ ㉠=5, 6, 7, 8, 9
㉡5와 67의 10개씩 묶음의 수를 비교하면 ㉡<6이고, 낱개의 수를 비교하면 5<7이므로 ㉡ 안에 6도 들어갈 수 있습니다.
➡ ㉡=1, 2, 3, 4, 5, 6
따라서 ㉠에도 들어갈 수 있고 ㉡에도 들어갈 수 있는 수는 5, 6입니다.

8 10개씩 묶음의 수가 3인 수는 30, 31, 32, 33, ..., 39입니다.
이 중에서 33보다 작은 수는 30, 31, 32입니다.
30, 31, 32 중 홀수는 31이므로 조건을 만족하는 수는 31입니다.

9 66보다 크고 73보다 작은 수는 67, 68, 69, 70, 71, 72입니다.
이 중에서 10개씩 묶음의 수가 낱개의 수보다 큰 수는 70, 71, 72입니다.

10 75보다 크고 94보다 작은 짝수는 76, 78, 80, 82, 84, 86, 88, 90, 92입니다.
이 중에서 10개씩 묶음의 수가 낱개의 수보다 작은 수는 78입니다.

11 어떤 수보다 1만큼 더 큰 수가 88이므로 어떤 수는 88보다 1만큼 더 작은 수인 87입니다.

12 어떤 수보다 1만큼 더 큰 수가 65이므로 어떤 수는 65보다 1만큼 더 작은 수인 64입니다.
따라서 어떤 수보다 1만큼 더 작은 수는 63입니다.

13 어떤 수보다 1만큼 더 작은 수가 49이므로 어떤 수는 49보다 1만큼 더 큰 수인 50입니다.
따라서 어떤 수보다 1만큼 더 큰 수는 51입니다.

14 어떤 수보다 2만큼 더 큰 수가 57이므로 어떤 수는 57보다 2만큼 더 작은 수인 55입니다.
따라서 어떤 수보다 2만큼 더 작은 수는 53입니다.

수시 평가 대비 Level ❶

26~28쪽

1 6, 60　　　　　　**2** 79

3 예

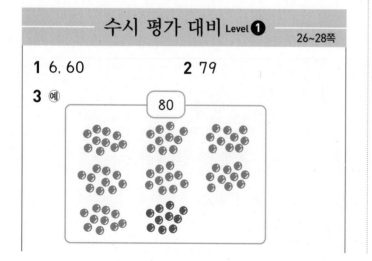

---

4 (1) 62　(2) 79　(3) 85

5 (1) 80　(2) 94　(3) 53, 54

6 18개, 짝수　　　　　　**7** ④

8 (1) 69　(2) 60　　　　**9** 88, 89, 90, 91

10 49, 11, 53, 25, 47에 ○표

11 (1) >　(2) <

12 예 맛나 식당이 생긴 지 칠십 주년이 되었습니다. /
예 선착순으로 오십구(또는 쉰아홉) 명까지 할인하고 있습니다.

13 76개

14 (1) 홀수　(2) 홀수　(3) 짝수

15 ⓛ, ㉠, ㉢　　　　　**16** 22개

17 3개　　　　　　　**18** 정훈

19 가영　　　　　　　**20** 29

---

1 10개씩 묶음 ◆개는 ◆0입니다.

2 10칸씩 7줄과 9칸이므로 79입니다.

4 (1) 예순둘 ➡ 62
　(2) 일흔아홉 ➡ 79
　(3) 여든다섯 ➡ 85

5 (1) 79 바로 뒤의 수는 80입니다.
　(2) 95 바로 앞의 수는 94입니다.
　(3) 52보다 크고 55보다 작은 수는 53, 54입니다.

6 18은 둘씩 짝을 지을 때 남는 것이 없으므로 짝수입니다.

7 ①, ②, ③, ⑤ 80, ④ 60

8 (1) 68부터 수를 순서대로 쓰면
　　68 – 69 – 70 – 71입니다.
　(2) 57부터 수를 순서대로 쓰면
　　57 – 58 – 59 – 60입니다.

9 87과 92 사이의 수는 87보다 크고 92보다 작은 수이므로 88, 89, 90, 91입니다.

> 주의 87과 92 사이의 수에 87과 92는 포함되지 않습니다.

10 낱개의 수가 1, 3, 5, 7, 9이면 홀수이므로 홀수는 49, 11, 53, 25, 47입니다.

11 (1) 81과 75의 10개씩 묶음의 수를 비교하면 8>7 이므로 81>75입니다.
(2) 93과 94의 10개씩 묶음의 수가 같으므로 낱개의 수를 비교하면 3<4입니다. ➡ 93<94

13 10개씩 묶음 7개와 낱개 6개는 76입니다.

14 (1) 1+2=3이므로 홀수입니다.
(2) 2+7=9이므로 홀수입니다.
(3) 3+3=6이므로 짝수입니다.

15 10개씩 묶음의 수를 비교하면 7>6이므로 73이 가장 큽니다. 65와 62의 10개씩 묶음의 수가 같으므로 낱개의 수를 비교하면 5>2입니다.
➡ 65>62이므로 62가 가장 작습니다.
따라서 큰 수부터 차례로 쓰면 ㉡ 73, ㉠ 65, ㉢ 62 입니다.

16 72는 10개씩 묶음 7개와 낱개 2개입니다. 이 중에서 10개씩 묶음 5개를 빼면 10개씩 묶음 7−5=2(개) 와 낱개 2개가 남습니다.
따라서 남는 사과는 22개입니다.

17 낱개의 수를 비교하면 4>3이므로 □ 안에 들어갈 수 있는 수는 7이거나 7보다 커야 합니다.
따라서 □ 안에 들어갈 수 있는 수는 7, 8, 9로 모두 3개입니다.

18 시은이가 가지고 있는 색종이는 10장씩 묶음 7개와 낱개 3장이므로 73장입니다.
낱개 15장은 10장씩 묶음 1개와 낱개 5장이므로 정훈 이가 가지고 있는 색종이는 10장씩 묶음 7개와 낱개 5장으로 75장입니다.
따라서 73<75이므로 색종이를 더 많이 가지고 있는 사람은 정훈입니다.

서술형
19 ⑩ 10개씩 묶음의 수를 비교하면 6>5이므로 62>58입니다.
따라서 귤을 더 적게 딴 사람은 가영입니다.

평가 기준	배점(5점)
62와 58의 크기를 비교했나요?	3점
귤을 더 적게 딴 사람은 누구인지 구했나요?	2점

서술형
20 ⑩ 20보다 크고 30보다 작은 홀수는 21, 23, 25, 27, 29입니다.
이 중에서 가장 큰 수는 29입니다.

평가 기준	배점(5점)
20보다 크고 30보다 작은 홀수를 구했나요?	3점
20보다 크고 30보다 작은 홀수 중에서 가장 큰 수를 구했나요?	2점

수시 평가 대비 Level ❷

29~31쪽

1 54   **2** 80개
3 ㉣   **4** ④
5 ㉡   **6** 70
7 (1) 59 (2) 89
8 12, 24, 30 / 9, 15, 41
9

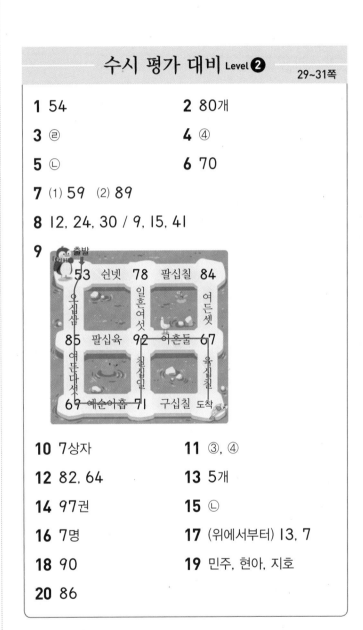

10 7상자   **11** ③, ④
12 82, 64   **13** 5개
14 97권   **15** ㉡
16 7명   **17** (위에서부터) 13, 7
18 90   **19** 민주, 현아, 지호
20 86

1 10개씩 묶음 5개와 낱개 4개는 54입니다.

2 딸기가 10개씩 8줄 있으므로 모두 80개입니다.

3 ㉠, ㉡, ㉢ 90, ㉣ 80

4 ④ 82 ➡ 팔십이, 여든둘

5 ㉡ 90보다 1만큼 더 큰 수는 91입니다.

6 67-68-69-70-71-72이므로 ㉠에 알맞은 수는 70입니다.

7 (1) 60보다 1만큼 더 작은 수는 60 바로 앞의 수인 59입니다.
(2) 90은 90 바로 앞의 수인 89보다 1만큼 더 큰 수입니다.

8 낱개의 수가 2, 4, 6, 8, 0이면 짝수이고 낱개의 수가 1, 3, 5, 7, 9이면 홀수입니다.

10 70은 10개씩 묶음 7개입니다. 한 상자에 사탕을 10개씩 담을 수 있으므로 사탕 70개를 모두 담으려면 7 상자가 필요합니다.

11 ① 59<67 ② 65<67 ③ 70>67
④ 69>67 ⑤ 66<67
따라서 67보다 큰 수는 ③ 70, ④ 69입니다.

12 10개씩 묶음의 수를 비교하면 8>7>6이므로 가장 큰 수는 82입니다.
68과 64의 낱개의 수를 비교하면 8>4이므로 가장 작은 수는 64입니다.

13 낱개의 수가 2, 4, 6, 8, 0이면 짝수이므로 □ 안에 들어갈 수 있는 수는 2, 4, 6, 8, 0으로 모두 5개입니다.

14 10만큼 더 큰 수는 10개씩 묶음의 수가 1만큼 더 큰 수이므로 87보다 10만큼 더 큰 수는 97입니다.
따라서 선우가 가지고 있는 동화책은 97권입니다.

15 ㉠ 쉰셋보다 1만큼 더 큰 수
➡ 53보다 1만큼 더 큰 수: 54
㉡ 오십사보다 1만큼 더 작은 수
➡ 54보다 1만큼 더 작은 수: 53
㉢ 10개씩 묶음 5개와 낱개 4개: 54
따라서 설명하는 수가 다른 하나는 ㉡입니다.

16 75와 83 사이에 있는 수는 76, 77, 78, 79, 80, 81, 82입니다. 따라서 지우와 민호 사이에 있는 사람은 모두 7명입니다.

17 93은 10개씩 묶음 9개와 낱개 3개입니다.
10개씩 묶음 8개는 80이므로 93이 되려면 낱개가 13개 있어야 합니다.
낱개 23개는 10개씩 묶음 2개와 낱개 3개이므로 93이 되려면 10개씩 묶음 7개가 있어야 합니다.

18 86보다 크고 92보다 작은 수는 87, 88, 89, 90, 91입니다. 이 중에서 10개씩 묶음의 수가 낱개의 수보다 큰 수는 87, 90, 91이고 짝수는 90입니다.
따라서 조건을 만족하는 수는 90입니다.

서술형
19 예 민주가 캔 당근은 73개입니다. 68, 73, 71의 크기를 비교하면 73>71>68입니다.
따라서 당근을 많이 캔 사람부터 차례로 이름을 쓰면 민주, 현아, 지호입니다.

평가 기준	배점(5점)
민주가 캔 당근은 몇 개인지 수로 나타냈나요?	1점
68, 73, 71의 크기를 비교했나요?	3점
당근을 많이 캔 사람부터 차례로 이름을 썼나요?	1점

서술형
20 예 10개씩 묶음의 수가 클수록 큰 수이므로 10개씩 묶음의 수에 가장 큰 수인 8을, 낱개의 수에 남은 짝수 중 큰 수인 6을 놓습니다.
따라서 만들 수 있는 가장 큰 짝수는 86입니다.

평가 기준	배점(5점)
10개씩 묶음의 수와 낱개의 수에 놓아야 하는 수를 각각 구했나요?	4점
만들 수 있는 가장 큰 짝수를 구했나요?	1점

💡 **사고력이 반짝** 32쪽

2 덧셈과 뺄셈 (1)

세 수의 덧셈과 뺄셈, 10의 덧셈과 뺄셈을 학습합니다. 10의 덧셈과 뺄셈은 1학년 1학기에서 학습한 10을 가르기하기, 10 모으기하기를 식으로 나타낸 것입니다. 다양한 형태의 덧셈과 뺄셈 문제로 10의 보수를 완벽하게 익혀 받아올림, 받아내림 학습을 준비하고 수 감각을 기를 수 있도록 합니다. 또한 10이 되는 두 수를 이용한 세 수의 덧셈은 후속하는 (몇)+(몇)=(십몇), (십몇)-(몇)=(몇), 받아올림이 있는 덧셈, 받아내림이 있는 뺄셈으로 확장됩니다.

STEP 1 교과개념 1. 세 수의 덧셈하기   35쪽

1 (예) 4, 2, 1, 7

2 (위에서부터) ① 7 / 5, 5, 7   ② 8 / 5, 5, 8

3 (계산 순서대로) ① 5, 6, 6   ② 9 / 7, 7, 9

4 ① 4, 8   ② 3, 5

1 $4+2+1=7$

4   ① $3+1+4=8$ ② $2+1+2=5$

STEP 1 교과개념 2. 세 수의 뺄셈하기   37쪽

1 3, 2, 3(또는 2, 3, 3)

2 (위에서부터) ① 1 / 5, 5, 1   ② 2 / 4, 4, 2

3 (계산 순서대로) ① 5, 4, 4   ② 3 / 6, 6, 3

4 ① 2, 1   ② 8, 6

1 $8-3-2=3$

4   ① $7-5-1=1$ ② $9-1-2=6$

STEP 1 교과개념 3. 10이 되는 더하기   39쪽

1 ① 5   ② 4

2 7, 3(또는 3, 7) / 2, 8(또는 8, 2)

3 ✕

4 ① 10, 10   ② 10, 10

1   ① ● 5개와 ▲ 5개를 더하면 10개입니다.
     ➡ $5+5=10$
   ② ● 6개와 ▲ 4개를 더하면 10개입니다.
     ➡ $6+4=10$

STEP 1 교과개념 4. 10에서 빼기   41쪽

1 ① 6   ② 5

2 3, 7

3 ① 7, 3   ② 6, 4

4 ① 9, 1   ② 2, 8

1   ① 10개에서 4개를 덜어 내면 6개가 남습니다.
     ➡ $10-4=6$
   ② ● 10개와 ● 5개를 비교하면 ●이 5개 더 많습니다.
     ➡ $10-5=5$

STEP 1 교과개념 5. 10을 만들어 더하기   43쪽

1 (예)
   (예) 4, 6, 5, 15

2 ① 10, 18   ② 10, 16

3 (계산 순서대로) ① 10, 11, 11   ② 10, 14, 14

4 (○) (   ) (○)

4   두 수의 합이 10이 되는 수가 있는지 알아봅니다.
   $\boxed{1+9}+3=10+3=13$, $7+\boxed{6+4}=7+10=17$

STEP 2 꼭 나오는 유형

1 (1) 8 (2) 9

2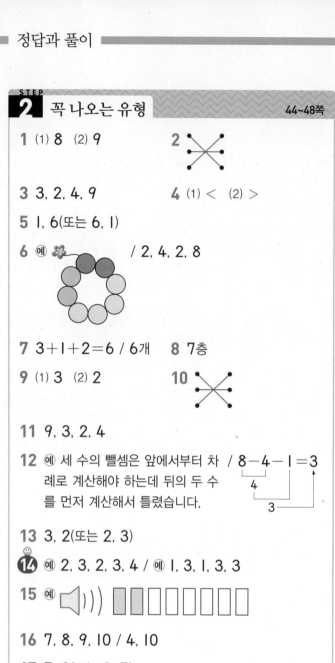

3 3, 2, 4, 9

4 (1) < (2) >

5 1, 6(또는 6, 1)

6 예 / 2, 4, 2, 8

7 3+1+2=6 / 6개   **8** 7층

9 (1) 3 (2) 2

10

11 9, 3, 2, 4

12 예 세 수의 뺄셈은 앞에서부터 차례로 계산해야 하는데 뒤의 두 수를 먼저 계산해서 틀렸습니다. / 8−4−1=3

13 3, 2(또는 2, 3)

14 예 2, 3, 2, 3, 4 / 예 1, 3, 1, 3, 3

15 예

16 7, 8, 9, 10 / 4, 10

17 7, 3(또는 3, 7)

18 (1) 10 (2) 10 (3) 10

19 예 / 3, 7

20 (1) 7 (2) 8   **21** / 6

22 10명

23 예 / 9, 1, 9, 1

24 3개   **25** 4, 6

26 (1) 5 (2) 3   **27** 6, 4

28 (1) 4 (2) 9

29 예 / 3, 3, 7

---

30 1권   **31** 2, 8

32 (1) 10, 12 (2) 10, 14

33

34 (1) 7+3+6=16 (2) 8+5+5=18

35 (1) 6, 17 (2) 8, 15   **36** >

37 2, 8(또는 8, 2)

38 6+4+8=18 / 18개

39 예 8, 2, 4, 6

---

1 (1) 1+4+3=5+3=8
(2) 2+5+2=7+2=9

2 2+6+1=8+1=9
3+2+3=5+3=8
1+2+4=3+4=7

3 수직선의 눈금 한 칸은 1을 나타냅니다.
오른쪽으로 3칸, 2칸, 4칸 갔으므로 덧셈식으로 나타내면 3+2+4=9입니다.

4 (1) 1+3+3=7, 2+1+5=8 ➡ 7<8
(2) 4+1+4=9, 1+6+1=8 ➡ 9>8

5 2에 7을 더해야 9가 됩니다. 수 카드에서 합이 7이 되는 두 수는 1과 6입니다.
➡ 1+6+2=9 또는 6+1+2=9

6 세 가지 색으로 팔찌를 색칠하고 색깔별로 세어서 덧셈식으로 나타냅니다.

7 (냉장고에 들어 있는 채소의 수)
=(당근의 수)+(호박의 수)+(오이의 수)
=3+1+2=6(개)

8 (예은이가 내린 층수)
=(예은이가 탄 층수)+(아름이가 더 올라간 층수)
  +(예은이가 더 올라간 층수)
=1+4+2=7(층)

9 (1) 8−2−3=6−3=3
(2) 5−1−2=4−2=2

10 $9-4-2=5-2=3$
$6-3-1=3-1=2$
$7-2-4=5-4=1$

11 수직선의 눈금 한 칸은 1을 나타냅니다.
오른쪽으로 9칸 갔다가 왼쪽으로 3칸, 다시 왼쪽으로
2칸을 갔으므로 뺄셈식으로 나타내면 $9-3-2=4$
입니다.

12

평가 기준	배점(5점)
계산이 잘못된 까닭을 썼나요?	2점
바르게 계산했나요?	3점

13 7에서 5를 빼야 2가 됩니다. 수 카드에서 합이 5가
되는 두 수는 3과 2입니다.
➡ $7-3-2=2$ 또는 $7-2-3=2$

☺ 내가 만드는 문제
14 • 예 처음에 있던 초콜릿 9개에서 2개, 3개를 뺍니다.
➡ $9-2-3=7-3=4$
• 예 처음에 있던 색종이 7장에서 1장, 3장을 뺍니다.
➡ $7-1-3=6-3=3$

15 음악 소리의 크기를 줄였으므로 뺄셈식으로 나타냅니
다. 8에서 2를 뺀 다음 4를 뺍니다.
➡ $8-2-4=2$(칸)

17 팥빙수 7개에 3개를 더 가져오면 10개가 됩니다.
➡ $7+3=10$ 또는 $3+7=10$

19 예 빨간색으로 3칸 색칠하고 파란색으로 7칸 색칠하
여 $3+7=10$을 만들었습니다.

20 ⑴ 3과 더해서 10이 되는 수는 7입니다.
⑵ 2와 더해서 10이 되는 수는 8입니다.

21 4와 더해서 10이 되는 수는 6이므로 주사위의 눈을
6개 그립니다.

22 (지금 놀이터에 있는 어린이 수)
$=$(처음에 있던 어린이 수)$+$(더 온 어린이 수)
$=8+2=10$(명)

24 예 7과 더해서 10이 되는 수는 3입니다.
따라서 10개를 하려면 줄넘기를 3개 더 해야 합니다.

평가 기준	배점(5점)
7과 더해서 10이 되는 수를 찾았나요?	3점
줄넘기를 몇 개 더 해야 하는지 구했나요?	2점

25 새 10마리 중 4마리가 날아가서 6마리가 남았습니다.
➡ $10-4=6$

27 수직선의 눈금 한 칸은 1을 나타냅니다. 오른쪽으로
10칸 갔다가 왼쪽으로 6칸을 갔으므로 뺄셈식으로 나
타내면 $10-6=4$입니다.

28 ⑴ 10에서 빼어 6이 되는 수는 4입니다.
⑵ 10에서 빼어 1이 되는 수는 9입니다.

30 (효주가 읽은 책 수)$-$(수아가 읽은 책 수)
$=10-9=1$(권)
따라서 효주는 수아보다 1권을 더 읽었습니다.

31 구슬 10개 중에서 2개를 꺼냈으므로 봉지에 남은 구
슬은 8개입니다.

32 합이 10이 되는 두 수를 먼저 더하고 나머지 수를 더
합니다.

33 합이 10이 되는 두 수를 먼저 더하면
$7+1+9=7+10$, $2+8+3=10+3$,
$3+7+5=10+5$입니다.

34 ⑴ $\boxed{7+3}+6=10+6=16$
⑵ $8+\boxed{5+5}=8+10=18$

35 ⑴ 4와 6을 더하면 10이므로
$7+4+6=7+10=17$입니다.
⑵ 8과 2를 더하면 10이므로
$8+2+5=10+5=15$입니다.

36 $5+\underline{7+3}=5+10=15$, $\underline{9}+3+\underline{1}=10+3=13$
➡ $15>13$

37 4에 10을 더하면 14가 됩니다. 수 카드에서 합이 10
이 되는 두 수는 2와 8입니다.
➡ $2+8+4=14$ 또는 $8+2+4=14$

38 (세 사람이 건 고리 수)
$=$(윤지가 건 고리 수)$+$(태호가 건 고리 수)
$+$(은채가 건 고리 수)
$=6+4+8=18$(개)

☺ 내가 만드는 문제
39 합이 10이 되는 두 수를 골라 □ 안에 써넣으면 됩니다.
1과 9, 2와 8, 3과 7, 4와 6 등이 될 수 있습니다.

STEP 3 자주 틀리는 유형

1

```
 6   1  (8   2)   / ⓔ 1+9=10
 3  (1)  3   9        7+3=10
 2  (9)  4  (5)       5+5=10
(7   3) 8  (5)
```

2

```
 2   5   8  (9)   / ⓔ 9+1=10
(4   6)  3   1        4+6=10
 2  (3)  6   5        3+7=10
 5  (7  (2   8)       2+8=10
```

3 (1) 10 (2) 10

4

5 (1) 7 (2) 5

6 ©

7 (○) (   )

8 >

9 (   ) (   ) (○)

10 ©, ㉠, ㉡

11 3명

12 2잔

13 5권

14 6장

15 (1) ○ (2) × (3) ○

16 1

17 10

18 10

19 6

20 7, 3, 4

21 1, 5, 9

22 4, 8, 6

3 합이 10이 되는 두 수를 먼저 더합니다.
  (1) 3+6+4=3+10
  (2) 5+5+7=10+7

4 합이 10이 되는 두 수를 먼저 더하면
8+1+9=8+10, 2+8+4=10+4,
7+6+3=10+6입니다.

5 (1) 8+□+2=10+□=17, □=7
  (2) 3+□+7=10+□=15, □=5

6 ㉠ 6+4+□=10+□=15, □=5
  ㉡ 9+□+1=10+□=13, □=3
  © □+5+5=□+10=16, □=6
  따라서 □ 안에 알맞은 수가 가장 큰 것은 ©입니다.

7 1+3+5=4+5=9
2+3+3=5+3=8
➡ 9>8

8 9-1-2=8-2=6
1+3+1=4+1=5
➡ 6>5

9 7-1-2=6-2=4, 10-5=5,
8-2-3=6-3=3
따라서 차가 가장 작은 것은 8-2-3입니다.

10 ㉠ 2+8+5=10+5=15
  ㉡ 7+1+9=7+10=17
  © 4+3+7=4+10=14
따라서 합이 작은 것부터 차례로 기호를 쓰면 ©, ㉠, ㉡입니다.

11 이번 정류장에서 더 탄 사람 수를 □명이라고 하면
7+□=10입니다.
7+3=10이므로 □=3입니다.

12 마신 주스 수를 □잔이라고 하면 10-□=8입니다.
10-2=8이므로 □=2입니다.

13 더 사 온 스케치북 수를 □권이라고 하면 5+□=10
입니다.
5+5=10이므로 □=5입니다.

14 사용한 색종이 수를 □장이라고 하면 10-□=4입
니다.
10-6=4이므로 □=6입니다.

15 (1) 2+3+4=5+4 (○)
  (2) 1+3+5=1+8 (×)
  (3) 7+9+1=7+10 (○)

16 2+5+1=7+1이므로 □=1입니다.

17 4+9+1=4+10이므로 □=10입니다.

18 3+6+7=6+10이므로 □=10입니다.

19 2+8+□=10+□=16, □=6

20 합이 10이 되는 두 수를 먼저 찾으면 $7+3=10$입니다. $10+4=14$이므로 합이 14가 되는 세 수는 7, 3, 4입니다.

21 합이 10이 되는 두 수를 먼저 찾으면 $1+9=10$입니다. $10+5=15$이므로 합이 15가 되는 세 수는 1, 5, 9입니다.

22 합이 10이 되는 두 수를 먼저 찾으면 $4+6=10$, $8+2=10$입니다.
$10+8=18$이므로 합이 18이 되는 세 수는 4, 8, 6입니다.

STEP **4** 최상위 도전 유형	52~53쪽
1 예 1, 2, 4, 7	**2** 예 8, 2, 3, 3
3 4	**4** 6개
5 7개, 3개	**6** 4권
7 4	**8** 6
9 9	**10** 1, 2, 3
11 2개	**12** 4

1 더하는 수들이 작을수록 계산 결과가 작습니다.
따라서 $1+2+4=7$입니다.

2 가장 큰 수에서 작은 수를 뺄수록 계산 결과가 큽니다.
따라서 $8-2-3=3$입니다.

3 계산 결과가 가장 작을 때의 덧셈식: $1+3+5=9$
계산 결과가 가장 클 때의 뺄셈식: $9-1-3=5$
➡ 두 식의 계산 결과의 차: $9-5=4$

4 합이 10이 되는 두 수는 다음과 같습니다.

10	1	2	3	4	5
	9	8	7	6	5

이 중에서 차가 2인 수는 4와 6입니다.
따라서 서윤이가 먹은 초콜릿은 6개입니다.

5 합이 10이 되는 두 수는 다음과 같습니다.

10	1	2	3	4	5
	9	8	7	6	5

이 중에서 차가 4인 수는 3과 7입니다.
따라서 빨간색 구슬은 7개, 노란색 구슬은 3개입니다.

6 선아에게 주고 남은 공책은 $10-2=8$(권)입니다.
합이 8이 되는 두 수는 다음과 같습니다.

8	1	2	3	4
	7	6	5	4

따라서 윤호가 가진 공책은 4권입니다.

7 $10-\blacksquare=4$에서 $10-6=4$이므로 $\blacksquare=6$입니다.
$\bullet+2=\blacksquare$에서 $\blacksquare=6$이므로 $\bullet+2=6$입니다.
$\bullet+2=6$에서 $4+2=6$이므로 $\bullet=4$입니다.

8 $5+\blacksquare=8$에서 $5+3=8$이므로 $\blacksquare=3$입니다.
$\bullet-3=\blacksquare$에서 $\blacksquare=3$이므로 $\bullet-3=3$입니다.
$\bullet-3=3$에서 $6-3=3$이므로 $\bullet=6$입니다.

9 $\blacksquare+\blacksquare=10$에서 $5+5=10$이므로 $\blacksquare=5$입니다.
$\bullet-4=\blacksquare$에서 $\blacksquare=5$이므로 $\bullet-4=5$입니다.
$\bullet-4=5$에서 $9-4=5$이므로 $\bullet=9$입니다.

10 $3+1+\square=4+\square$이므로 $4+\square<8$입니다.
$4+\square=8$이라고 하면 $\square=4$이므로 $4+\square$가 8보다 작으려면 $\square$ 안에는 4보다 작은 수가 들어가야 합니다.
따라서 $\square$ 안에 들어갈 수 있는 수는 1, 2, 3입니다.

11 $9-2-\square=7-\square$이므로 $7-\square>4$입니다.
$7-\square=4$라고 하면 $\square=3$이므로 $7-\square$가 4보다 크려면 $\square$ 안에는 3보다 작은 수가 들어가야 합니다.
따라서 $\square$ 안에 들어갈 수 있는 수는 1, 2로 모두 2개입니다.

12 $4+\square+1=5+\square$, $2+6=8$이므로 $5+\square>8$입니다. $5+\square=8$이라고 하면 $\square=3$이므로 $5+\square$가 8보다 크려면 $\square$ 안에는 3보다 큰 수가 들어가야 합니다.
따라서 $\square$ 안에 들어갈 수 있는 수 중 가장 작은 수는 4입니다.

정답과 풀이 **13**

수시 평가 대비 Level ❶
54~56쪽

1 7

2 (계산 순서대로) 2 / 4, 4, 2

3 4

4 4, 2, 1, 7

5 10

6 (1) 15 (2) 13

7 ✕

8 <

9 2, 2

10 2개

11
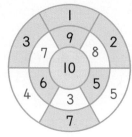

12 3+7=10 / 10장

13 4권

14 ㉡, ㉢, ㉠

15 9

16 2

17 4

18 예 4, 6, 7

19 8개

20 6

---

1 2+3+2=5+2=7

2 세 수의 뺄셈은 앞에서부터 차례로 계산합니다.

3 ●10개와 ●6개를 비교하면 ●가 4개 더 많습니다.

4 수직선의 눈금 한 칸은 1을 나타냅니다. 오른쪽으로 4칸, 2칸, 1칸 갔으므로 덧셈식으로 나타내면 4+2+1=7입니다.

5 8과 2를 더하면 10이 되므로 8과 2를 먼저 더합니다.
➡ 8+6+2=10+6

6 (1) 1+9+5=10+5=15
(2) 3+6+4=3+10=13

7 1+2+5=3+5=8
2+4+1=6+1=7
3+4+2=7+2=9

8 9−1−2=8−2=6
3+1+4=4+4=8
➡ 6<8

9 10이 되는 더하기를 이용하여 10에서 빼기를 할 수 있습니다.

10 (남은 막대 사탕의 수)
=(처음 막대 사탕의 수)−(현지가 먹은 막대 사탕의 수)
−(동생이 먹은 막대 사탕의 수)
=7−2−3=5−3=2(개)

11 1과 9, 2와 8, 3과 7, 4와 6, 5와 5를 더하면 10이 됩니다.

12 (준호가 가지고 있는 색종이 수)
=(빨간색 색종이 수)+(노란색 색종이 수)
=3+7=10(장)

13 (읽지 않은 위인전의 수)
=(전체 위인전의 수)−(읽은 위인전의 수)
=10−6=4(권)

14 ㉠ 3+6+4=3+10=13
㉡ 7+3+8=10+8=18
㉢ 8+5+2=10+5=15
➡ 18>15>13

15 보기 는 3+1+2를 계산한 값 6을 가운데에 써넣었습니다.
➡ 1+5+3=6+3=9

16 수의 크기를 비교하면 9>4>3이므로 가장 큰 수는 9입니다.
따라서 가장 큰 수인 9에서 나머지 두 수를 빼면
9−4−3=5−3=2입니다.

17 ●+●=10에서 5+5=10이므로 ●=5입니다.
9−♥=●에서 ●=5이므로 9−♥=5입니다.
9−4=5이므로 ♥=4입니다.

18 합이 10이 되는 두 수를 먼저 찾으면 4+6=10입니다.
10+7=17이므로 합이 17이 되는 세 수는 4, 6, 7입니다.

서술형
19 예 (바구니에 들어 있는 과일의 수)
＝(사과의 수)＋(배의 수)＋(감의 수)
＝3＋2＋3＝8(개)
따라서 바구니에 들어 있는 과일은 모두 8개입니다.

평가 기준	배점(5점)
바구니에 들어 있는 과일의 수를 구하는 식을 세웠나요?	2점
바구니에 들어 있는 과일은 모두 몇 개인지 구했나요?	3점

서술형
20 예 6＋㉠＝10에서 6＋4＝10이므로 ㉠＝4입니다.
10－㉡＝8에서 10－2＝8이므로 ㉡＝2입니다.
따라서 ㉠과 ㉡의 합은 4＋2＝6입니다.

평가 기준	배점(5점)
㉠과 ㉡의 값을 각각 구했나요?	4점
㉠과 ㉡의 합을 구했나요?	1점

수시 평가 대비 Level ❷ 57~59쪽

1 예 2, 4, 3, 9   **2** 예 9, 3, 2, 4
3 6   **4** (그래프)
5 (1) 7 (2) 5   **6** (1) 10, 13 (2) 4, 14
7 (표) / 예 5＋5＝10
2＋8＝10
9＋1＝10
3＋7＝10
8 <   **9** 14개
10 6개   **11** ㉡
12 1, 17   **13** 3
14 4   **15** 4, 3(또는 3, 4)
16 7   **17** 8
18 3개   **19** 민아, 2개
20 7골

2 ● 9개에서 3개를 지우고 2개를 더 지우면 4개가 남습니다.
➡ 9－3－2＝4 또는 9－2－3＝4

3 3＋1＋2＝4＋2＝6

5 (1) 두 수를 바꾸어 더해도 합은 같습니다.
(2) 1＋2＋5＝3＋5이므로 □＝5입니다.

6 (1) 5＋5＋3＝10＋3＝13
(2) 8＋4＋2＝4＋10＝14

8 8－4－1＝4－1＝3
10－6＝4
➡ 3<4

9 (주하가 먹은 아몬드 수)＝4＋7＋3＝14(개)

10 딸기 맛 사탕은 10개, 레몬 맛 사탕은 4개이므로 딸기 맛 사탕은 레몬 맛 사탕보다 10－4＝6(개) 더 많습니다.

11 ㉠ 3＋7＝10   ㉡ 4＋5＝9
㉢ 1＋9＝10   ㉣ 6＋4＝10

12 9와 1을 더하면 10이므로 7＋9＋1＝7＋10＝17입니다.

13 4＋2＋1＝7이므로 7＝10－□입니다.
10－3＝7이므로 □＝3입니다.

14 ㉠ 10－8＝2이므로 □＝8입니다.
㉡ 4＋6＝10이므로 □＝4입니다.
따라서 □ 안에 알맞은 수들의 차는 8－4＝4입니다.

15 9에서 7을 빼야 2가 됩니다. 수 카드에서 합이 7이 되는 두 수는 4와 3입니다.
➡ 9－4－3＝2 또는 9－3－4＝2

16 5＋5＋㉠＝15에서 10＋㉠＝15, ㉠＝5입니다.
8＋5＋㉡＝15에서 8＋㉡＝10, ㉡＝2입니다.
따라서 ㉠과 ㉡의 합은 5＋2＝7입니다.

17 1＋3＋■＝10, 4＋■＝10에서 4＋6＝10이므로 ■＝6입니다.
●－2＝■에서 ■＝6이므로 ●－2＝6입니다.
●－2＝6에서 8－2＝6이므로 ●＝8입니다.

18 8−2−□=6−□이므로 6−□>2입니다.
6−□=2라고 하면 □=4이므로 6−□가 2보다
크려면 □ 안에는 4보다 작은 수가 들어가야 합니다.
따라서 □ 안에 들어갈 수 있는 수는 1, 2, 3으로 모
두 3개입니다.

서술형
19 예 진수에게 남은 사탕은 10−4=6(개)이고, 민아에
게 남은 사탕은 10−2=8(개)입니다.
따라서 8>6이므로 남은 사탕은 민아가
8−6=2(개) 더 많습니다.

평가 기준	배점(5점)
진수와 민아에게 남은 사탕 수를 각각 구했나요?	2점
남은 사탕은 누가 몇 개 더 많은지 구했나요?	3점

서술형
20 예 1반이 넣은 골은 2반과의 경기에서 1골, 3반과의
경기에서 3골, 4반과의 경기에서 3골입니다.
따라서 1반이 넣은 골은 모두 1+3+3=7(골)입니다.

평가 기준	배점(5점)
1반이 넣은 골은 각각 몇 골인지 알았나요?	2점
1반이 넣은 골은 모두 몇 골인지 구했나요?	3점

사고력이 반짝   60쪽

5

3 모양과 시각

기본적인 평면도형의 모양을 알아보는 학습입니다. 1학년
1학기에 입체도형의 모양을 직관적으로 파악하였다면 이 단
원에서는 입체도형을 포함한 주변 대상들이 가지는 모양의
일부분에 주목하여 평면도형의 모양을 직관적으로 파악하게
됩니다. 또한 시각을 배우는 이번 단원에서 학생들의 생활 경
험과 하루 생활 등을 소재로 시각과 관련지어 다양한 방법으
로 의사 소통을 할 수 있도록 합니다.

STEP 1 교과개념 **1. 여러 가지 모양 찾기**   63쪽

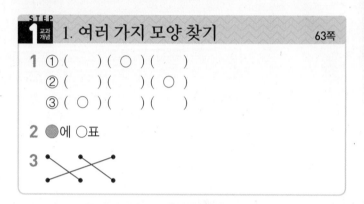

1 ① ■ 모양인 것은 텔레비전입니다.
② ▲ 모양인 것은 교통표지판입니다.
③ ● 모양인 것은 동전입니다.

3 ■ 모양: 전자레인지 ─ 액자
▲ 모양: 삼각김밥 ─ 교통표지판
● 모양: 쿠키 ─ 접시

STEP 1 교과개념 **2. 여러 가지 모양 알아보기**   65쪽

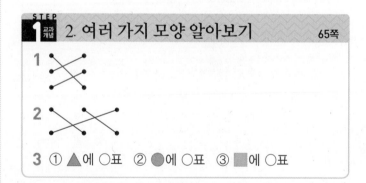

3 ① ▲에 ○표   ② ●에 ○표   ③ ■에 ○표

1 컵: ● 모양, 선물 상자: ■ 모양, 블록: ▲ 모양

3 • ■ 모양: 뾰족한 부분이 4군데입니다.
• ▲ 모양: 뾰족한 부분이 3군데입니다.
• ● 모양: 뾰족한 부분이 없습니다.

STEP 1 교과개념 3. 여러 가지 모양으로 꾸미기 67쪽

1 ●에 ○표

2 ●에 ✕표

3 5개, 3개, 6개

1 ● 모양 6개를 이용하여 꾸민 모양입니다.

2 ■ 모양 9개, ▲ 모양 16개를 이용하여 꾸민 모양입니다.

3 빠뜨리거나 두 번 세지 않도록 모양별로 다른 표시를 하며 세어 봅니다.

STEP 1 교과개념 4. 몇 시 알아보기 69쪽

1 6, 12, 6

2 ① 4 ② 8

3

4 ① (시계 그림) ② (시계 그림)

2 ① 짧은바늘이 4, 긴바늘이 12를 가리키므로 4시입니다.
  ② 짧은바늘이 8, 긴바늘이 12를 가리키므로 8시입니다.

3 • 짧은바늘이 1, 긴바늘이 12를 가리키므로 1시입니다.
  • 짧은바늘이 7, 긴바늘이 12를 가리키므로 7시입니다.
  • 짧은바늘이 11, 긴바늘이 12를 가리키므로 11시입니다.

4 ① 짧은바늘이 2, 긴바늘이 12를 가리키도록 그립니다.
  ② 짧은바늘이 9, 긴바늘이 12를 가리키도록 그립니다.

STEP 1 교과개념 5. 몇 시 30분 알아보기 71쪽

1 8, 9, 6, 8, 30

2 ① 1, 30 ② 7, 30

3 (시계 그림)

4 ① (시계 그림) ② (시계 그림)

2 ① 짧은바늘이 1과 2 사이, 긴바늘이 6을 가리키므로 1시 30분입니다.
  ② 짧은바늘이 7과 8 사이, 긴바늘이 6을 가리키므로 7시 30분입니다.

3 • 짧은바늘이 5와 6 사이, 긴바늘이 6을 가리키므로 5시 30분입니다.
  • 짧은바늘이 9와 10 사이, 긴바늘이 6을 가리키므로 9시 30분입니다.

4 ① 짧은바늘이 10과 11 사이, 긴바늘이 6을 가리키도록 그립니다.
  ② 짧은바늘이 4와 5 사이, 긴바늘이 6을 가리키도록 그립니다.

STEP 2 꼭 나오는 유형 72~78쪽

1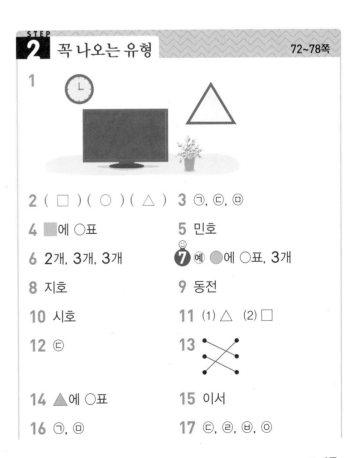

2 (□) (○) (△)   3 ㉠, ㉢, ㉤

4 ■에 ○표   5 민호

6 2개, 3개, 3개   ❼ 예 ●에 ○표, 3개

8 지호   9 동전

10 시호   11 (1) △ (2) □

12 ㉢   13 (교차 선 그림)

14 ▲에 ○표   15 이서

16 ㉠, ㉤   17 ㉢, ㉣, ㉤, ㉤

18 3개

19 ⬤에 ○표

20 예 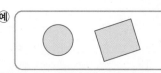 / 4군데

21 같은 점 예 뾰족한 부분과 곧은 선이 있습니다.
다른 점 예 ■ 모양은 뾰족한 부분이 4군데이고, ▲
모양은 뾰족한 부분이 3군데입니다.

22 ■, ▲에 ○표

23 8개

24 3개, 3개, 4개

25 ■ 모양

26 ㉠

27 예

28 5시

29 8시

30

31 1, 12

32

33 ,

34 예 / 예 나는 어제 10시에 줄넘기를
했습니다.

35 12시

36 (1) 12시 30분 (2) 8시 30분

37 9시 30분, 10시 30분

38

39 책 읽기

40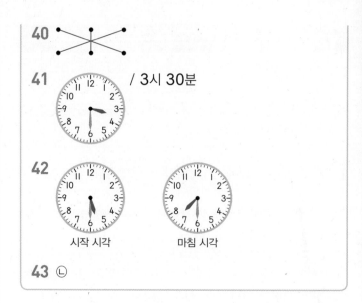

41 / 3시 30분

42 시작 시각   마침 시각

43 ㉡

1 텔레비전을 따라 ■ 모양을, 거울을 따라 ▲ 모양을,
시계를 따라 ⬤ 모양을 그립니다.

2 수첩은 ■ 모양, 교통표지판은 ⬤ 모양, 삼각자는 ▲
모양입니다.

3 ■ 모양: ㉡, ▲ 모양: ㉠, ㉢, ㉥, ⬤ 모양: ㉣, ㉦

5 민호: ⬤ 모양을 모았습니다.
가인: ■ 모양과 ▲ 모양을 모았습니다.

6 ■ 모양:  ,

▲ 모양: ,

⬤ 모양: , ,

☺ 내가 만드는 문제
7 ■ 모양이 2개, ▲ 모양이 1개, ⬤ 모양이 3개 있습
니다.

8 ◯ 는 ⬤ 모양입니다.

서술형
9 예 자, 지우개, 공책은 ■ 모양이고, 동전은 ⬤ 모양입
니다.
따라서 모양이 다른 하나는 동전입니다.

평가 기준	배점(5점)
유미 가방에 있는 물건들의 모양을 알았나요?	3점
모양이 다른 물건 하나를 찾았나요?	2점

10 • ■ 모양이 있습니다.
• ▲ 모양이 2개 있습니다.

12 필통: ■ 모양, 상자: ● 모양, 블록: ▲ 모양

13 주사위: ■ 모양, 통조림 캔: ● 모양, 상자: ▲ 모양

14 뾰족한 부분이 3군데 있는 모양은 ▲ 모양입니다.

15 태하: ■ 모양은 뾰족한 부분이 4군데입니다.
지우: ▲ 모양은 뾰족한 부분이 3군데입니다.

16 뾰족한 부분이 4군데인 모양은 ■ 모양입니다.

17 뾰족한 부분이 3군데인 모양은 ▲ 모양입니다.

18 뾰족한 부분이 없는 모양은 ● 모양이므로 ㉡, ㉦, ㉨ 으로 모두 3개입니다.

19

😊 내가 만드는 문제
⑳ 예 ● 모양은 뾰족한 부분이 없고, ■ 모양은 뾰족한 부분이 4군데입니다. ➡ 0＋4＝4(군데)

서술형
21

평가 기준	배점(5점)
■ 모양과 ▲ 모양의 같은 점을 설명했나요?	3점
■ 모양과 ▲ 모양의 다른 점을 설명했나요?	2점

22 ■ 모양과 ▲ 모양을 이용하여 꾸민 모양입니다.

23 ■ 모양 8개를 이용하여 꾸민 모양입니다.

서술형
25 예 ■ 모양 5개, ▲ 모양 1개, ● 모양 4개를 이용하여 꾸민 모양입니다.
따라서 가장 많이 이용한 모양은 ■ 모양입니다.

평가 기준	배점(5점)
모양을 꾸미는 데 이용한 ■, ▲, ● 모양의 수를 각각 구했나요?	3점
모양을 꾸미는 데 가장 많이 이용한 모양을 찾았나요?	2점

26 ■ 모양 3개, ▲ 모양 3개, ● 모양 4개를 이용하여 꾸민 모양은 ㉠입니다.

28 짧은바늘이 5, 긴바늘이 12를 가리키므로 5시입니다.

29 짧은바늘이 8, 긴바늘이 12를 가리키므로 8시입니다.

30 짧은바늘이 4, 긴바늘이 12를 가리키도록 그립니다.

31 1시일 때 시계의 짧은바늘은 1, 긴바늘은 12를 가리킵니다.

32 짧은바늘이 9, 긴바늘이 12를 가리키도록 그립니다.

35 짧은바늘과 긴바늘이 모두 12를 가리키므로 12시입니다.

36 (1) 짧은바늘이 12와 1 사이, 긴바늘이 6을 가리키므로 12시 30분입니다.
(2) 짧은바늘이 8과 9 사이, 긴바늘이 6을 가리키므로 8시 30분입니다.

37 시작한 시각: 짧은바늘이 9와 10 사이, 긴바늘이 6을 가리키므로 9시 30분입니다.
끝낸 시각: 짧은바늘이 10과 11 사이, 긴바늘이 6을 가리키므로 10시 30분입니다.

38 짧은바늘이 6과 7 사이, 긴바늘이 6을 가리키도록 그립니다.

39 정우는 11시 30분에 자전거를 타고, 3시 30분에 책을 읽었습니다.

40 • 짧은바늘이 1과 2 사이, 긴바늘이 6을 가리키므로 1시 30분입니다. ➡ 산책하기
• 짧은바늘이 7, 긴바늘이 12를 가리키므로 7시입니다. ➡ 저녁 식사
• 짧은바늘이 4와 5 사이, 긴바늘이 6을 가리키므로 4시 30분입니다. ➡ 청소하기

41 짧은바늘이 3과 4 사이, 긴바늘이 6을 가리키므로 3시 30분입니다.

42 시작 시각은 5시 30분이고, 마침 시각은 7시 30분입니다.

서술형
43 예 긴바늘이 12에서 6으로 반 바퀴 움직인 것이므로 짧은바늘은 숫자 눈금 반 칸만큼 움직여 숫자와 숫자 사이에 있어야 합니다. 따라서 긴바늘과 짧은바늘이 바르게 그려진 시계는 ㉡입니다.

평가 기준	배점(5점)
긴바늘이 6에 있을 때 짧은바늘은 숫자와 숫자 사이를 가리킨다는 것을 알았나요?	3점
긴바늘과 짧은바늘이 바르게 그려진 시계를 찾았나요?	2점

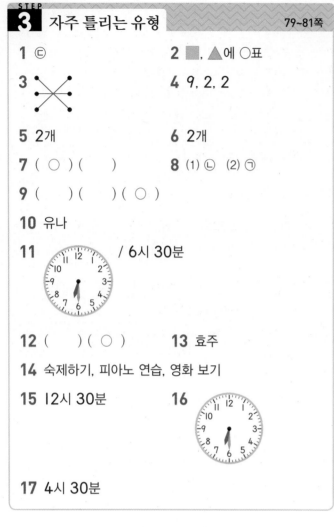

3 STEP 자주 틀리는 유형 79~81쪽

1 ㉢

2 ▥, ▲에 ○표

3 (선 잇기 그림)

4 9, 2, 2

5 2개

6 2개

7 (○) ( )

8 (1) ㉡ (2) ㉠

9 ( ) ( ) (○)

10 유나

11 (시계 그림) / 6시 30분

12 ( ) (○)

13 효주

14 숙제하기, 피아노 연습, 영화 보기

15 12시 30분

16 (시계 그림)

17 4시 30분

---

1 ㉠ ▥ 모양, ㉡ ▲ 모양, ㉢ ● 모양
뾰족한 부분이 없는 모양은 ● 모양이므로 ㉢입니다.

2 곧은 선으로 되어 있고, 뾰족한 부분이 있는 모양은 ▥ 모양과 ▲ 모양입니다.

4 빠뜨리거나 두 번 세지 않도록 모양별로 다른 표시를 하며 세어 봅니다.

5 ▲ 모양: 5개, ▥ 모양: 3개 ➡ 5−3=2(개)

6 ▥ 모양: 4개, ▲ 모양: 3개, ● 모양: 5개
가장 많이 이용한 모양은 ● 모양으로 5개이고, 가장 적게 이용한 모양은 ▲ 모양으로 3개입니다.
➡ 5−3=2(개)

7 주어진 모양: ▥ 모양 2개, ▲ 모양 2개, ● 모양 1개
왼쪽: ▥ 모양 2개, ▲ 모양 2개, ● 모양 1개
오른쪽: ▥ 모양 2개, ▲ 모양 3개, ● 모양 1개

8 ㉠ ▥ 모양 3개, ▲ 모양 4개, ● 모양 1개
㉡ ▥ 모양 2개, ▲ 모양 4개, ● 모양 2개
(1) ▥ 모양 2개, ▲ 모양 4개, ● 모양 2개
(2) ▥ 모양 3개, ▲ 모양 4개, ● 모양 1개

9 긴바늘이 12를 가리킬 때 짧은바늘은 숫자를 정확히 가리킵니다. 또 긴바늘이 6을 가리킬 때 짧은바늘은 숫자와 숫자 사이를 가리킵니다.

10 짧은바늘이 1과 2 사이, 긴바늘이 6을 가리키도록 그린 사람은 유나입니다.

11 6시에서 30분이 지나면 긴바늘은 12에서 6으로 움직이고, 짧은바늘은 6과 7 사이를 가리킵니다.

12 몇 시를 나타내는 숫자를 비교하면 1이 2보다 빠른 시각이므로 더 빠른 시각은 1시 30분입니다.

13 효주는 8시 30분, 진영이는 8시에 학교에 도착했습니다. 8시가 8시 30분보다 빠른 시각이므로 학교에 더 늦게 도착한 사람은 효주입니다.

14 피아노 연습: 3시 30분
숙제하기: 3시
영화 보기: 5시 30분
몇 시를 나타내는 숫자를 비교하면 3이 5보다 빠른 시각이므로 영화 보기를 가장 늦게 했습니다. 3시가 3시 30분보다 30분 빠른 시각이므로 가장 먼저 한 일은 숙제하기입니다.

15 시계의 긴바늘이 한 바퀴 움직이면 짧은바늘은 숫자 눈금 한 칸을 움직입니다. 따라서 짧은바늘이 숫자 눈금 한 칸만큼 움직이면 12와 1 사이를 가리키고, 긴바늘은 6을 가리키므로 12시 30분입니다.

16 4시 30분은 짧은바늘이 4와 5 사이, 긴바늘이 6을 가리키고, 시계의 긴바늘이 두 바퀴 움직이면 짧은바늘은 숫자 눈금 2칸을 움직입니다. 따라서 짧은바늘이 숫자 눈금 2칸만큼 움직이면 6과 7 사이를 가리키고, 긴바늘은 6을 가리킵니다.

17 1시 30분은 짧은바늘이 1과 2 사이, 긴바늘이 6을 가리키고, 시계의 긴바늘이 3바퀴 움직이면 짧은바늘은 숫자 눈금 3칸을 움직입니다. 따라서 짧은바늘이 숫자 눈금 3칸만큼 움직이면 4와 5 사이를 가리키고, 긴바늘은 6을 가리키므로 4시 30분입니다.

STEP 4 최상위 도전 유형
82~83쪽

1 3, 2, 1   **2** ⬤에 ◯표

3 ▲에 ◯표   **4** ▲ 모양, 8개

5 ▦ 모양, 8개

6 ▦ 모양, 1개 / ▲ 모양, 4개

7 3시   **8** 7시 30분

9 2시 30분   **10** 5시

11 7시 30분   **12** 10시 30분

1

2

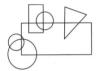

▦ 모양: 2개, ▲ 모양: 1개, ⬤ 모양: 3개

3

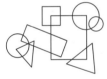

▦ 모양: 3개, ▲ 모양: 2개, ⬤ 모양: 3개

4

➡ ▲ 모양 8개

5

➡ ▦ 모양 8개

6

➡ ▦ 모양 1개, ▲ 모양 4개

7 2시와 6시 사이의 시각 중에서 긴바늘이 12를 가리키는 시각은 3시, 4시, 5시입니다. 이 중에서 4시보다 빠른 시각은 3시입니다.

8 7시와 9시 사이의 시각 중에서 긴바늘이 6을 가리키는 시각은 7시 30분, 8시 30분입니다. 이 중에서 8시보다 빠른 시각은 7시 30분입니다.

9 12시와 3시 사이의 시각 중에서 긴바늘이 6을 가리키는 시각은 12시 30분, 1시 30분, 2시 30분입니다. 이 중에서 2시보다 늦은 시각은 2시 30분입니다.

10 짧은바늘이 5, 긴바늘이 12를 가리키므로 5시입니다.

11 짧은바늘이 7과 8 사이, 긴바늘이 6을 가리키므로 7시 30분입니다.

12 짧은바늘이 10과 11 사이, 긴바늘이 6을 가리키므로 10시 30분입니다.

수시 평가 대비 Level ❶
84~86쪽

1 (   ) (◯) (   )   **2** 3개

3 2개   **4** 3개

5 7시   **6** (   ) (◯)

7

8 9

9

10 3

11 ▦에 ◯표   **12**

13 승훈   **14** 5개

15 8, 1   **16** 나

17 민호   **18** 4시 30분

19 2시 30분   **20** ⬤ 모양, 2개

1 교통표지판은 ⬤ 모양입니다. 과자, 시계, 케이크 중 ⬤ 모양은 시계입니다.

2 ▦ 모양은 책, 계산기, 리모컨으로 3개입니다.

3 ▲ 모양은 삼각자, 교통표지판으로 2개입니다.

4 뾰족한 부분이 없는 모양은 ● 모양입니다.
● 모양은 피자, 바퀴, 단추로 3개입니다.

5 짧은바늘이 7, 긴바늘이 12를 가리키므로 7시입니다.

6 짧은바늘이 10과 11 사이에 있고 긴바늘이 6을 가리키는 시계를 찾습니다.

7 ■시 30분은 긴바늘이 6을 가리키도록 그립니다.

8 짧은바늘이 9, 긴바늘이 12를 가리키므로 9시입니다.

9 ■ 모양: 지우개, 휴대전화
△ 모양: 삼각김밥, 옷걸이
● 모양: 거울, 시계

10 △ 모양은 뾰족한 부분이 3군데입니다.

13 승훈이는 1시 30분, 소희는 2시 30분, 지연이는 2시 30분에 공원에 갔습니다. 따라서 공원에 간 시각이 다른 사람은 승훈입니다.

14 색종이를 자른 조각은 모두 △ 모양으로 5개입니다.

15 뾰족한 부분이 있는 모양은 ■, △ 모양이고, 뾰족한 부분이 없는 모양은 ● 모양입니다.
■ 모양 2개, △ 모양 6개, ● 모양 1개로 꾸민 모양입니다.
따라서 뾰족한 부분이 있는 모양은 $2+6=8$(개), 뾰족한 부분이 없는 모양은 1개입니다.

16 주어진 모양: ■ 모양 3개, △ 모양 2개, ● 모양 1개
가: ■ 모양 2개, △ 모양 2개, ● 모양 1개
나: ■ 모양 3개, △ 모양 2개, ● 모양 1개

17 민호는 7시에 일어났고 은주는 7시 30분에 일어났습니다. 7시에서 30분이 지나면 7시 30분이므로 더 일찍 일어난 사람은 민호입니다.

18 긴바늘이 6을 가리키면 몇 시 30분입니다. 몇 시 30분 중에서 4시보다 늦고 5시보다 빠른 시각은 4시 30분입니다.

19 (예) 짧은바늘이 2와 3 사이에 있으면 2를 시로 읽어야 하는데 3을 시로 읽어서 잘못 읽었습니다.

평가 기준	배점(5점)
시각을 잘못 읽은 까닭을 썼나요?	2점
시각을 바르게 읽었나요?	3점

20 (예) 주어진 모양을 꾸미려면 ■ 모양 5개, △ 모양 1개, ● 모양 5개가 필요합니다.
따라서 ● 모양이 $5-3=2$(개) 더 필요합니다.

평가 기준	배점(5점)
주어진 모양을 꾸미는 데 필요한 ■, △, ● 모양은 몇 개인지 각각 구했나요?	3점
어떤 모양이 몇 개 더 필요한지 구했나요?	2점

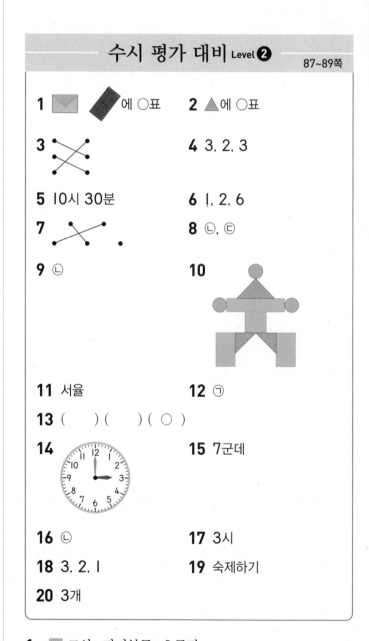

수시 평가 대비 Level ❷

87~89쪽

1 [편지봉투], [초콜릿]에 ○표 **2** △에 ○표

3 [선 연결]

4 3, 2, 3

5 10시 30분 **6** 1, 2, 6

7 [선 연결] **8** ⓒ, ⓒ

9 ⓒ **10** [사람 모양]

11 서율 **12** ㉠

13 (　)(　)(○)

14 [시계: 9시] **15** 7군데

16 ⓒ **17** 3시

18 3, 2, 1 **19** 숙제하기

20 3개

1 ■ 모양: 편지봉투, 초콜릿
△ 모양: 교통표지판
● 모양: 접시, 과자

2 삼각김밥, 삼각자, 쿠키는 모두 ▲ 모양입니다.

3 샌드위치: ▲ 모양
텔레비전: ■ 모양
동전: ● 모양

4 단추의 크기나 색깔은 생각하지 않고 같은 모양을 찾아봅니다.

5 짧은바늘이 10과 11 사이, 긴바늘이 6을 가리키므로 10시 30분입니다.

7 • 짧은바늘이 7, 긴바늘이 12를 가리키므로 7시입니다.
• 짧은바늘이 4와 5 사이, 긴바늘이 6을 가리키므로 4시 30분입니다.

8 긴바늘이 6을 가리키면 몇 시 30분입니다.

9 ㉠, ㉢: ■ 모양
㉡: ● 모양

11 서율: 연은 ■ 모양과 ● 모양으로 꾸몄습니다.

12 ㉡ ■ 모양과 ▲ 모양을 이용하여 꾸민 모양입니다.

13 긴바늘이 12를 가리킬 때 짧은바늘은 숫자를 정확히 가리킵니다. 또 긴바늘이 6을 가리킬 때 짧은바늘은 숫자와 숫자 사이를 가리킵니다.

14 3시는 짧은바늘이 3, 긴바늘이 12를 가리키도록 그립니다.

15 뾰족한 부분이 ■ 모양은 4군데, ▲ 모양은 3군데이고, ● 모양은 없습니다.
➡ 4+0+3=7(군데)

16 ▲ 모양을 ㉠은 5개, ㉡은 6개를 이용하여 꾸몄습니다.

17 시계의 긴바늘이 한 바퀴 움직이면 짧은바늘은 숫자 눈금 한 칸을 움직입니다. 짧은바늘이 숫자 눈금 한 칸을 움직인 시각이 4시이므로 숙제를 시작한 시각은 짧은바늘이 숫자 눈금 한 칸을 움직이기 전인 3시입니다.

18

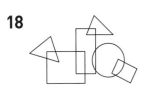

19 예 연호는 12시 30분에 점심 식사, 6시에 숙제, 8시에 운동을 했습니다.
따라서 연호가 6시에 한 일은 숙제하기입니다.

평가 기준	배점(5점)
연호가 각각의 시각에 한 일을 알았나요?	3점
연호가 6시에 한 일은 무엇인지 구했나요?	2점

20 예 ■ 모양 5개, ▲ 모양 2개, ● 모양 3개를 이용하여 꾸민 모양입니다. 따라서 가장 많이 이용한 모양과 가장 적게 이용한 모양 수의 차는 5-2=3(개)입니다.

평가 기준	배점(5점)
주어진 모양을 꾸미는 데 이용한 모양 수를 각각 구했나요?	2점
가장 많이 이용한 모양과 가장 적게 이용한 모양 수의 차는 몇 개인지 구했나요?	3점

💡 사고력이 반짝
90쪽

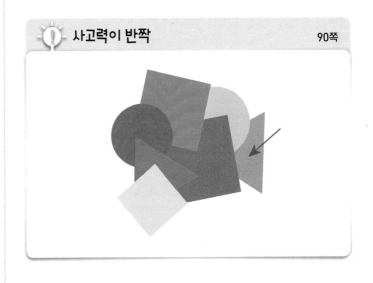

4 덧셈과 뺄셈 (2)

덧셈과 뺄셈에서 가장 중요한 받아올림과 받아내림을 학습합니다. (몇)+(몇)=(십몇)의 덧셈과 (십몇)-(몇)=(몇)의 뺄셈은 더 큰 수의 덧셈과 뺄셈의 형식화에 기초가 되며, 이러한 덧셈과 뺄셈은 동수누가나 동수누감과 같은 상황에서 곱셈과 나눗셈으로 확장하게 됩니다. 따라서 첨가, 합병, 제거, 비교 등의 다양한 상황 속에서 덧셈과 뺄셈에 관련된 정보를 찾아 적절한 연산을 선택하고, 수의 분해와 합성, 수 계열이나 수 관계, 교환법칙을 이용한 방법 등 여러 가지 전략으로 문제를 해결할 수 있도록 합니다.

STEP 1 교과개념 1. 덧셈 알아보기 93쪽

1 11, 12 / 12, 12

2 (예) 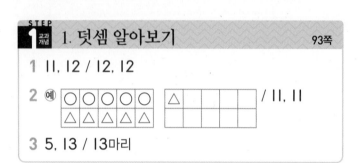 / 11, 11

3 5, 13 / 13마리

1 9개하고 3개 더 있으므로 9하고 10, 11, 12입니다.

2 △ 5개를 그려 10을 만들고 남은 1개를 더 그려 11개가 되었습니다. 따라서 인형은 모두 11개입니다.

3 양 8마리에 5마리가 더 온다면 8하고 9, 10, 11, 12, 13입니다. 따라서 양은 모두 13마리입니다.

STEP 1 교과개념 2. 덧셈하기 95쪽

1 (왼쪽에서부터) ① 1, 15 ② 2, 12

2 ① 10, 11 ② 10, 14

3 (왼쪽에서부터) 3, 16 / 1, 16 / 2, 4, 16

1 ① 9와 더해서 10이 되는 수는 1이므로 6을 1과 5로 가르기합니다. 9와 1을 먼저 더해 10을 만들고 남은 5를 더하면 15입니다.

  ② 8과 더해서 10이 되는 수는 2이므로 4를 2와 2로 가르기합니다. 2와 8을 먼저 더해 10을 만들고 남은 2를 더하면 12입니다.

3 앞의 수를 10으로 만들기 위해 뒤의 수를 가르기하거나 뒤의 수를 10으로 만들기 위해 앞의 수를 가르기하여 계산합니다. 또는 5와 5를 더하여 10을 만듭니다.

STEP 1 교과개념 3. 여러 가지 덧셈하기 97쪽

1 ① 11, 12, 13, 14 ② 14, 13, 12, 11

2 ① 12, 8 ② 9

3

1 ① 같은 수에 1씩 커지는 수를 더하면 합도 1씩 커집니다.
  ② 1씩 작아지는 수에 같은 수를 더하면 합도 1씩 작아집니다.

2 ① 두 수를 서로 바꾸어 더해도 합은 같습니다.
  ② 더하는 수가 같고 합이 1만큼 더 커졌으므로 더해지는 수는 8보다 1만큼 더 큰 수인 9입니다.

3 4+7=11, 5+6=11, 5+7=12, 5+8=13, 6+5=11, 6+6=12, 6+7=13, 6+8=14, 6+9=15, 7+6=13, 7+7=14, 7+8=15, 8+7=15
  ➡ ╱ 방향으로 합이 같습니다.

STEP 1 교과개념 4. 뺄셈 알아보기 99쪽

1 7, 8 / 7, 7

2 (예) 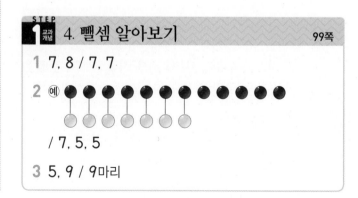 / 7, 5, 5

3 5, 9 / 9마리

5. 뺄셈하기 101쪽

1 (왼쪽에서부터) ① 3, 9 ② 5, 8

2 ① 10, 6 ② 1, 5

3 (왼쪽에서부터) 3, 7 / 1, 7

---

1 ① 4를 3과 1로 가르기하여 13에서 3을 빼고 남은 10에서 1을 빼면 9가 됩니다.
  ② 15를 10과 5로 가르기하여 10에서 7을 빼고 남은 3과 5를 더하면 8이 됩니다.

3 빼서 10이 되도록 뒤의 수를 가르기하거나 10에서 뺄 수 있도록 앞의 수를 가르기합니다.

---

6. 여러 가지 뺄셈하기 103쪽

1 ① 6, 5, 4, 3 ② 6, 7, 8, 9

2 ① 8, 8, 8, 8 ② 6, 5 ③ 8, 7

3

		12−7		
	13−6	13−7	13−8	
14−5	14−6	14−7	14−8	14−9
	15−6	15−7	15−8	
		16−7		

1 ① 같은 수에서 1씩 커지는 수를 빼면 차는 1씩 작아집니다.
  ② 1씩 커지는 수에서 같은 수를 빼면 차도 1씩 커집니다.

2 ① 1씩 커지는 수에서 1씩 커지는 수를 빼면 차는 같습니다.
  ② 13−8은 13−7보다 하나 더 빼는 것이므로 5입니다.
  ③ 12−5는 12−4보다 하나 더 빼는 것이므로 7입니다.

3 12−7=5, 13−6=7, 13−7=6, 13−8=5, 14−5=9, 14−6=8, 14−7=7, 14−8=6, 14−9=5, 15−6=9, 15−7=8, 15−8=7, 16−7=9
  ➡ ↘ 방향으로 차가 같습니다.

꼭 나오는 유형 104~108쪽

1 16, 16

2 11, 11

3 4, 12 / 12마리

4 13 / ⚃ , 4, 13

5 (왼쪽에서부터) (1) 3, 11 (2) 1, 14

6 (1) 15 (2) 12

7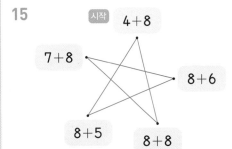

8 예 6, 13

9 14송이

10 예 5, 7, 12 / 7, 9, 16

11 예 자동차에 ○표, 집에 ○표 / 5, 8, 13

12 (1) 11, 12, 13 (2) 14, 13, 12

13 (1) 13, 13 (2) 15, 15

14 (1) = (2) <

15

시작	4+8

7+8   8+6
8+5   8+8

16

9+5	8+5	7+5	6+5
9+6	8+6	7+6	6+6
9+7	8+7	7+7	6+7
9+8	8+8	7+8	6+8

17

5+7	7+7	5+8
6+7	8+6	6+6
5+9	8+4	9+4

18 예 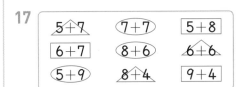 / 8

19 5, 5

20 12, 8, 4 / 4개

21 (왼쪽에서부터) (1) 2, 7 (2) 6, 8

22 4

23

24 8

25 예 15, 6

26 16−9=7, 7개

27 13−7=6, 6조각

28 예 14, 7, 7 / 17, 8, 9

29 수정

30 (1) 7, 6, 5, 4 (2) 7, 7, 7, 7

31 5 / 8, 7, 6

32 (1) > (2) =

33 12, 8, 4 / 12, 4, 8

34

⟨14−9⟩	13⌒7	[13−4]
12⌒6	[15−6]	⟨12−7⟩
⟨13−8⟩	11⌒5	[14−5]

1 9에서 7만큼 이어 세면 10, 11, 12, 13, 14, 15, 16 입니다.

2 페트병 6개에 5개를 더하면 모두 11개입니다.

4 $7+6=13$이므로 9와 더해서 13이 되려면 점 4개를 그려야 합니다. 이를 덧셈식으로 나타내면 $9+4=13$입니다.

5 (1) 7과 더해서 10이 되는 수는 3이므로 4를 3과 1로 가르기합니다. 7과 3을 먼저 더해 10을 만들고 남은 1을 더하면 11입니다.

(2) 9와 더해서 10이 되는 수는 1이므로 5를 4와 1로 가르기합니다. 1과 9를 먼저 더해 10을 만들고 남은 4를 더하면 14입니다.

6 (1) $7+8=7+3+5=10+5=15$
(2) $6+6=6+4+2=10+2=12$

7 $8+4=8+2+2$ $6+7=3+3+7$
$\underset{2\ \ 2}{\wedge}$ $\underset{3\ \ 3}{\wedge}$

$9+8=9+1+7$
$\underset{1\ \ 7}{\wedge}$

😊 내가 만드는 문제
8 예 $7+6=13$이므로 딸기는 모두 13개가 되었습니다.

서술형
9 예 (화단에 피어 있는 꽃의 수)
$=$(장미 수)$+$(튤립 수)
$=6+8=14$(송이)

평가 기준	배점(5점)
꽃은 모두 몇 송이인지 구하는 식을 세웠나요?	3점
꽃은 모두 몇 송이인지 구했나요?	2점

10 $7+4=11$, $3+9=12$, $6+9=15$, $7+8=15$도 만들 수 있습니다.

12 (1) 같은 수에 1씩 커지는 수를 더하면 합도 1씩 커집니다.

(2) 1씩 작아지는 수에 같은 수를 더하면 합도 1씩 작아집니다.

13 두 수를 서로 바꾸어 더해도 합은 같습니다.

14 (1) 두 수를 서로 바꾸어 더해도 합은 같습니다.
➡ $4+8=8+4$

(2) $6+7$은 $5+7$보다 더해지는 수가 1만큼 더 크므로 합은 1만큼 더 큽니다.
➡ $5+7<6+7$

15 $4+8=12$, $8+5=13$, $8+6=14$, $7+8=15$, $8+8=16$

16 1씩 작아지는 수에 1씩 커지는 수를 더하면 합은 같습니다.
➡ $9+5=14$, $8+6=14$,
$7+7=14$, $6+8=14$

17 $6+8=14$이므로 합이 $7+7$, $8+6$, $5+9$와 같습니다.
$3+9=12$이므로 합이 $5+7$, $6+6$, $8+4$와 같습니다.
$7+6=13$이므로 합이 $5+8$, $6+7$, $9+4$와 같습니다.

18 14에서 4를 빼고 남은 10에서 2를 빼면 8이 됩니다.

21 (1) 5를 2와 3으로 가르기하여 12에서 2를 빼고 남은 10에서 3을 빼면 7이 됩니다.

(2) 16을 10과 6으로 가르기하여 10에서 8을 빼고 남은 2와 6을 더하면 8이 됩니다.

22 $11-7=11-1-6=10-6=4$

23 $13-8=5$, $14-5=9$

서술형
24 예 가장 큰 수는 15, 가장 작은 수는 7입니다.
따라서 가장 큰 수와 가장 작은 수의 차는 $15-7=8$ 입니다.

평가 기준	배점(5점)
가장 큰 수와 가장 작은 수를 찾았나요?	2점
가장 큰 수와 가장 작은 수의 차를 구했나요?	3점

26 (더 필요한 꽃병의 수)
= (전체 꽃의 수) − (꽃병의 수)
= $16-9=7$(개)

27 (남은 케이크 조각 수)
= (전체 케이크 조각 수) − (먹은 케이크 조각 수)
= $13-7=6$(조각)

28 $12-7=5$, $14-6=8$, $11-4=7$, $11-6=5$도 만들 수 있습니다.

29 연우: $14-7=7$, 수정: $15-6=9$
따라서 수정이가 고른 카드의 수의 차가 더 크므로 이긴 사람은 수정입니다.

30 (1) 같은 수에서 1씩 커지는 수를 빼면 차는 1씩 작아집니다.
(2) 1씩 커지는 수에서 1씩 커지는 수를 빼면 차는 같습니다.

31 1씩 커지는 수에서 1씩 커지는 수를 빼면 차는 같습니다.

32 (1) 17이 16보다 크므로 $17-9$도 $16-9$보다 큽니다.
(2)
$$16-7=9$$
$$+1\downarrow \quad \downarrow+1$$
$$17-8=9$$
빼지는 수와 빼는 수가 각각 1씩 커졌으므로 차는 같습니다.

33 가장 큰 수인 12를 빼지는 수에 놓습니다.
➡ $12-8=4$, $12-4=8$

34 $11-6=5$이므로 차가 $14-9$, $12-7$, $13-8$과 같습니다.
$14-8=6$이므로 차가 $13-7$, $12-6$, $11-5$와 같습니다.
$12-3=9$이므로 차가 $13-4$, $15-6$, $14-5$와 같습니다.

STEP 3 자주 틀리는 유형　　109~111쪽

1 (1) 3, 10, 12　(2) 1, 10, 15
2 (위에서부터) 11, 10　　**3** 3 / 14

4 상욱　　　　　**5** 예진
6 예 $14-6=10-2=8$
　　　 ∧
　　　4 2
7 14, 8, 6 / 14, 6, 8　**8** 16, 9, 7 / 16, 7, 9
9 12, 7, 5 / 12, 5, 7　**10** 주은
11 15자루　　　**12** 지호
13 17　　　　　**14** 11
15 9, 6　　　　**16** 5
17 7, 8　　　　**18** 6
19 8

1 (1) 7과 더해서 10이 되는 수는 3이므로 5를 3과 2로 가르기합니다.
(2) 9와 더해서 10이 되는 수는 1이므로 6을 5와 1로 가르기합니다.

2 3을 2와 1로 가르기하여 차례로 더합니다.

3 7을 3과 4로 가르기하여 7에 3을 더해서 10을 만들고 남은 4를 더합니다.

4 지우: $16-9=16-6-3=10-3=7$
　　　　　　　　 ∧
　　　　　　　6 3

5 현수: $12-5=10-5+2=5+2=7$
　　　　　∧
　　　 10 2

7 $14>9>8>6$이므로 큰 수에서 작은 수를 빼는 뺄셈식을 만들면 $14-9=5$, $14-8=6$, $14-6=8$, $9-8=1$, $9-6=3$, $8-6=2$입니다.
이 중에서 결과가 수 카드의 수인 것을 찾으면 $14-8=6$, $14-6=8$입니다.

8 $16>9>8>7$이므로 큰 수에서 작은 수를 빼는 뺄셈식을 만들면 $16-9=7$, $16-8=8$, $16-7=9$, $9-8=1$, $9-7=2$, $8-7=1$입니다.
이 중에서 결과가 수 카드의 수인 것을 찾으면 $16-9=7$, $16-7=9$입니다.

9 $12>7>6>5$이므로 큰 수에서 작은 수를 빼는 뺄셈식을 만들면 $12-7=5$, $12-6=6$, $12-5=7$, $7-6=1$, $7-5=2$, $6-5=1$입니다.
이 중에서 결과가 수 카드의 수인 것을 찾으면 $12-7=5$, $12-5=7$입니다.

10 (주은이에게 남은 초콜릿 수)=15−6=9(개)
(현수에게 남은 초콜릿 수)=17−9=8(개)
따라서 9>8이므로 초콜릿이 더 많이 남은 사람은 주은입니다.

11 (혜나에게 남은 연필 수)=16−8=8(자루)
(승호에게 남은 연필 수)=14−7=7(자루)
따라서 혜나와 승호에게 남은 연필은 모두
8+7=15(자루)입니다.

12 수진이가 지호에게 5개를 주었으므로 지호는
9+5=14(개), 수진이는 13−5=8(개) 가지고 있습니다.
태민이가 수진이에게 4개를 주었으므로 수진이는
8+4=12(개), 태민이는 15−4=11(개) 가지고 있습니다.
따라서 14>12>11이므로 구슬을 가장 많이 가지고 있는 사람은 지호입니다.

13 합이 가장 크려면 상자에서 각각 가장 큰 수를 꺼내야 합니다.
따라서 왼쪽에서 8, 오른쪽에서 9를 꺼내면 합은
8+9=17입니다.

14 합이 가장 작으려면 상자에서 각각 가장 작은 수를 꺼내야 합니다.
따라서 왼쪽에서 7, 오른쪽에서 4를 꺼내면 합은
7+4=11입니다.

15 차가 가장 크려면 빨간색 카드 중 더 큰 16에서 파란색 카드 중 더 작은 7을 빼야 하므로 16−7=9입니다.
차가 가장 작으려면 빨간색 카드 중 더 작은 14에서 파란색 카드 중 더 큰 8을 빼야 하므로 14−8=6입니다.

16 10+3=13에서 1씩 작아지는 수에 1씩 커지는 수를 더하면 합이 같으므로 9+4=13, 8+5=13, ...입니다.

17 10−6=4에서 1씩 커지는 수에서 1씩 커지는 수를 빼면 차가 같으므로 11−7=4, 12−8=4, ...입니다.

18 앞의 수가 6에서 9로 3만큼 커졌으므로 뒤의 수는 □에서 3으로 3만큼 작아진 것입니다.
따라서 □는 3보다 3만큼 더 큰 수인 6입니다.

19 앞의 수가 16에서 14로 2만큼 작아졌으므로 뒤의 수는 □에서 6으로 2만큼 작아진 것입니다.
따라서 □는 6보다 2만큼 더 큰 수인 8입니다.

STEP 4 최상위 도전 유형 112~113쪽

1 ( )(○) **2** (○)( )
3 ㉢, ㉠, ㉡ **4** 14
5 13 **6** 8
7 8, 9 **8** 4개
9 4, 5, 6 **10** 6살
11 5켤레 **12** 15장

1 4+□=12에서 4+8=12이므로 □=8입니다.
16−□=7에서 16−9=7이므로 □=9입니다.
따라서 □ 안에 알맞은 수가 더 큰 것은
16−□=7입니다.

2 □+6=13에서 7+6=13이므로 □=7입니다.
17−□=9에서 17−8=9이므로 □=8입니다.
따라서 □ 안에 알맞은 수가 더 작은 것은
□+6=13입니다.

3 ㉠ 7+□=14에서 7+7=14이므로 □=7입니다.
㉡ 14−□=8에서 14−6=8이므로 □=6입니다.
㉢ □−5=6에서 11−5=6이므로 □=11입니다.
따라서 □ 안에 알맞은 수가 큰 것부터 차례로 기호를 쓰면 ㉢, ㉠, ㉡입니다.

4 ■+7=12에서 5+7=12이므로 ■=5입니다.
▲−■=9에서 ■=5이므로 ▲−5=9입니다.
▲−5=9에서 14−5=9이므로 ▲=14입니다.

5 5+◆=11에서 5+6=11이므로 ◆=6입니다.
♥−◆=7에서 ◆=6이므로 ♥−6=7입니다.
♥−6=7에서 13−6=7이므로 ♥=13입니다.

6 같은 수를 두 번 더하여 14가 되는 수는 7이므로
●=7입니다. ➡ 7+7=14
★+●=15에서 ●=7이므로 ★+7=15입니다.
★+7=15에서 8+7=15이므로 ★=8입니다.

7 $9+4=13$이므로 $6+\square>13$입니다.
$6+\square=13$이라고 하면 $\square=7$이므로 $6+\square$가 13보다 크려면 $\square$ 안에는 7보다 큰 수가 들어가야 합니다.
따라서 $\square$ 안에 들어갈 수 있는 수는 8, 9입니다.

8 $14-7=7$이므로 $12-\square<7$입니다.
$12-\square=7$이라고 하면 $\square=5$이므로 $12-\square$가 7보다 작으려면 $\square$ 안에는 5보다 큰 수가 들어가야 합니다.
따라서 $\square$ 안에 들어갈 수 있는 수는 6, 7, 8, 9로 모두 4개입니다.

9 ・$8+6=14$이므로 $14>\square+7$입니다.
$14=\square+7$이라고 하면 $\square=7$이므로 $\square+7$이 14보다 작으려면 $\square$ 안에는 7보다 작은 수가 들어가야 합니다.
・$11-8=3$이므로 $\square>3$입니다.
따라서 $\square$ 안에 공통으로 들어갈 수 있는 수는 3보다 크고 7보다 작은 수이므로 4, 5, 6입니다.

10 (언니의 나이)=(유미의 나이)$+3=8+3=11$(살)
(동생의 나이)=(언니의 나이)$-5=11-5=6$(살)

11 (구두의 수)=(운동화의 수)$+4=7+4=11$(켤레)
(슬리퍼의 수)=(구두의 수)$-6=11-6=5$(켤레)

12 (파란색 색종이 수)=(빨간색 색종이 수)-7
$\qquad\qquad\qquad\quad=13-7=6$(장)
(노란색 색종이 수)=(파란색 색종이 수)$+3$
$\qquad\qquad\qquad\quad=6+3=9$(장)
따라서 파란색 색종이와 노란색 색종이는 모두 $6+9=15$(장)입니다.

수시 평가 대비 Level ❶ 114~116쪽

1 14　　　　**2** 5, 6 / 로봇에 ○표, 6

3 (왼쪽에서부터) 3, 13　　**4** (왼쪽에서부터) 10, 5

5 (1) 11　(2) 15　　**6** (1) 6　(2) 9

7 15　　　　**8**

9 18, 17, 16, 15　　**10** 6, 6, 6, 6

11 ㉢, ㉣　　**12** $>$

13 5　　**14** 12명

15 7권　　**16** $11-4=7$, 7권

17 (1) 6, 7, 13(또는 7, 6, 13)
　　(2) 9, 8, 17(또는 8, 9, 17)

18 6　　　　**19** ㉢

20 14개

1 앞의 수를 10으로 만들기 위해 뒤의 수를 가르기하여 계산하면 $9+5=9+1+4=10+4=14$입니다.

3 7과 더해서 10이 되는 수는 3이므로 6을 3과 3으로 가르기하여 계산합니다.
$6+7=3+10=13$

4 10에서 8을 빼기 위해 13을 10과 3으로 가르기하여 계산합니다.
$13-8=2+3=5$

5 (1) $7+4=7+3+1=10+1=11$
　(2) $6+9=5+1+9=5+10=15$

6 (1) $11-5=11-1-4=10-4=6$
　(2) $16-7=16-6-1=10-1=9$

7 $7+8=15$

8 $13-5=8$, $13-9=4$

9 같은 수에 1씩 작아지는 수를 더하면 합도 1씩 작아집니다.

10 1씩 커지는 수에서 1씩 커지는 수를 빼면 차는 항상 같습니다.

11 ㉠ $5+8=13$　㉡ $6+9=15$
　㉢ $7+7=14$　㉣ $8+6=14$

12 17−9는 17−8보다 하나 더 뺀 것이므로 17−8이 17−9보다 더 큽니다.

13 6+8=14이므로 9+□=14입니다.
9+5=14이므로 □=5입니다.

14 (주현이네 반 여학생 수)=9+3=12(명)

15 (동화책 수)−(위인전 수)=15−8=7(권)

17 (1) 합이 가장 작은 덧셈식은 가장 작은 수 6과 둘째로 작은 수 7을 더합니다.
➡ 6+7=13 또는 7+6=13
(2) 합이 가장 큰 덧셈식은 가장 큰 수 9와 둘째로 큰 수 8을 더합니다.
➡ 9+8=17 또는 8+9=17

18 14−□=9이고 14−5=9이므로 상자 안의 □는 5입니다.
따라서 상자에 11을 넣으면 11−5=6이 나옵니다.

서술형
19 예 ㉠ 9+5=14 ㉡ 7+6=13 ㉢ 8+7=15
따라서 15>14>13이므로 계산 결과가 가장 큰 것은 ㉢입니다.

평가 기준	배점(5점)
㉠, ㉡, ㉢을 각각 계산했나요?	3점
계산 결과가 가장 큰 것을 찾아 기호를 썼나요?	2점

서술형
20 예 (현서가 가지고 있는 구슬 수)=12−4=8(개)
(정우가 가지고 있는 구슬 수)=8+6=14(개)

평가 기준	배점(5점)
현서가 가지고 있는 구슬 수를 구했나요?	2점
정우가 가지고 있는 구슬 수를 구했나요?	3점

수시 평가 대비 Level ❷
117~119쪽

1 (왼쪽에서부터) 4, 7 / 4, 7

2 (1) 3, 10, 12 (2) 1, 10, 13

3

4 (○)(   )(○)(   )

---

5 9, 8, 7, 6

6 13, 13

7 (1) = (2) >

8 12, 4

9 12, 15, 11

10 15, 8, 7 / 15, 7, 8

11 6+8=14, 14개

12 12−8=4, 4개

13 준서

14 ㉢, ㉠, ㉡

15 5장

16 9, 10, 11

17 8

18 3개

19 13장

20 9

1 빼서 10이 되도록 뒤의 수를 가르기하거나 10에서 뺄 수 있도록 앞의 수를 가르기합니다.

2 (1) 7과 더해서 10이 되는 수는 3이므로 5를 3과 2로 가르기합니다.
(2) 9와 더해서 10이 되는 수는 1이므로 4를 3과 1로 가르기합니다.

3 11−4=11−1−3=10−3=7
12−6=12−2−4=10−4=6
17−9=17−7−2=10−2=8

4 7+9=16, 8+7=15, 8+8=16, 9+9=18

5 같은 수에서 1씩 커지는 수를 빼면 차는 1씩 작아집니다.

6 두 수를 서로 바꾸어 더해도 합은 같습니다.

7 (1) 두 수를 서로 바꾸어 더해도 합은 같습니다.
➡ 3+9=9+3
(2) 4+8은 4+7보다 더하는 수가 1만큼 더 크므로 합도 1만큼 더 큽니다.
➡ 4+8>4+7

8 5+7=12, 12−8=4

9 □: 5+7=12, △: 6+9=15, ○: 8+3=11

10 15>9>8>7이므로 큰 수에서 작은 수를 빼는 뺄셈식을 만들면 15−9=6, 15−8=7, 15−7=8, 9−8=1, 9−7=2, 8−7=1입니다.
이 중에서 결과가 수 카드의 수인 것을 찾으면 15−8=7, 15−7=8입니다.

11 (봉지에 들어 있는 과일 수)
$$=(\text{사과 수})+(\text{배 수})$$
$$=6+8=14(\text{개})$$

12 (들어가지 않은 화살 수)
$$=(\text{전체 화살 수})-(\text{들어간 화살 수})$$
$$=12-8=4(\text{개})$$

13 설아: $15-8=15-5-3=10-3=7$
$$\qquad\qquad\overset{\frown}{5\ \ 3}$$

14 빼지는 수가 13으로 같으므로 빼는 수가 작을수록 계산 결과가 큽니다.
따라서 빼는 수를 비교하면 $4<5<8$이므로
ⓒ>㉠>ⓛ입니다.

15 서아가 사용하고 남은 색종이는 $16-9=7$(장)입니다.
$12-5=7$이므로 은호가 사용한 색종이는 5장입니다.

16 $14-6=8$이므로 ㉠$=8$이고, $5+7=12$이므로
ⓛ$=12$입니다.
따라서 8과 12 사이에 있는 수는 9, 10, 11입니다.

17 $14-■=9$에서 $14-5=9$이므로 $■=5$입니다.
$■+●=13$에서 $■=5$이므로 $5+●=13$입니다.
$5+●=13$에서 $5+8=13$이므로 $●=8$입니다.

18 $7+7=14$이므로 $8+□>14$입니다.
$8+□=14$라고 하면 $□=6$이므로 $8+□$가 14보다 크려면 □ 안에는 6보다 큰 수가 들어가야 합니다.
따라서 □ 안에 들어갈 수 있는 수는 7, 8, 9로 모두 3개입니다.

서술형
19 예 (준서가 모은 붙임딱지 수)$=16-8=8$(장)
(민정이가 모은 붙임딱지 수)$=8+5=13$(장)

평가 기준	배점(5점)
준서가 모은 붙임딱지의 수를 구했나요?	2점
민정이가 모은 붙임딱지의 수를 구했나요?	3점

서술형
20 예 지우: $6+7=13$
큰 수부터 5와 더하면 $5+9=14$, $5+8=13$,
$5+4=9$, $5+3=8$이고 합이 13보다 커야 하므로
유미는 9를 꺼내야 합니다.

평가 기준	배점(5점)
지우가 꺼낸 공에 적힌 두 수의 합을 구했나요?	2점
유미가 꺼내야 하는 공의 수를 구했나요?	3점

120쪽

사고력이 반짝

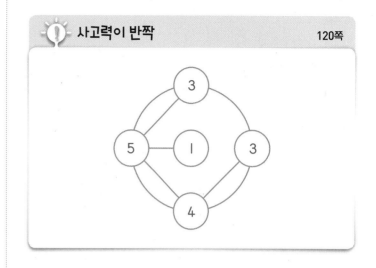

5 규칙 찾기

물체, 모양, 수 배열에서 규칙을 찾아 여러 가지 방법으로 표현해 보는 학습을 합니다. 또 자신의 규칙을 창의적으로 만들어 보고 다른 사람과 서로 만든 규칙에 대해 이야기할 수 있습니다. 규칙 찾기는 미래를 예상하고 추측하는 데 매우 중요한 역할을 하며, 중고등 과정에서 함수 개념의 기초가 되는 학습입니다. 따라서 규칙을 찾아 적용해 보고, 예측하는 활동을 해 봄으로써 일대일대응 및 함수 학습의 기초 개념을 다질 수 있도록 합니다.

STEP 1 교과개념 1. 규칙 찾기   123쪽

1 ① ◆ ■ ◆ ■ ◆ ■ ◆ ■ ◆ ■
  ② ♥ ● ★ ♥ ● ★ ♥ ● ★ ♥ ● ★

2 ↓

3 수박, 포도, 포도

4 예 의자가 긴 것, 짧은 것이 반복됩니다.
  예 화단의 꽃이 노란색, 빨간색, 빨간색이 반복됩니다.

1 처음에 나왔던 모양이 다시 나오는 곳을 찾아봅니다.

2 ↑와 ↓가 반복되므로 ↑ 다음에 나올 모양은 ↓입니다.

STEP 1 교과개념 2. 규칙 만들기   125쪽

1 예 ● ○ ● ○ ● ○ ● ○

2 예 (양말 8개)

3 (색칠 무늬)

4 ♥ ● ● ♥ ● ● ♥ ● ●
  ● ♥ ● ● ♥ ● ● ♥ ●

1 검은색 바둑돌과 흰색 바둑돌이 반복되게 만든 규칙이면 정답으로 인정합니다.

2 규칙이 있고 이에 따라 색칠했으면 정답으로 인정합니다.

3 첫째 줄은 파란색, 노란색이 반복됩니다.
  둘째 줄은 노란색, 파란색이 반복됩니다.

4 첫째 줄은 ♥, ●, ●가 반복됩니다.
  둘째 줄은 ●, ♥, ●가 반복됩니다.

STEP 1 교과개념 3. 수 배열과 수 배열표에서 규칙 찾기   127쪽

1 ① 4, 8, 8   ② 3
2 ① 1, 6   ② 6, 2
3 ① 1   ② 10   ③ 96, 97, 98, 99, 100

2 ① 1, 6이 반복됩니다.
  ② 22부터 시작하여 4씩 작아집니다.

STEP 1 교과개념 4. 규칙을 여러 가지 방법으로 나타내기   129쪽

1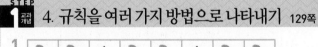
○ ○ △ ○ ○ △ ○ ○

2
1 2 1 1 2 1 1 2

3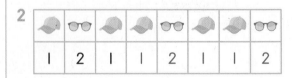
0 2 5 0 2 5 0 2 5

4

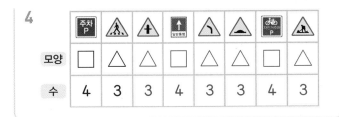

모양	□	△	△	□	△	△	□	△
수	4	3	3	4	3	3	4	3

1 다람쥐, 다람쥐, 도토리가 반복됩니다. 다람쥐를 ○, 도토리를 △로 나타내면 ○, ○, △가 반복됩니다.

2 모자, 안경, 모자가 반복됩니다. 모자를 1, 안경을 2로 나타내면 1, 2, 1이 반복됩니다.

3 바위, 가위, 보가 반복됩니다. 바위를 0, 가위를 2, 보를 5로 나타내면 0, 2, 5가 반복됩니다.

4 교통표지판 모양이 ■, ▲, ▲가 반복됩니다.
모양 ■를 □, ▲를 △로 나타내면 □, △, △가 반복됩니다.
수 ■를 4, ▲를 3으로 나타내면 4, 3, 3이 반복됩니다.

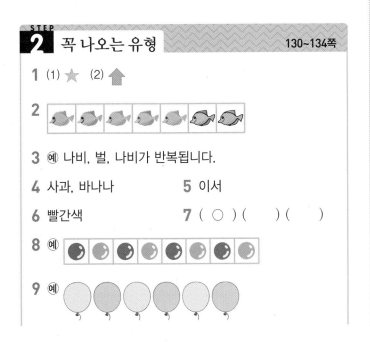

STEP 2 꼭 나오는 유형   130~134쪽

1 (1) ★   (2) ⬆

2

3 예 나비, 벌, 나비가 반복됩니다.

4 사과, 바나나   **5** 이서

6 빨간색   **7** (○)(   )(   )

8 예

9 예

10

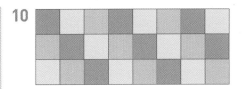

11 예

12 (1)

(2) 예

13 예

14 예

예 △ 모양 2개와 ○ 모양 1개가 반복됩니다.

15 (1) 4   (2) 21, 25

16 예 55부터 시작하여 10씩 작아집니다.

17 예

예 1부터 시작하여 5씩 커집니다.

18 35

19

23	30	37	44	51	58

20 7, 9

21 예 1부터 시작하여 ╱ 방향으로 1씩 커집니다.
╱ 예 → 방향으로 2씩 커집니다.

22 예 41부터 시작하여 → 방향으로 1씩 커집니다.

23 예 24부터 시작하여 ↓ 방향으로 10씩 커집니다.

24 56, 57, 58, 59, 60

25

71	72	73	74	75	76	77	78	79	80
81	82	83	84	85	86	87	88	89	90
91	92	93	94	95	96	97	98	99	100

예 71부터 시작하여 3씩 커집니다.

26 예 43부터 시작하여 ╲ 방향으로 9씩 커집니다.

27 예 48부터 시작하여 ╱ 방향으로 7씩 커집니다.

28. 70, 76

29

4	8	12	16
3	7	11	15
2	6	10	14
1	5	9	13

13	14	15	16
9	10	11	12
5	6	7	8
1	2	3	4

30

♥	★	★	♥	★	★
♡	○	○	♡	○	○

31

☘	☘	☘	☘	☘	☘
3	3	4	3	3	4

32

•	•••	•	•	•••	•	•
1	3	1	1	3	1	1

33

⬚	⊥	⬚	⊥	⬚	⊥
8	5	8	5	8	5

34 6

35

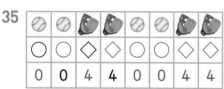

○	○	◇	◇	○	○	◇	◇
0	0	4	4	0	0	4	4

36 (예)

×	○	×	○	×	○
2	1	2	1	2	1

1 (1) ★과 ●가 반복되므로 ● 다음에 나올 모양은 ★
입니다.

　(2) ⬆, ⬆, ⬇가 반복되므로 ⬇ 다음에 나올 모양
은 ⬆입니다.

2 🐟와 🐟가 반복되므로 🐟 다음에는 🐟, 🐟
입니다.

4 사과, 바나나, 바나나가 반복됩니다.

5 선우: 개수가 1개, 2개, 2개씩 반복됩니다.

6 (예) 빨간색 불과 초록색 불이 반복됩니다. 따라서 초록
색 다음에 켜질 불은 빨간색입니다.

평가 기준	배점(5점)
신호등에서 규칙을 찾았나요?	2점
다음번에 켜질 불은 무슨 색인지 구했나요?	3점

7 ▲, ■, ●가 반복되는 규칙이므로 빈칸에 알맞은 그
림은 ■입니다. 따라서 ■와 모양이 같은 물건은 휴대
전화입니다.

8 분홍색 구슬과 하늘색 구슬이 반복되게 만든 규칙이면
정답으로 인정합니다.

9 규칙이 있고 이에 따라 색칠했으면 정답으로 인정합니다.

10 첫째 줄은 빨간색, 노란색, 초록색이 반복됩니다.
둘째 줄은 초록색, 빨간색, 노란색이 반복됩니다.
셋째 줄은 노란색, 초록색, 빨간색이 반복됩니다.

12 (2) 규칙이 있고 이에 따라 주사위 눈을 그렸으면 정답
으로 인정합니다.

15 (1) 2, 4가 반복됩니다.
　(2) 5부터 시작하여 4씩 커집니다.

😊 내가 만드는 문제
17 수가 반복되거나 또는 커지거나 작아지는 규칙을 만들
어 수를 써넣었으면 정답으로 인정합니다.

18 20부터 시작하여 3씩 커지는 수를 쓰면
20 − 23 − 26 − 29 − 32 − 35이므로 ㉠에 알맞은
수는 35입니다.

19 보기 의 규칙은 1부터 시작하여 7씩 커집니다. 따라서
23부터 시작하여 7씩 커지는 수를 쓰면
23 − 30 − 37 − 44 − 51 − 58입니다.

20 양쪽의 수를 더한 값을 가운데에 쓰는 규칙입니다.

21

평가 기준	배점(5점)
규칙을 한 가지 썼나요?	2점
다른 규칙을 한 가지 더 썼나요?	3점

28 43 − 52 − 61 − 70이므로 ★에 알맞은 수는 70
입니다.
48 − 55 − 62 − 69 − 76이므로 ♥에 알맞은 수는
76입니다.

29 왼쪽은 ↑ 방향으로 |씩 커지고, 오른쪽은 → 방향으로 |씩 커집니다.

30 하트 모양 과자와 동그라미 모양 과자가 반복됩니다. 하트 모양 과자를 ♡, 동그라미 모양 과자를 ◯로 나타내면 ♡, ◯, ◯가 반복됩니다.

31 세잎클로버, 세잎클로버, 네잎클로버가 반복되므로 세잎클로버를 3, 네잎클로버를 4로 나타내면 3, 3, 4가 반복됩니다.

32 주사위 눈의 수가 |개, 3개, |개가 반복되므로 눈의 수에 따라 |, 3, |으로 규칙을 나타냅니다.

서술형
34 예 단추 구멍이 4개, 2개, 4개가 반복됩니다. 단추 구멍 4개를 4, 단추 구멍 2개를 2로 나타내면 4, 2, 4가 반복되므로 ㉠=4, ㉡=2입니다.
따라서 ㉠, ㉡에 알맞은 수의 합은 4+2=6입니다.

평가 기준	배점(5점)
규칙에 따라 수로 나타낸 방법을 알고, ㉠, ㉡에 알맞은 수를 구했나요?	3점
㉠, ㉡에 알맞은 수의 합을 구했나요?	2점

35 야구공, 야구공, 글러브, 글러브가 반복됩니다. 야구공을 ◯, 글러브를 ◇로 나타내면 ◯, ◯, ◇, ◇가 반복되므로 야구공을 0, 글러브를 4로 나타내면 0, 0, 4, 4가 반복됩니다.

STEP 3 자주 틀리는 유형 135~137쪽

1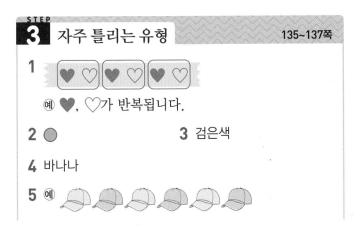
예 ♥, ♡가 반복됩니다.

2 ● (회색)

3 검은색

4 바나나

5 예 (모자 그림)

6 예

7 예

8 예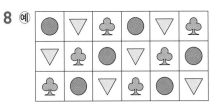

9 (1) 예 ◯, ◇, ◇가 반복됩니다.
(2) 예 빨간색, 노란색이 반복됩니다.
(3)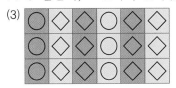

10 (1) 예 ♡, ☆이 반복됩니다.
(2) 예 빨간색, 노란색, 초록색이 반복됩니다.
(3)

11 (1) ㉡ (2) ㉠

12 25, 30 / 준서

13 예 20 — 22 — 24 — 26 — 28 — 30

14 |

15 예

100	99	98	97	96	95	94	93	92	91
90	89	88	87	86	85	84	83	82	81
80	79	78	77	76	75	74	73	72	71

/ 예 100부터 시작하여 2씩 작아집니다.

16 65

17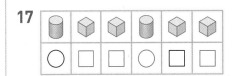

18

4	2	4	2	4	2

19

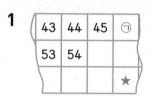					
ㄴ	ㅅ	ㄴ	ㄴ	ㅅ	ㄴ
2	7	2	2	7	2

2 ●, ■, ●가 반복됩니다.

3 검은색 바둑돌과 흰색 바둑돌이 반복됩니다. 따라서 여덟째에는 흰색 바둑돌, 아홉째에는 검은색 바둑돌이 놓입니다.

4 바나나, 사과, 바나나가 반복되는 규칙이므로 10째에 알맞은 과일은 바나나입니다.

5 두 가지 색이 반복되게 만든 규칙이면 정답으로 인정합니다.

7 세 가지 모양을 골라 규칙을 만들었으면 정답으로 인정합니다.

12 5, 10, 15, 20이므로 5부터 시작하여 5씩 커집니다.

13 20−22−20−22−20−22,
20−22−20−20−22−20
등 다양한 답이 나올 수 있습니다.

15 규칙을 정하여 규칙에 맞게 색칠하였으면 정답으로 인정합니다.

16 → 방향으로 1씩 커지고, ↓ 방향으로 5씩 커지는 규칙입니다. 따라서 ♥에 알맞은 수는 65입니다.

17 ▮, ▮, ▮이 반복됩니다.
▮을 ○, ▮을 □로 나타내면 ○, □, □가 반복됩니다.

18 고양이, 병아리가 반복됩니다.
고양이를 4, 병아리를 2로 나타내면 4, 2가 반복됩니다.

19 ☝, ✊, ☝가 반복됩니다.
☝를 ㄴ, ✊를 ㅅ으로 나타내면 ㄴ, ㅅ, ㄴ이 반복됩니다.
☝를 2, ✊를 7로 나타내면 2, 7, 2가 반복됩니다.

STEP 4 최상위 도전 유형 138~139쪽

1 66	**2** 68
3 40	**4** 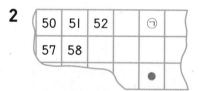
5	**6**
7 11개	**8** 5개
9 7개	**10** 1
11 21	**12** 8
13 56	

1

43	44	45	㉠
53	54		
			★

→ 방향으로 1씩 커지므로 ㉠은 45보다 1만큼 더 큰 수인 46입니다.
↓ 방향으로 10씩 커지므로 ㉠ 아래 칸의 수는 56이고, ★에 알맞은 수는 66입니다.

2

50	51	52		㉠
57	58			
			●	

→ 방향으로 1씩 커지므로 ㉠은 52보다 2만큼 더 큰 수인 54입니다.
↓ 방향으로 7씩 커지므로 ㉠ 아래 칸의 수는 61이고, ●에 알맞은 수는 68입니다.

3

㉠		24	25	26
			34	35
♣				

← 방향으로 1씩 작아지므로 ㉠은 24보다 2만큼 더 작은 수인 22입니다.
↓ 방향으로 9씩 커지므로 ㉠ 아래 칸의 수는 31이고, ♣에 알맞은 수는 40입니다.

4 시계 반대 방향으로 한 칸씩 돌면서 색칠하는 규칙입니다.

5 시계 방향으로 한 칸씩 돌면서 색칠하는 규칙입니다.

6 시계 방향으로 돌면서 한 칸씩 건너뛰며 색칠하는 규칙입니다.

7

무늬 일부분을 보고 규칙을 찾아보면 ●, ■, ★, ● 가 반복되는 규칙입니다.
따라서 규칙에 따라 무늬를 완성하면 ●는 모두 11개 입니다.

8

무늬 일부분을 보고 규칙을 찾아보면 ▲, ◆, ▲, ♥ 가 반복되는 규칙입니다.
따라서 규칙에 따라 무늬를 완성하면 ♥는 모두 5개입니다.

9

무늬 일부분을 보고 규칙을 찾아보면 ♠, ▶, ♠가 반복되는 규칙입니다.
따라서 규칙에 따라 무늬를 완성하면 ♠는 14개, ▶는 7개이므로 ♠는 ▶보다 14−7=7(개) 더 많습니다.

10 1, 5, 7이 반복됩니다. 따라서 1, 5, 7, 1, 5, 7, 1, 5, 7, 1이므로 10째에 놓이는 수는 1입니다.

11 3부터 시작하여 2씩 커집니다. 따라서 3, 5, 7, 9, 11, 13, 15, 17, 19, 21이므로 10째에 놓이는 수는 21입니다.

12 40부터 시작하여 4씩 작아집니다. 따라서 40, 36, 32, 28, 24, 20, 16, 12, 8이므로 아홉째에 놓이는 수는 8입니다.

13 1부터 시작하여 1, 2, 3, …씩 커집니다.
따라서 1, 2, 4, 7, 11, 16, 22, 29, 37, 46, 56 이므로 11째에 놓이는 수는 56입니다.

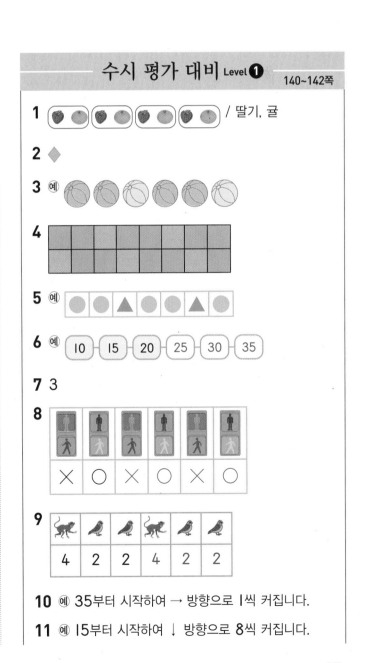

수시 평가 대비 Level ❶
140~142쪽

1 / 딸기, 귤

2 ◆

3 예

4

5 예

6 예 10 – 15 – 20 – 25 – 30 – 35

7 3

8 × ○ × ○ × ○

9 4 2 2 4 2 2

10 예 35부터 시작하여 → 방향으로 1씩 커집니다.

11 예 15부터 시작하여 ↓ 방향으로 8씩 커집니다.

12 48, 49, 50

13
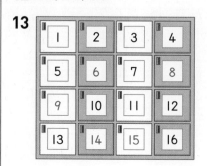

14 2

15

口	ㅌ	口	ㅌ	口	ㅌ
2	4	2	4	2	4
口	ㅌ	口	ㅌ	口	ㅌ

16 19, 25

17

60	61	62	63	64	65
66	67	68	69	70	71
72	73	74	75	76	77
78	79	80	81	82	83

/ 예 60부터 시작하여 4씩 커집니다.

18 74   **19** 흰색

20 23

---

2 ◆, ●, ◆가 반복됩니다.

3 규칙이 있고 이에 따라 색칠했으면 정답으로 인정합니다.

4 첫째 줄은 초록색, 초록색, 노란색이 반복됩니다.
둘째 줄은 노란색, 초록색, 초록색이 반복됩니다.

5 두 가지 모양을 골라 규칙을 만들었으면 정답으로 인정합니다.

6 10-15-20-10-15-20과 같이 반복되는 규칙을 만들 수도 있습니다.

7 3, 6, 8이 반복되므로 8 다음에 올 수는 3입니다.

8 신호등의 색이 빨간색, 초록색이 반복됩니다.
빨간색을 ×, 초록색을 ○로 나타내면 ×, ○가 반복됩니다.

9 원숭이, 참새, 참새가 반복됩니다.
원숭이를 4, 참새를 2로 나타내면 4, 2, 2가 반복됩니다.

13 → 방향으로 1씩 커집니다.

15 윷가락의 규칙을 수로 나타내면 2, 4가 반복됩니다.
윷가락의 규칙을 자음자로 나타내면 ㅁ, ㅌ이 반복됩니다.

16 12부터 3씩 커지는 규칙으로 수를 쓰면
12-15-18-21-24-27입니다.

18 보기 는 6부터 시작하여 6씩 커지는 규칙입니다.
50부터 시작하여 6씩 커지는 규칙으로 수를 쓰면
50-56-62-68-74이므로 ㉠에 알맞은 수는 74입니다.

서술형
19 예 검은색 바둑돌 1개와 흰색 바둑돌 2개가 반복되는 규칙입니다. 따라서 빈칸에 알맞은 바둑돌은 흰색입니다.

평가 기준	배점(5점)
규칙을 찾았나요?	2점
빈칸에 알맞은 바둑돌은 무슨 색인지 구했나요?	3점

서술형
20 예 73부터 시작하여 10씩 작아집니다.
33보다 10만큼 더 작은 수는 23이므로 빈칸에 알맞은 수는 23입니다.

평가 기준	배점(5점)
규칙을 찾았나요?	2점
빈칸에 알맞은 수를 구했나요?	3점

수시 평가 대비 Level ❷

143~145쪽

1 (○) ( )   **2** ●

3 예
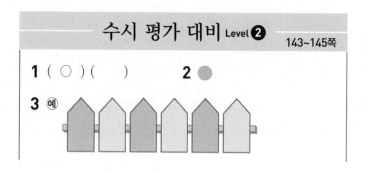

4

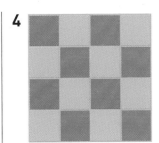

5 예 2, 8, 6이 반복됩니다.

6 35, 45   **7** 준서

8

2	3	2	2	3	2

9

50	49	48	47	46	45	44
43	42	41	40	39	38	37
36	35	34	33	32	31	30
29	28	27	26	25	24	23

10 예 50부터 시작하여 3씩 작아집니다.

11

◇	○	○	◇	○	○	◇
0	1	1	0	1	1	0

12 ㉠

13 42 — 35 — 28 — 21 — 14 — 7

14

43		46		
	51		54	
		59		62
			67		70

15 ◯(둥근 도형)

16

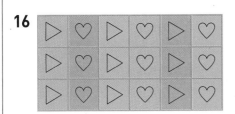

17 38   **18** 40

19 32

20

1	4	7
2	5	8
3	6	9

1	2	3
4	5	6
7	8	9

예 왼쪽은 ↓ 방향으로 1씩 커지고, 오른쪽은 → 방향으로 1씩 커집니다.

1 🥕, 🥒, 🥕이 반복됩니다.

2 △, ■, ●가 반복되므로 ■ 다음은 ●입니다.

3 규칙이 있고 이에 따라 색칠했으면 정답으로 인정합니다.

4 첫째, 셋째 줄은 파란색, 초록색이 반복되고, 둘째, 넷째 줄은 초록색, 파란색이 반복됩니다.

6 20부터 시작하여 5씩 커집니다.

7 연우: 색이 빨간색, 노란색, 빨간색이 반복됩니다.

8 두발자전거, 세발자전거, 두발자전거가 반복됩니다. 두발자전거를 2, 세발자전거를 3으로 나타내면 2, 3, 2가 반복됩니다.

11 파인애플, 사과, 사과가 반복됩니다.
파인애플을 ◇, 사과를 ○로 나타내면 ◇, ○, ○가 반복됩니다.
파인애플을 0, 사과를 1로 나타내면 0, 1, 1이 반복됩니다.

12 ○, ○, △가 반복됩니다. 따라서 빈칸에 알맞은 모양은 ○이므로 ○ 모양의 물건은 ㉠입니다.

13 보기 의 규칙은 38부터 시작하여 7씩 작아집니다. 따라서 42부터 시작하여 7씩 작아지는 수를 쓰면 42−35−28−21−14−7입니다.

14 ↘ 방향으로 8씩 커집니다.

15 ○는 분홍색, 초록색이 반복되고, ◇는 초록색, 분홍색이 반복됩니다.

16 모양은 ▷, ♡가 반복되고, 색깔은 초록색, 보라색, 주황색이 반복됩니다.

17

18	19	20	㉠
26	27		
			♥

→ 방향으로 I씩 커지므로 ㉠은 20보다 2만큼 더 큰 수인 22입니다.

↓ 방향으로 8씩 커지므로 ㉠ 아래 칸의 수는 30이고, ♥에 알맞은 수는 38입니다.

18 4부터 시작하여 3씩 커집니다.

따라서 4, 7, 10, 13, 16, 19, 22, 25, 28, 31, 34, 37, 40이므로 13째에 놓이는 수는 40입니다.

서술형
19 예 2부터 시작하여 6씩 커집니다.

따라서 2−8−14−20−26−32이므로 ㉠에 알맞은 수는 32입니다.

평가 기준	배점(5점)
수 배열에서 규칙을 찾았나요?	2점
㉠에 알맞은 수를 구했나요?	3점

서술형
20

평가 기준	배점(5점)
빈칸에 알맞은 수를 써넣었나요?	2점
규칙이 어떻게 다른지 썼나요?	3점

사고력이 반짝 146쪽

6 덧셈과 뺄셈 (3)

받아올림이 없는 두 자리 수의 덧셈과 받아내림이 없는 두 자리 수의 뺄셈을 학습합니다. 받아올림과 받아내림을 학습하기 이전에 세로 형식의 계산 기능을 익혀서 같은 자리 수끼리 계산할 수 있도록 합니다. 같은 자리 수끼리 계산하는 이유는 같은 숫자라도 자리에 따라 나타내는 값이 다르기 때문입니다. 받아올림과 받아내림이 없는 단계에서 자리별 계산 원리를 충분히 이해하고 숙지하여 더 큰 수의 덧셈과 뺄셈의 기초를 다지도록 합니다.

STEP 1 교과개념 **1. 덧셈 알아보기(1)** 149쪽

1 45

2 6, 36

3 7, 6, 7

4 ① 48 ② 55 ③ 29 ④ 35

2 왼쪽 컵케이크는 10개씩 묶음 3개이므로 30개입니다. 컵케이크 30개와 6개를 더하면 30+6=36(개)입니다.

4 (몇십몇)+(몇)은 낱개의 수끼리 더하여 낱개의 자리에 쓰고, 10개씩 묶음의 수를 그대로 내려씁니다.

STEP 1 교과개념 **2. 덧셈 알아보기(2)** 151쪽

1 30

2 25, 57

3 6, 7, 6

4 ① 70 ② 39 ③ 85 ④ 78

2 왼쪽 토마토는 10개씩 묶음 3개와 낱개 2개이므로 32개이고, 오른쪽 토마토는 10개씩 묶음 2개와 낱개 5개이므로 25개입니다. 토마토 32개와 25개를 더하면 32+25=57(개)입니다.

4 (몇십몇)+(몇십몇)은 낱개의 수끼리 더하여 낱개의 자리에 쓰고, 10개씩 묶음의 수끼리 더하여 10개씩 묶음의 자리에 씁니다.

1 22

2 5, 43

3 2, 6, 2

4 ① 30 ② 56 ③ 81 ④ 42

---

2 사과는 10개씩 묶음 4개와 낱개 8개이므로 48개입니다. 사과 48개에서 5개를 지우면 남은 사과는 48−5=43(개)입니다.

4 (몇십몇)−(몇)은 낱개의 수끼리 빼서 낱개의 자리에 쓰고, 10개씩 묶음의 수를 그대로 내려씁니다.

---

1 40

2 13, 11

3 5, 1, 5

4 ① 20 ② 31 ③ 30 ④ 52

---

2 연두색 공깃돌은 10개씩 묶음 2개와 낱개 4개이므로 24개이고, 빨간색 공깃돌은 10개씩 묶음 1개와 낱개 3개이므로 13개입니다.
따라서 연두색 공깃돌은 빨간색 공깃돌보다 24−13=11(개) 더 많습니다.

4 (몇십몇)−(몇십몇)은 낱개의 수끼리 빼서 낱개의 자리에 쓰고, 10개씩 묶음의 수끼리 빼서 10개씩 묶음의 자리에 씁니다.

---

1 ① 35, 45, 55, 65 ② 50, 40, 30, 20

2 ① 59, 59 ② 92, 92

3 ① 15, 11, 26(또는 11, 15, 26) ② 23, 11, 12

---

1 ① 같은 수에 10씩 커지는 수를 더하면 합도 10씩 커집니다.
② 같은 수에서 10씩 커지는 수를 빼면 차는 10씩 작아집니다.

---

2 두 수를 바꾸어 더해도 합은 같습니다.

3 ① 윗줄에 있는 책은 노란색 책 15권과 빨간색 책 11권이므로 모두 15+11=26(권)입니다.
② 초록색 책은 23권, 빨간색 책은 11권이므로 초록색 책은 빨간색 책보다 23−11=12(권) 더 많습니다.

---

1 30, 4, 34

2 (1) 57 (2) 65

3

4 (   )(○)

5 4, 19 / 19마리

6 10, 20, 30(또는 20, 10, 30)

7 (1) 60 (2) 90

8 50명

9 30, 40(또는 40, 30)

10 (1) 79 (2) 66 (3) 87 (4) 96

11 58

12 99, 48, 36

13 ㉡

⓮ 예 빨간색 공, 파란색 공에 ○표 / 32, 26, 58

15 37장

16 37, 4, 33

17 (1) 81 (2) 43

18

19
$$\begin{array}{r} 9\ 7 \\ -\quad\ 6 \\ \hline 9\ 1 \end{array}$$

20 82

21 31명

22 (1) 50 (2) 30

23 (   )(○)

24 80, 40

25 30

26 (1) 35 (2) 46 (3) 31 (4) 22

27

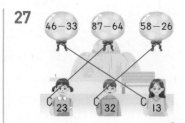

28 54　　　　　　　　　**29** 예 74, 60

30 89−24=65, 65장

31 16명　　　　　　　**32** 46, 45, 44, 43

33 59, 59

34 (1) 68, 78　(2) 22, 21

35 (1) 36　(2) 23　　　**36** ⓒ, ⓛ, ㉠

37 41, 47　　　　　　**38** 88, 42

39 33, 20, 53(또는 20, 33, 53) / 53개

40 45, 21, 24 / 24개

41 33, 15, 48(또는 15, 33, 48) / 48개

42 21, 20, 1 / 오이, 1개

43 37개　　　　　　　**44** 성범, 11개

45 58쪽

46 예 35, 13, 48 / 예 54, 21, 33

---

1 왼쪽 쿠키는 10개씩 묶음 3개이므로 30개입니다.
쿠키 30개와 4개를 더하면 30+4=34(개)입니다.

3 30+8=38, 5+54=59, 43+1=44
6+53=59, 40+4=44, 32+6=38

4 낱개의 수끼리 더해야 하므로 낱개의 수끼리 줄을 맞추어 써야 합니다.

5 (공원에 있는 비둘기 수)
＝(처음에 있던 비둘기 수)＋(더 날아온 비둘기 수)
＝15+4=19(마리)

8 (안전 체험관에 간 학생 수)
＝(여학생 수)＋(남학생 수)
＝30+20=50(명)

9 (몇십)＋(몇십)의 계산이므로 10개씩 묶음의 수의 합이 7이 되는 두 수를 찾습니다.

---

11 42+16=58

12 ■ 모양은 달력, 편지봉투입니다.
➡ 58+41=99
▲ 모양은 교통표지판, 삼각자입니다.
➡ 13+35=48
● 모양은 단추, 접시입니다.
➡ 14+22=36

13 ㉠ 67　ⓛ 69　ⓒ 68
따라서 합이 가장 큰 것은 ⓛ입니다.

서술형
15 예 (은서가 가지고 있는 도화지 수)
＝(준영이가 가지고 있는 도화지 수)＋12
＝25+12=37(장)

평가 기준	배점(5점)
은서가 가지고 있는 도화지 수를 구하는 덧셈식을 만들었나요?	2점
은서가 가지고 있는 도화지는 몇 장인지 구했나요?	3점

16 나뭇잎은 10개씩 묶음 3개와 낱개 7개이므로 37개입니다. 나뭇잎 37개에서 4개를 지우면 남은 나뭇잎은 37−4=33(개)입니다.

18 66−4=62, 79−5=74, 57−1=56
58−2=56, 69−7=62, 77−3=74

19 낱개의 수끼리 줄을 맞추어 쓴 다음 낱개의 수끼리 빼야 하는데 10개씩 묶음의 수에서 낱개의 수를 빼서 틀렸습니다.

서술형
20 예 8>5>3이므로 만들 수 있는 가장 큰 몇십몇은 85이고 남은 한 수는 3입니다.
따라서 두 수의 차는 85−3=82입니다.

평가 기준	배점(5점)
가장 큰 몇십몇을 만들었나요?	2점
만든 몇십몇과 남은 한 수의 차를 구했나요?	3점

21 (운동장에 남아 있는 학생 수)
＝(처음 운동장에 놀고 있던 학생 수)
　－(들어간 학생 수)
＝37−6=31(명)

23 50−30=20, 80−70=10 ➡ 20>10

24 (몇십)−(몇십)의 계산이므로 10개씩 묶음의 수의 차가 4가 되는 두 수를 찾습니다.

25 $90-60=30$

27 $46-33=13$, $87-64=23$, $58-26=32$

28 가장 큰 수: 67, 가장 작은 수: 13
➡ $67-13=54$

😊 내가 만드는 문제
29 몇십에 해당하는 수가 몇십몇보다 작으므로 몇십을 먼저 정하고 차가 14가 되는 빼지는 수를 정합니다.

30 (민주가 가지고 있는 색종이 수)−(서우가 가지고 있는 색종이 수)$=89-24=65$(장)

31 (교실에서 책을 읽고 있는 학생 수)
$=$(전체 학생 수)−(합창대회 참가자 수)
$=28-12=16$(명)

32 같은 수에서 1씩 커지는 수를 빼면 차는 1씩 작아집니다.

33 두 수를 바꾸어 더해도 합은 같습니다.

34 (1) 10씩 커지는 수에 같은 수를 더하면 합도 10씩 커집니다.
(2) 1씩 작아지는 수에서 같은 수를 빼면 차도 1씩 작아집니다.

35 (1) 합이 10만큼 더 커졌으므로 더하는 수는 10만큼 더 커집니다.
(2) 차가 10만큼 더 작아졌으므로 빼는 수는 10만큼 더 커집니다.

36 $43+16=59$, $86-26=60$, $21+40=61$
➡ $61>60>59$

37 은희: $64-23=41$
지우: $34+13=47$

서술형
38 예 $65>43>27>23$이므로 가장 큰 수는 65, 가장 작은 수는 23입니다.
따라서 합은 $65+23=88$, 차는 $65-23=42$입니다.

평가 기준	배점(5점)
가장 큰 수와 가장 작은 수를 각각 찾았나요?	1점
가장 큰 수와 가장 작은 수의 합과 차를 각각 구했나요?	4점

39 당근이 33개, 호박이 20개이므로
$33+20=53$(개)입니다.

40 감자가 45개, 오이가 21개이므로 감자는 오이보다
$45-21=24$(개) 더 많습니다.

41 당근이 33개 있는데 15개를 더 캐왔으므로 모두
$33+15=48$(개)가 되었습니다.

42 호박은 20개, 오이는 21개입니다. $20<21$이므로 오이가 호박보다 $21-20=1$(개) 더 많습니다.

43 $24+13=37$(개)

44 $24>13$이므로 성범이가 정훈이보다 공을
$24-13=11$(개) 더 넣었습니다.

45 (연아가 오늘 읽은 쪽수)$=35-12=23$(쪽)
(연아가 어제와 오늘 읽은 쪽수)$=35+23=58$(쪽)

STEP 3 자주 틀리는 유형　　　　164~166쪽

1 27명　　　　　　　**2** 50마리

3 66장　　　　　　　**4** 68번

5 21자루　　　　　　**6** 60마리

7 16명　　　　　　　**8** 젖소, 13마리

9 29　　　　　　　　**10** 53

11 14　　　　　　　　**12** 89, 27

13 (1) $>$　(2) $=$　(3) $<$　**14** (1) $<$　(2) $>$

15 (1) 예 5, 4, 예 3　(2) 예 4, 5, 예 6

16 4

17 (위에서부터) (1) 2, 6　(2) 8, 1

18 6, 3　　　　　　　**19** 7, 8, 9

20 4개　　　　　　　**21** 67

22 5

1 (놀이터에 있는 어린이 수)
=(처음에 놀이터에 있던 어린이 수)+(더 온 어린이 수)
=23+4=27(명)

2 (어항에 있는 물고기 수)
=(금붕어 수)+(열대어 수)
=20+30=50(마리)

3 (전체 색종이 수)
=(빨간색 색종이 수)+(파란색 색종이 수)
=32+34=66(장)

4 (어제와 오늘 넘은 줄넘기 수)
=34+34=68(번)

5 (남은 연필 수)
=(처음에 가지고 있던 연필 수)−(동생에게 준 연필 수)
=28−7=21(자루)

6 (팔린 새우 수)
=(처음에 있던 새우 수)−(남아 있는 새우 수)
=70−10=60(마리)

7 (안경을 쓰지 않은 학생 수)
=(전체 학생 수)−(안경을 쓴 학생 수)
=27−11=16(명)

8 46>33이므로 젖소가 양보다 46−33=13(마리)
더 많습니다.

9 24>12>5이므로 가장 큰 수는 24이고, 가장 작은
수는 5입니다.
따라서 가장 큰 수와 가장 작은 수의 합은
24+5=29입니다.

10 76>45>23이므로 가장 큰 수는 76이고, 가장 작
은 수는 23입니다.
따라서 가장 큰 수와 가장 작은 수의 차는
76−23=53입니다.

11 86>72>63>54이므로 가장 큰 수는 86이고, 둘
째로 큰 수는 72입니다.
따라서 가장 큰 수와 둘째로 큰 수의 차는
86−72=14입니다.

12 74>58>40>31이므로 둘째로 큰 수는 58이고,
가장 작은 수는 31입니다.
따라서 둘째로 큰 수와 가장 작은 수의 합은
58+31=89, 차는 58−31=27입니다.

13 같은 수에 1씩 커지는 수를 더하면 합도 1씩 커집니다.

14 (1) 같은 수에 더한 수가 클수록 합이 커집니다.
(2) 같은 수에서 뺀 수가 작을수록 차가 커집니다.

15 (1) 72+4=76이므로 72+□가 76보다 크려면
□ 안에 4보다 큰 수가 들어가야 하고, 72+□가
76보다 작으려면 □ 안에 4보다 작은 수가 들어가
야 합니다.
(2) 58−5=53이므로 58−□가 53보다 크려면
□ 안에 5보다 작은 수가 들어가야 하고, 58−□
가 53보다 작으려면 □ 안에 5보다 큰 수가 들어
가야 합니다.

16 낱개의 수끼리 더하면 4+□=8이므로 □=4입니다.

17 (1)
```
    2 ㉠
  + ㉡ 5
  ─────
    8 7
```
낱개의 수끼리 더하면 ㉠+5=7
이므로 ㉠=2입니다.
10개씩 묶음의 수끼리 더하면
2+㉡=8이므로 ㉡=6입니다.

(2)
```
    ㉡ 6
  − 5 ㉠
  ─────
    3 5
```
낱개의 수끼리 빼면 6−㉠=5이므로
㉠=1입니다.
10개씩 묶음의 수끼리 빼면
㉡−5=3이므로 ㉡=8입니다.

18 ㉠7−31=㉡㉠에서 낱개의 수끼리 빼면
7−1=㉠이므로 ㉠=6입니다.
67−31=㉡6에서 10개씩 묶음의 수끼리 빼면
6−3=㉡이므로 ㉡=3입니다.

19 52+4=56이므로 56<5□입니다.
따라서 □ 안에 들어갈 수 있는 수는 7, 8, 9입니다.

20 79−5=74이므로 74>7□입니다.
따라서 □ 안에 들어갈 수 있는 수는 0, 1, 2, 3으로
모두 4개입니다.

21 43+25=68이므로 68>□입니다.
따라서 □ 안에 들어갈 수 있는 수 중에서 가장 큰 수
는 67입니다.

22 $68-23=45$이므로 $45<\square 3$입니다.
따라서 □ 안에 들어갈 수 있는 수는 5, 6, 7, 8, 9
이므로 가장 작은 수는 5입니다.

STEP
4 최상위 도전 유형   167~169쪽

1 77	**2** 6l
3 99, 75	**4** 49명
5 78마리	**6** 지수, 22자루
7 l2	**8** 23
9 78	**10** 80
11 86	**12** 33
13 50	**14** 0, l, 2, 3
15 5개	**16** 4개
17 l6, 3l	**18** 69, 37
19 23	**20** 36, 22

1 가장 큰 수는 l0개씩 묶음의 수, 낱개의 수에 큰 수부
터 차례로 놓고, 가장 작은 수는 l0개씩 묶음의 수, 낱
개의 수에 작은 수부터 차례로 놓습니다.
가장 큰 수: 54, 가장 작은 수: 23
➡ $54+23=77$

2 가장 큰 수: 96, 가장 작은 수: 35
➡ $96-35=6l$

3 가장 큰 수: 87, 가장 작은 수: l2
➡ 합: $87+12=99$, 차: $87-12=75$

4 (l반의 학생 수)$=13+11=24$(명)
(2반의 학생 수)$=12+13=25$(명)
➡ (두 반의 학생 수)$=24+25=49$(명)

5 (초록 농장의 가축 수)$=24+12=36$(마리)
(푸른 농장의 가축 수)$=22+20=42$(마리)
➡ (두 농장의 가축 수)$=36+42=78$(마리)

6 (지호가 가지고 있는 색연필 수)
$=23+13=36$(자루)
(지수가 가지고 있는 색연필 수)
$=31+27=58$(자루)
따라서 $36<58$이므로 지수가 색연필을
$58-36=22$(자루) 더 많이 가지고 있습니다.

7 $20+30=●$ ➡ $●=50$
$●+■=62$에서 $●=50$이므로 $50+■=62$입
니다.
➡ $62-50=■$, $■=12$

8 $15+42=◆$ ➡ $◆=57$
$◆-★=34$에서 $◆=57$이므로 $57-★=34$입
니다.
➡ $57-34=★$, $★=23$

9 $58-13=♣$ ➡ $♣=45$
$21+♣=●$에서 $♣=45$이므로 $21+45=●$입
니다.
➡ $●=66$
$♥-●=12$에서 $●=66$이므로 $♥-66=12$입
니다.
➡ $12+66=♥$, $♥=78$

10 어떤 수를 □라고 하면 잘못 계산한 식은
$\square-20=40$입니다.
➡ $40+20=\square$, $\square=60$
따라서 바르게 계산하면 $60+20=80$입니다.

11 어떤 수를 □라고 하면 잘못 계산한 식은
$\square-31=24$입니다.
➡ $24+31=\square$, $\square=55$
따라서 바르게 계산하면 $55+31=86$입니다.

12 어떤 수를 □라고 하면 잘못 계산한 식은
$\square+12=57$입니다.
➡ $57-12=\square$, $\square=45$
따라서 바르게 계산하면 $45-12=33$입니다.

13 어떤 수를 □라고 하면 잘못 계산한 식은
$\square-32=41$입니다.
➡ $41+32=\square$, $\square=73$
따라서 바르게 계산하면 $73-23=50$입니다.

14 3□+14=48이라고 하면 34+14=48이므로 □=4입니다.
따라서 3□+14가 48보다 작으려면 □는 4보다 작아야 하므로 □ 안에 들어갈 수 있는 수는 0, 1, 2, 3 입니다.

15 46−2□=21이라고 하면 46−25=21이므로 □=5입니다.
따라서 46−2□가 21보다 크려면 □는 5보다 작아야 하므로 □ 안에 들어갈 수 있는 수는 0, 1, 2, 3, 4로 모두 5개입니다.

16 □5+32=87이라고 하면 55+32=87이므로 □=5입니다. □5+32가 87보다 작으려면 □는 5보다 작아야 하므로 □ 안에 들어갈 수 있는 수는 1, 2, 3, 4로 모두 4개입니다.

17 낱개의 수의 합이 7인 두 수를 찾으면 16과 31, 25와 12입니다.
두 수의 합을 각각 구해 보면 16+31=47, 25+12=37이므로 합이 47인 두 수는 16과 31입니다.

18 낱개의 수의 차가 2인 두 수를 찾으면 56과 14, 69와 37입니다.
두 수의 차를 각각 구해 보면 56−14=42, 69−37=32이므로 차가 32인 두 수는 69와 37입니다.

19 낱개의 수의 합이 5인 두 수를 찾으면 23과 32, 21과 44입니다. 두 수의 합을 각각 구해 보면 23+32=55, 21+44=65이므로 합이 65인 두 수는 21과 44입니다.
따라서 두 수의 차는 44−21=23입니다.

20 합이 58인 두 수를 찾아 차를 구해 봅니다.

큰 수	35	36	37	38
작은 수	23	22	21	20
차	12	14	16	18

따라서 합이 58이고 차가 14인 두 수는 36과 22입니다.

수시 평가 대비 Level 1 170~172쪽

1 3, 48
2 (1) 90 (2) 43 (3) 85 (4) 42
3 33
4
```
    7
 + 2 2
  2 9
```
5 68, 68 **6** 65, 65, 65
7 (위에서부터) 65, 64, 63, 62
8 79 **9** (선 잇기)
10 28명 **11** 88개
12 오아시스 **13** 39개
14 15개 **15** 가람, 10장
16 79 **17** 23
18 1, 2, 3 **19** 45쪽
20 32

1 빨간색 공깃돌은 10개씩 묶음 4개와 낱개 5개이므로 45개입니다. 공깃돌 45개와 3개를 더하면 45+3=48(개)입니다.

3 65−32=33

4 자리를 잘못 맞추어 계산하였습니다. 낱개의 수끼리 자리를 맞추어 쓰고 낱개의 수끼리 더해서 낱개의 자리에 써야 합니다.

5 두 수를 바꾸어 더해도 합은 같습니다.

6 더해지는 수는 1씩 작아지고, 더하는 수는 1씩 커지므로 합은 65로 같습니다.
25+40=65, 24+41=65, 23+42=65

7 1씩 작아지는 수에서 같은 수를 빼면 차도 1씩 작아집니다.

8 63보다 16만큼 더 큰 수는 63+16=79입니다.

9 70−20=50, 82−50=32, 64−21=43 89−46=43, 65−15=50, 35−3=32

10 $15+13=28$(명)

11 (소극장에 있는 의자 수)
＝(1층에 있는 의자 수)＋(2층에 있는 의자 수)
＝$52+36=88$(개)

12 $90-60=30$, $87-52=35$,
$69-50=19$, $77-34=43$
차가 작은 순서대로 쓰면 19, 30, 35, 43이므로 만들어지는 단어는 '오아시스'입니다.

13 $27+12=39$(개)

14 $27-12=15$(개)

15 $29>19$이므로 가람이가 붙임딱지를
$29-19=10$(장) 더 많이 가지고 있습니다.

16 $7>5>4$이므로 만들 수 있는 가장 큰 몇십몇은 75이고 남은 한 수는 4입니다.
따라서 두 수의 합은 $75+4=79$입니다.

17 어떤 수를 □라고 하면 잘못 계산한 식은
□＋33＝89입니다.
➡ $89-33=$□, □＝56
따라서 바르게 계산하면 $56-33=23$입니다.

18 $44+3$□$=78$이라고 하면 $44+34=78$이므로
□＝4입니다.
따라서 $44+3$□가 78보다 작으려면 □는 4보다 작아야 하므로 □ 안에 들어갈 수 있는 수는 1, 2, 3입니다.

서술형
19 예 33쪽보다 12쪽 더 많이 읽었으므로 예은이는 오늘 동화책을 $33+12=45$(쪽) 읽었습니다.

평가 기준	배점(5점)
예은이가 오늘 읽은 동화책의 쪽수를 구하는 덧셈식을 세웠나요?	2점
예은이가 오늘 읽은 동화책은 몇 쪽인지 구했나요?	3점

서술형
20 예 $85>76>58>53$이므로 가장 큰 수는 85이고 가장 작은 수는 53입니다.
따라서 가장 큰 수와 가장 작은 수의 차는
$85-53=32$입니다.

평가 기준	배점(5점)
가장 큰 수와 가장 작은 수를 각각 찾았나요?	2점
가장 큰 수와 가장 작은 수의 차를 구했나요?	3점

---

1 48, 6, 42

2 (1) 38 (2) 65 (3) 79 (4) 31

3 97, 11   **4** 53

5 (선 잇기 표시)

6 51, 93

7 ㉡   **8** 85개

9 $21+15=36$(또는 $15+21=36$), 36개

10 $28-15=13$, 13개   **11** 24명

12 분홍색, 10개

13 (위에서부터) (1) 5, 4 (2) 7, 1

14
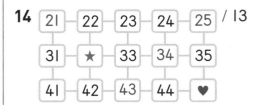
/ 13

15 26, 52에 ○표

16 51, 35, 86(또는 35, 51, 86)

17 20   **18** 21

19 예 자리를 잘못 맞추어 계산하였습니다.
낱개의 수끼리 자리를 맞추어 써야 합니다.
$$\begin{array}{r} 7\;9 \\ -\quad 4 \\ \hline 7\;5 \end{array}$$

20 79개

---

1 테니스 공은 10개씩 묶음 4개와 낱개 8개이므로 48개입니다. 테니스 공 48개에서 6개를 지우면 남은 테니스 공은 $48-6=42$(개)입니다.

2 낱개의 수끼리 계산하여 낱개의 자리에 쓰고, 10개씩 묶음의 수끼리 계산하여 10개씩 묶음의 자리에 씁니다.

3 합: $43+54=97$, 차: $54-43=11$

4 $77-24=53$

5 $23+24=47$ $58-2=56$
$30+13=43$ $59-12=47$
$15+41=56$ $68-25=43$

6 72보다 21만큼 더 작은 수
➡ 72−21=51
72보다 21만큼 더 큰 수
➡ 72+21=93

7 ㉠ 89−36=53
㉡ 23+31=54
㉢ 62−10=52
➡ 54>53>52

8 (달걀 수)=(흰색 달걀 수)+(갈색 달걀 수)
=42+43=85(개)

9 도넛은 21개, 크림빵은 15개이므로 도넛과 크림빵은 모두 21+15=36(개)입니다.

10 단팥빵은 28개, 크림빵은 15개이므로 단팥빵은 크림빵보다 28−15=13(개) 더 많습니다.

11 (방송 댄스 수업을 들은 학생 수)
=(여학생 수)+(남학생 수)
=13+11=24(명)

12 24>14이므로 분홍색 비즈를 노란색 비즈보다 24−14=10(개) 더 많이 사용했습니다.

13 (1) 낱개의 자리: □+3=8 ➡ □=5
10개씩 묶음의 자리: 1+□=5 ➡ □=4
(2) 낱개의 자리: 6−□=5 ➡ □=1
10개씩 묶음의 자리: □−3=4 ➡ □=7

14 규칙에 따라 빈칸을 채우면 ♥=45, ★=32입니다.
➡ ♥−★=45−32=13

15 낱개의 수의 합이 8인 두 수를 찾으면 43과 45, 26과 52입니다.
두 수의 합을 각각 구해 보면 43+45=88,
26+52=78이므로 합이 78인 두 수는 26과 52입니다.

16 합이 가장 크게 되려면 가장 큰 수와 둘째로 큰 수의 합을 구해야 합니다.
수 카드의 수의 크기를 비교하면 51>35>23>12이므로 합이 가장 크게 되는 덧셈식은 51+35=86입니다.

17 36+42=78이므로 78=98−□입니다.
➡ 98−78=□, □=20

18 35+34=● ➡ ●=69
●−27=★에서 ●=69이므로 69−27=★입니다.
➡ ★=42
★−◆=21에서 ★=42이므로 42−◆=21입니다.
➡ 42−21=◆, ◆=21

서술형
19

평가 기준	배점(5점)
계산이 틀린 까닭을 썼나요?	2점
틀린 곳을 찾아 바르게 계산했나요?	3점

서술형
20 예 (민규가 캔 고구마 수)
=(진수가 캔 고구마 수)+11
=34+11=45(개)
따라서 진수와 민규가 캔 고구마는 모두
34+45=79(개)입니다.

평가 기준	배점(5점)
민규가 캔 고구마 수를 구했나요?	2점
진수와 민규가 캔 고구마는 모두 몇 개인지 구했나요?	3점

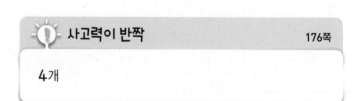

사고력이 반짝   176쪽

4개

수시평가 자료집 정답과 풀이

1 100까지의 수

서술형 50% 수시 평가 대비
2~5쪽

1 7, 70

2 65 / 육십오, 예순다섯

3 9, 2

4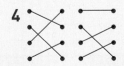

5 100

6 ⑩ 할머니의 연세는 일흔넷입니다.

7 81 — 80 — 79 — 78 — 77

8 ㉢

9 은성

10 9상자

11 (1) < (2) >

12 ④

13 우재

14 75, 55

15 3개

16 94, 86, 77, 59

17 ㉡

18 92개

19 87

20 55

---

1 10개씩 묶음 7개는 70입니다.

2 10개씩 묶음 6개와 낱개 5개
➡ 65
➡ 육십오, 예순다섯

3 92
↓ ↳ 낱개의 수
10개씩 묶음의 수

4 60 ➡ 육십, 예순, 70 ➡ 칠십, 일흔,
80 ➡ 팔십, 여든, 90 ➡ 구십, 아흔

5 99 바로 뒤의 수, 아흔아홉(99)보다 1만큼 더 큰 수는 100입니다.

7 순서를 거꾸로 하여 수를 쓰면 81, 80, 79, 78, 77입니다.

8 ⑩ ㉡ 일흔다섯(75)보다 1만큼 더 큰 수는 76입니다.
㉢ 77 ㉣ 76
따라서 나타내는 수가 다른 하나는 ㉢입니다.

평가 기준	배점(5점)
㉡, ㉢, ㉣을 수로 나타냈나요?	3점
나타내는 수가 다른 하나를 찾아 기호를 썼나요?	2점

9 ⑩ 쿠키가 10개씩 묶음 8개와 낱개 7개이므로 87개입니다. 87은 여든일곱이라고 읽습니다.
따라서 잘못 이야기한 사람은 은성입니다.

평가 기준	배점(5점)
쿠키가 몇 개인지 알았나요?	3점
잘못 이야기한 사람을 찾았나요?	2점

10 ⑩ 90은 10개씩 묶음 9개입니다.
따라서 초콜릿을 9상자 사야 합니다.

평가 기준	배점(5점)
90은 10개씩 묶음 9개인지 알았나요?	3점
초콜릿을 몇 상자 사야 하는지 구했나요?	2점

11 (1) 66과 91의 10개씩 묶음의 수를 비교하면 6<9이므로 66<91입니다.
(2) 85와 83의 10개씩 묶음의 수가 8로 같으므로 낱개의 수를 비교하면 5>3입니다.
따라서 85>83입니다.

12 낱개의 수가 2, 4, 6, 8, 0이면 짝수입니다.
따라서 짝수가 아닌 것은 ④입니다.

13 ⑩ 67과 63의 10개씩 묶음의 수가 6으로 같으므로 낱개의 수를 비교하면 67>63입니다.
따라서 동화책을 더 많이 읽은 사람은 우재입니다.

평가 기준	배점(5점)
67과 63의 크기를 비교했나요?	3점
동화책을 더 많이 읽은 사람은 누구인지 구했나요?	2점

14 ⑩ 65보다 10만큼 더 큰 수는 10개씩 묶음의 수가 1만큼 더 큰 수인 75이고, 65보다 10만큼 더 작은 수는 10개씩 묶음의 수가 1만큼 더 작은 수인 55입니다.

평가 기준	배점(5점)
㉠에 알맞은 수를 구했나요?	2점
㉡에 알맞은 수를 구했나요?	3점

15 예 74부터 78까지의 수를 순서대로 쓰면 74, 75, 76, 77, 78입니다.
따라서 74와 78 사이에 있는 수는 75, 76, 77로 모두 3개입니다.

평가 기준	배점(5점)
74와 78 사이에 있는 수를 모두 구했나요?	3점
74와 78 사이에 있는 수는 모두 몇 개인지 구했나요?	2점

16 예 10개씩 묶음의 수를 비교하면 9>8>7>5입니다.
따라서 큰 수부터 차례로 쓰면 94, 86, 77, 59입니다.

평가 기준	배점(5점)
여러 수의 크기를 비교할 수 있나요?	2점
큰 수부터 차례로 썼나요?	3점

17 ㉠ 85보다 1만큼 더 작은 수
➡ 84(짝수)
㉡ 일흔둘보다 1만큼 더 큰 수
➡ 72보다 1만큼 더 큰 수
➡ 73(홀수)

18 예 낱개 12개는 10개씩 묶음 1개와 낱개 2개입니다.
따라서 사탕은 10개씩 묶음 9개와 낱개 2개 있으므로 모두 92개입니다.

평가 기준	배점(5점)
낱개 12개는 10개씩 묶음 1개와 낱개 2개와 같음을 알았나요?	2점
사탕은 모두 몇 개인지 구했나요?	3점

19 예 85보다 크고 89보다 작은 수는 86, 87, 88이고 이 중에서 홀수는 87입니다.
따라서 조건을 만족하는 수는 87입니다.

평가 기준	배점(5점)
첫째 조건을 만족하는 수를 구했나요?	2점
조건을 모두 만족하는 수를 구했나요?	3점

20 예 어떤 수보다 1만큼 더 작은 수가 53이므로 어떤 수는 53보다 1만큼 더 큰 수인 54입니다.
따라서 어떤 수보다 1만큼 더 큰 수는 55입니다.

평가 기준	배점(5점)
어떤 수를 구했나요?	3점
어떤 수보다 1만큼 더 큰 수를 구했나요?	2점

다시 점검하는 수시 평가 대비

6~8쪽

1 (1) 5 (2) 7, 8　　**2** 8, 6

3 (1) 68 - 69 - 70 - 71 - 72
(2) 96 - 97 - 98 - 99 - 100

4

40	㊶	42	㊸	44	㊺	46
㊼	48	㊾	50	(51)	52	(53)
54	(55)	56	(57)	58	(59)	60

5 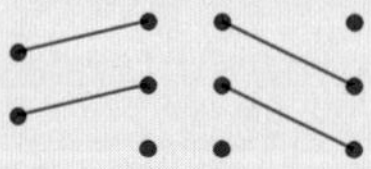

6 예 정류장에 칠십이 번 버스가 도착했습니다.

7 61, 65 / >　　**8** ③

9

67	68	69	70	71	72
78	77	76	75	74	73
79	80	81	82	83	84
90	89	88	87	86	85

10 87, 90에 ○표　　**11** (위에서부터) 4, 14
12 짝수에 ○표　　**13** 92, 94
14 60개　　**15** 68에 △표, 77에 ○표
16 18, 20, 33, 27　　**17** 4개
18 70, 71, 72　　**19** 75
20 12

1 (1) ■0은 10개씩 묶음 ■개입니다.
(2) ■▲는 10개씩 묶음 ■개와 낱개 ▲개입니다.

2 10개씩 묶음 8개와 낱개 6개는 86입니다.

3 (2) 99보다 1만큼 더 큰 수는 100입니다.

4 홀수는 낱개의 수가 1, 3, 5, 7, 9인 수입니다.

5 10개씩 묶음 8개 ➡ 80 ➡ 팔십, 여든
10개씩 묶음 9개 ➡ 90 ➡ 구십, 아흔

7 수직선에서 오른쪽에 있는 수가 더 크므로 65는 61보다 큽니다.

8 ③ 80보다 10만큼 더 큰 수는 90입니다.

9 67부터 90까지의 수를 ㄹ자 모양으로 써넣은 규칙입니다.

10 85는 10개씩 묶음의 수가 8, 낱개의 수가 5입니다.
10개씩 묶음의 수가 8보다 큰 수는 90이고, 10개씩 묶음의 수가 8로 같고 낱개의 수가 5보다 큰 수는 87입니다.
따라서 85보다 큰 수는 90, 87입니다.

11 64는 10개씩 묶음 6개와 낱개 4개입니다. 10개씩 묶음 1개는 낱개 10개와 같으므로 10개씩 묶음 5개와 낱개 14개로 나타낼 수도 있습니다.

12 짝이 없는 학생이 없으므로 학생 수는 짝수입니다.

13 93보다 1만큼 더 작은 수는 93 바로 앞의 수인 92이고, 1만큼 더 큰 수는 93 바로 뒤의 수인 94입니다.

14 의자가 10개씩 6줄이므로 모두 60개입니다.

15 10개씩 묶음의 수를 비교하면 7>6이므로 68이 가장 작습니다.
71과 77의 10개씩 묶음의 수가 같으므로 낱개의 수를 비교합니다. 71<77이므로 77이 가장 큽니다.

16 4개의 수를 짝수와 홀수로 나눈 후 크기를 비교하여 ○ 안에 써넣습니다.

17 10개씩 묶음의 수가 8로 같으므로 낱개의 수를 비교하면 □>5입니다.
따라서 □ 안에 들어갈 수 있는 수는 6, 7, 8, 9로 모두 4개입니다.

18 65보다 크고 73보다 작은 수는 66, 67, 68, 69, 70, 71, 72입니다. 이 중에서 10개씩 묶음의 수가 낱개의 수보다 큰 수는 70, 71, 72입니다.

19 예 어떤 수는 85보다 10만큼 더 작은 수이므로 85보다 10개씩 묶음의 수가 1만큼 더 작은 수입니다.
따라서 어떤 수는 75입니다.

평가 기준	배점(5점)
어떤 수는 85보다 10만큼 더 작은 수임을 알았나요?	2점
어떤 수는 얼마인지 구했나요?	3점

20 예 10개씩 묶음의 수가 작을수록 작은 수이므로 작은 수부터 차례로 씁니다. 1<2<5<6<7이므로 만들 수 있는 가장 작은 수는 12입니다.

평가 기준	배점(5점)
가장 작은 수를 만드는 방법을 알았나요?	2점
만들 수 있는 수 중에서 가장 작은 수를 구했나요?	3점

2 덧셈과 뺄셈(1)

서술형 50% 수시 평가 대비

1 예 3, 3, 2, 8

2 (계산 순서대로) 3, 7, 7

3 (1) 9 (2) 3

4 예 세 수의 뺄셈은 앞에서부터 차례 / $7-3-2=2$
로 계산해야 하는데 뒤의 두 수를
먼저 계산해서 틀렸습니다.

$$7 \underset{\underset{2}{4}}{-3-2} = 2$$

5 10　　　　　　　**6** 4

7

8 (1) $\boxed{4+6}+8=18$ (2) $5+\boxed{7+3}=15$

9 ④　　　　　　　**10** ㉠, ㉣

11 7개　　　　　　 **12** 9개

13 (위에서부터) 7, 5, 6, 9

14 3장　　　　　　 **15** ㉢

16 $+$, $+$　　　　 **17** 4장

18 4　　　　　　　**19** 6

20 9, 1, 6

---

1 $3+3+2=8$

$$3 \underset{\underset{8}{6}}{+3+2} = 8$$

3 (1) $1+5+3=9$

$$1 \underset{\underset{9}{6}}{+5+3} = 9$$

(2) $9-4-2=3$

$$9 \underset{\underset{3}{5}}{-4-2} = 3$$

4

평가 기준	배점(5점)
계산이 잘못된 까닭을 썼나요?	2점
바르게 계산했나요?	3점

7 합이 10이 되는 두 수를 먼저 더합니다.
$\underline{6}+\underline{4}+5=10+5$, $\underline{5}+9+\underline{5}=10+9$,
$7+\underline{1}+\underline{9}=10+7$

---

8 (1) $\boxed{4+6}+8=10+8=18$
(2) $5+\boxed{7+3}=5+10=15$

9 같은 수 10에서 뺐으므로 빼는 수가 작을수록 차가 큽니다. 따라서 차가 가장 큰 것은 ④ $10-3$입니다.

다른 풀이

① $10-6=4$ ② $10-9=1$ ③ $10-5=5$
④ $10-3=7$ ⑤ $10-8=2$이므로 차가 가장 큰
것은 ④입니다.

10 예 ㉠ $2+8=10$(짝수) ㉡ $10-3=7$(홀수)
㉢ $2+4+3=9$(홀수) ㉣ $9-1-2=6$(짝수)
따라서 계산 결과가 짝수인 것은 ㉠, ㉣입니다.

평가 기준	배점(5점)
각각의 식을 계산했나요?	3점
계산 결과가 짝수인 두 식을 찾아 기호를 썼나요?	2점

11 예 구슬 10개에서 구슬 3개를 꺼냈으므로 상자 안에 남아 있는 구슬은 $10-3=7$(개)입니다.

평가 기준	배점(5점)
상자 안에 남아 있는 구슬 수를 구하는 식을 세웠나요?	2점
상자 안에 남아 있는 구슬은 몇 개인지 구했나요?	3점

12 예 (바구니에 들어 있는 과일 수)
$=$(사과 수)$+$(귤 수)$+$(감 수)
$=3+5+1=9$(개)

평가 기준	배점(5점)
바구니에 들어 있는 과일 수를 구하는 식을 세웠나요?	2점
바구니에 들어 있는 과일은 모두 몇 개인지 구했나요?	3점

13 더해서 10이 되는 두 수는 1과 9, 2와 8, 3과 7, 4와 6, 5와 5입니다.

14 예 (남은 색종이 수)
$=$(전체 색종이 수)$-$(지수가 사용한 색종이 수)
　$-$(유리가 사용한 색종이 수)
$=8-2-3=3$(장)

평가 기준	배점(5점)
남은 색종이 수를 구하는 식을 세웠나요?	2점
남은 색종이는 몇 장인지 구했나요?	3점

15 ㉠ $7+3=10$이므로 □$=3$입니다.
㉡ $9-4=5$, $5-$□$=2$에서 $5-3=2$이므로
□$=3$입니다.
㉢ $10-7=3$이므로 □$=7$입니다.
따라서 □ 안에 알맞은 수가 다른 하나는 ㉢입니다.

평가 기준	배점(5점)
□ 안에 알맞은 수를 각각 구했나요?	4점
□ 안에 알맞은 수가 다른 하나를 찾아 기호를 썼나요?	1점

16 계산 결과가 맨앞의 수 4보다 커졌으므로 $+$ 기호를
넣어 봅니다.
$4+1=5$이고 5○$2=7$에서 $5+2=7$이므로
○ 안에 모두 $+$ 기호를 넣어야 합니다.
➡ $4+1+2=7$

17 ⑩ 더 모아야 하는 칭찬 붙임딱지의 수를 □장이라고
하면 $6+$□$=10$입니다.
$6+4=10$이므로 □$=4$입니다.
따라서 칭찬 붙임딱지를 4장 더 모아야 합니다.

평가 기준	배점(5점)
더 모아야 하는 칭찬 붙임딱지의 수를 구하는 식을 세웠나요?	2점
더 모아야 하는 칭찬 붙임딱지의 수를 구했나요?	3점

18 ⑩ 가장 큰 수에서 작은 수를 뺄수록 계산 결과가 크고
수의 크기를 비교하면 $8>6>4>3>1$입니다.
따라서 $8-1-3=4$입니다.

평가 기준	배점(5점)
가장 큰 수에서 작은 수를 빼야 함을 알고 있나요?	2점
계산 결과가 가장 클 때의 뺄셈식을 만들고 계산했나요?	3점

19 ⑩ $4+6+$□$=10+$□에서 $10+5=15$이므로
$10+$□가 15보다 크려면 □ 안에는 5보다 큰 수가
들어가야 합니다.
따라서 □ 안에 들어갈 수 있는 수 중에서 가장 작은
수는 6입니다.

평가 기준	배점(5점)
□ 안에 들어갈 수 있는 수의 범위를 구했나요?	2점
□ 안에 들어갈 수 있는 수 중 가장 작은 수를 구했나요?	3점

20 ⑩ 합이 10이 되는 두 수를 먼저 찾으면 $9+1=10$,
$4+6=10$입니다. $10+6=16$이므로 합이 16이 되
는 세 수는 9, 1, 6입니다.

평가 기준	배점(5점)
합이 10이 되는 두 수를 찾았나요?	2점
합이 16이 되는 세 수를 찾았나요?	3점

다시 점검하는 수시 평가 대비 13~15쪽

1 10　　　　　**2** 2

3 $3, 4, 9$　　　　**4** (1) 9　(2) 3

5 (1) $10, 12$　(2) $10, 15$　　**6** 7

7 $2, 8$　　　　**8** $4, 4$

9 (1) 5　(2) 9　　　　**10** 2

11
/ ⑩ $4+6=10$
$9+1=10$
$2+8=10$

12 2　　　　　**13** 8개

14 6송이　　　　**15** (1) $2, 13$　(2) $6, 17$

16 3장　　　　**17** 13대

18 $2, 4$(또는 $4, 2$)　　**19** ㉠

20 7살

2 쿠키 7개에서 3개를 빼고 2개를 더 빼면 2개가 남습
니다.
➡ $7-3-2=2$

3 수직선의 눈금 한 칸은 1을 나타내므로 오른쪽으로 2
칸 간 다음 3칸, 4칸을 더 가면 9입니다.
➡ $2+3+4=9$

4 (1) $1+5+3=6+3=9$
(2) $7-2-2=5-2=3$

5 합이 10이 되는 두 수를 먼저 더하고 나머지 수를 더
합니다.

6 ● 3개와 ▲ 7개를 더하면 10개입니다.

7 컵 10개 중 2개가 넘어졌으므로 넘어지지 않은 컵은
$10-2=8$(개)입니다.

8 10이 되는 더하기를 이용하여 10에서 빼기를 할 수
있습니다.

9 (1) 5와 더해서 10이 되는 수는 5입니다.
(2) 1과 더해서 10이 되는 수는 9입니다.

10 가장 큰 수는 9이므로 $9-2-5=7-5=2$입니다.

12 $2+1+5=3+5=8$
$10-\square=8$에서 $10-2=8$이므로 $\square=2$입니다.

13 (전체 사탕의 수)
$=$(오렌지 맛 사탕의 수)$+$(포도 맛 사탕의 수)
$\quad+$(딸기 맛 사탕의 수)
$=4+1+3=5+3=8$(개)

14 (빨간색 장미의 수)$-$(노란색 장미의 수)
$=10-4=6$(송이)

15 (1) 8과 더해서 10이 되는 수는 2입니다.
➡ $3+8+2=3+10=13$
(2) 4와 더해서 10이 되는 수는 6입니다.
➡ $6+4+7=10+7=17$

16 7과 더해서 10이 되는 수는 3이므로 쿠폰을 10장 모으려면 3장을 더 모아야 합니다.

17 (주차장에 주차되어 있는 자동차의 수)
$=$(승용차의 수)$+$(트럭의 수)$+$(택시의 수)
$=8+2+3=10+3=13$(대)

18 7에서 6을 빼면 1이므로 7에서 순서대로 뺐을 때 1이 나오는 두 장의 카드는 2와 4입니다.

서술형
19 예 ㉠ $2+2+3=7$
㉡ $9-2-1=6$
따라서 계산 결과가 더 큰 것은 ㉠입니다.

평가 기준	배점(5점)
㉠과 ㉡을 각각 계산했나요?	4점
계산 결과가 더 큰 것을 찾았나요?	1점

서술형
20 예 (언니의 나이)$=8+2=10$(살)
(동생의 나이)$=10-3=7$(살)

평가 기준	배점(5점)
언니의 나이를 구했나요?	2점
동생의 나이를 구했나요?	3점

3 모양과 시각

서술형 50% 수시 평가 대비
16~19쪽

1 (　) (○) (　)　　**2** ㉡

3 ● 에 ○표

4

5 ● 에 ○표　　**6** 2시

7 예 짧은바늘이 3과 4 사이에 있고 긴바늘이 6을 가리키므로 3시 30분이라고 읽어야 합니다. / 3시 30분

8

9 저녁 먹기

10 / 12시 30분

11 ㉡　　**12** 지우

13 ▲ 모양　　**14** ■ 에 ○표

15 3개, 4개, 2개　　**16** 혜수

17 3개　　**18** ㉡

19 2시 30분　　**20** ▲ 모양, 2개

1 단추는 ● 모양, 케이크는 ▲ 모양, 편지봉투는 ■ 모양입니다.

2 예 ㉠은 ■ 모양, ㉡은 ● 모양, ㉢은 ■ 모양입니다.
따라서 모양이 다른 하나는 ㉡입니다.

평가 기준	배점(5점)
각 물건의 모양을 알았나요?	3점
모양이 다른 하나를 찾았나요?	2점

3 피자, 접시, 교통표지판은 모두 ● 모양입니다.

4 ■ 모양: 사전―달력
▲ 모양: 옷걸이―삼각김밥
● 모양: 시계―도넛

6 짧은바늘이 2, 긴바늘이 12를 가리키므로 2시입니다.

7

평가 기준	배점(5점)
시각을 잘못 읽은 까닭을 썼나요?	3점
시각을 바르게 읽었나요?	2점

8 5시 30분이므로 짧은바늘이 5와 6 사이, 긴바늘이 6을 가리키도록 그립니다.

9 1시 30분에 그림 그리기, 6시 30분에 저녁 먹기, 8시에 일기 쓰기를 했습니다.

10 예 짧은바늘이 12와 1 사이에 있고 긴바늘이 6을 가리키므로 시계가 나타내는 시각은 12시 30분입니다.

평가 기준	배점(5점)
짧은바늘과 긴바늘을 바르게 그렸나요?	2점
시계가 나타내는 시각을 구했나요?	3점

11 예 물건을 종이 위에 대고 그렸을 때 나오는 모양은 ㉠ ● 모양, ㉡ ■ 모양, ㉢ ● 모양입니다.
따라서 다른 모양이 나오는 것은 ㉡입니다.

평가 기준	배점(5점)
물건을 종이 위에 대고 그렸을 때 나오는 모양을 각각 알았나요?	3점
다른 모양이 나오는 물건을 찾았나요?	2점

12 지우는 10시 30분, 민하와 현서는 11시 30분에 운동을 시작했습니다.

13 예 곧은 선으로 되어 있는 모양은 ■ 모양과 ▲ 모양입니다. 그중에서 뾰족한 부분이 3군데인 모양은 ▲ 모양입니다.

평가 기준	배점(5점)
곧은 선으로 되어 있는 모양을 찾았나요?	2점
곧은 선으로 되어 있는 모양 중 뾰족한 부분이 3군데인 모양을 찾았나요?	3점

14 ■ 모양만 이용하여 꾸민 모양입니다.

16 예 민선이는 9시 30분, 혜수는 9시에 잠자리에 들었습니다. 9시가 9시 30분보다 빠른 시각이므로 더 일찍 잠자리에 든 사람은 혜수입니다.

평가 기준	배점(5점)
두 사람이 잠자리에 든 시각을 알았나요?	2점
더 일찍 잠자리에 든 사람을 구했나요?	3점

17 예 뾰족한 부분이 4군데인 모양은 ■ 모양입니다.
따라서 ■ 모양은 모두 3개입니다.

평가 기준	배점(5점)
뾰족한 부분이 4군데인 모양을 알았나요?	2점
뾰족한 부분이 4군데인 모양은 모두 몇 개인지 구했나요?	3점

18 예 주어진 모양은 ■ 모양 3개, ▲ 모양 2개, ● 모양 3개입니다.
㉠ ■ 모양 2개, ▲ 모양 3개, ● 모양 3개
㉡ ■ 모양 3개, ▲ 모양 2개, ● 모양 3개
따라서 주어진 모양을 모두 이용하여 꾸밀 수 있는 모양은 ㉡입니다.

평가 기준	배점(5점)
㉠, ㉡을 꾸미는 데 이용한 모양의 수를 각각 구했나요?	2점
주어진 모양을 모두 이용하여 꾸밀 수 있는 모양을 찾았나요?	3점

19 예 짧은바늘이 2와 3 사이, 긴바늘이 6을 가리키므로 시계가 나타내는 시각은 2시 30분입니다.

평가 기준	배점(5점)
짧은바늘과 긴바늘이 가리키는 숫자를 읽었나요?	2점
시계가 나타내는 시각을 구했나요?	3점

20 예 ■ 모양 2개, ▲ 모양 5개, ● 모양 1개를 이용하여 꾸민 모양입니다.
따라서 ▲ 모양이 2개 남습니다.

평가 기준	배점(5점)
주어진 모양을 꾸미는 데 필요한 모양의 수를 각각 구했나요?	3점
어떤 모양이 몇 개 남는지 구했나요?	2점

다시 점검하는 **수시 평가 대비** 20~22쪽

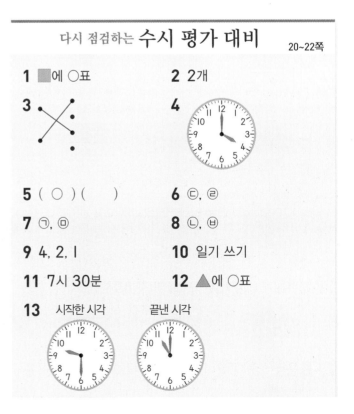

1 ■에 ○표 **2** 2개

3

4

5 (○) ( ) **6** ㉢, ㉣

7 ㉠, ㉢ **8** ㉡, ㉤

9 4, 2, 1 **10** 일기 쓰기

11 7시 30분 **12** ▲에 ○표

13

14 ▲에 ○표	**15** 도담
16 ●에 ○표	**17** 3개
18 9시	**19** ㉡
20 아버지	

1 리모컨은 ■ 모양입니다.

2 ▲ 모양은 샌드위치, 교통표지판으로 2개입니다.

3 짧은바늘이 11, 긴바늘이 12를 가리키므로 11시입니다.

짧은바늘이 1과 2 사이에 있고 긴바늘이 6을 가리키므로 1시 30분입니다.

4 4시는 짧은바늘이 4, 긴바늘이 12를 가리키도록 그립니다.

5 왼쪽 시계는 3시 30분이고 오른쪽 시계는 4시 30분입니다.

6 곧은 선이 없는 모양은 ● 모양입니다.
● 모양은 ㉢, ㉣입니다.

7 곧은 선이 4개 있고, 뾰족한 부분이 4군데 있는 모양은 ■ 모양입니다. ■ 모양은 ㉠, ㉤입니다.

8 뾰족한 부분이 3군데 있는 모양은 ▲ 모양입니다.
▲ 모양은 ㉡, ㉥입니다.

9 ■ 모양: 자, 수첩, 지우개, 계산기
▲ 모양: 쿠키, 삼각자
● 모양: 접시

10 4시 30분에 숙제 하기, 6시에 저녁 먹기, 7시 30분에 일기 쓰기를 했습니다.

11 긴바늘이 6을 가리키므로 몇 시 30분입니다.
몇 시 30분 중에서 7시와 8시 사이의 시각은 7시 30분입니다.

12 필통을 그림과 같이 종이 위에 대고 그리면 ▲ 모양이 나옵니다.

13 몇 시 30분은 긴바늘이 6을 가리키도록 그리고, 몇 시는 긴바늘이 12를 가리키도록 그립니다.

14 한 가운데는 ● 모양이고, 가로로 나뉘어진 모양은 ■ 모양이므로 ▲ 모양이 없습니다.

15 은희는 ▲ 모양 3개, ● 모양 2개를 이용하여 모양을 꾸몄고, 도담이는 ■ 모양 4개, ● 모양 2개를 이용하여 모양을 꾸몄습니다.

16 ■ 모양: 4개, ▲ 모양: 1개, ● 모양: 6개
따라서 가장 많이 이용한 모양은 ● 모양입니다.

17 ■ 모양 1개, ▲ 모양 5개, ● 모양 2개를 이용하여 꾸민 모양입니다.
따라서 ▲ 모양을 ● 모양보다 5-2=3(개) 더 많이 이용했습니다.

18 짧은바늘이 9, 긴바늘이 12를 가리키므로 9시입니다.

서술형
19 ⑩ 뾰족한 부분이 한 군데도 없는 모양은 ● 모양입니다. 주어진 모양 중 ● 모양인 것은 ㉡ 동전입니다.

평가 기준	배점(5점)
뾰족한 부분이 한 군데도 없는 모양이 ● 모양인 것을 알고 있나요?	3점
주어진 모양 중 ● 모양인 것을 찾았나요?	2점

서술형
20 ⑩ 집에 들어온 시각은 재우 5시 30분, 어머니 6시, 아버지 7시 30분입니다.
따라서 집에 가장 늦게 들어온 사람은 아버지입니다.

평가 기준	배점(5점)
가족들이 집에 들어온 시각을 구했나요?	3점
집에 가장 늦게 들어온 사람을 찾았나요?	2점

4 덧셈과 뺄셈(2)

23~26쪽

서술형 50% 수시 평가 대비

1 예 / 4, 13

2 예 / 8

3 11

4 (왼쪽에서부터) (1) 2, 14 (2) 3, 12

5 예 12를 10과 2로 가르기하여 10에서 5를 빼고 남은 2를 더해야 합니다.
/ 예 $12-5=5+2=7$
　　　　$\underset{10\ \ 2}{}$

6

7 (1) 15 (2) 11 (3) 8 (4) 7

8 12, 13, 14, 15 / 예 같은 수에 1씩 커지는 수를 더하면 합도 1씩 커집니다.

9 6, 7　　　　**10** 14, 5

11 (○)　(　　)
　　(　)　(○)

12 야구공, 4개

13
13−7	13−8	13−9
14−7	14−8	14−9
15−7	15−8	15−9

14 ㉢　　　　**15** 12자루

16 4권　　　**17** 11장

18 6　　　　**19** $15-6=9$

20 17

---

1 4를 1과 3으로 가르기하여 △ 1개를 그려 10을 만들고 남은 3개를 더 그리면 13이 됩니다.

2 16에서 6을 빼고 남은 10에서 2를 빼면 8이 남습니다.

3 오렌지 주스 5병과 사과 주스 6병을 더하면 모두 11병입니다.

5
평가 기준	배점(5점)
잘못 계산한 까닭을 썼나요?	2점
바르게 계산했나요?	3점

6 $11-4=10-3=7$　　　$15-9=1+5=6$
　　　$\underset{1\ \ 3}{}$　　　　　　　$\underset{10\ \ 5}{}$
$16-7=3+6=9$
$\underset{10\ \ 6}{}$

7 (1) $9+6=9+1+5=10+5=15$
(2) $3+8=1+2+8=1+10=11$
(3) $17-9=17-7-2=10-2=8$
(4) $13-6=13-3-3=10-3=7$

8
평가 기준	배점(5점)
덧셈을 바르게 계산했나요?	2점
덧셈을 하고 알게 된 점을 썼나요?	3점

9 1씩 커지는 수에서 1씩 커지는 수를 빼면 차가 같으므로 $11-6=5$, $12-7=5$입니다.

10 $5+9=14$이고 두 수를 바꾸어 더해도 합은 같으므로 $9+5=14$입니다.

11 $8+8=16$, $6+9=15$, $7+6=13$, $9+7=16$

12 예 축구공이 7개, 야구공이 11개 있습니다.
$11>7$이므로 야구공이 축구공보다 $11-7=4$(개) 더 많습니다.

평가 기준	배점(5점)
어느 공이 더 많은지 구했나요?	2점
몇 개 더 많은지 구했나요?	3점

13 ↘ 방향으로 차가 6으로 같습니다.

14 예 ㉠ $12-5=7$, ㉡ $14-8=6$, ㉢ $17-9=8$입니다.
따라서 $8>7>6$이므로 계산 결과가 가장 큰 것은 ㉢입니다.

평가 기준	배점(5점)
뺄셈식을 각각 계산했나요?	3점
계산 결과가 가장 큰 것을 찾았나요?	2점

15 예 (연필꽂이에 꽂혀 있는 연필과 볼펜 수)
　　$=$(연필 수)$+$(볼펜 수)
　　$=7+5=12$(자루)

평가 기준	배점(5점)
연필과 볼펜은 모두 몇 자루인지 구하는 식을 세웠나요?	2점
연필과 볼펜은 모두 몇 자루인지 구했나요?	3점

16 ㉋ (남는 공책 수)
= (전체 공책 수) − (나누어 줄 공책 수)
= 13 − 9 = 4(권)

평가 기준	배점(5점)
남는 공책은 몇 권인지 구하는 식을 세웠나요?	2점
남는 공책은 몇 권인지 구했나요?	3점

17 ㉋ (서하가 모은 붙임딱지 수)
= (처음에 모은 붙임딱지 수) + (더 받은 붙임딱지 수)
= 8 + 3 = 11(장)

평가 기준	배점(5점)
서하가 모은 붙임딱지 수를 구하는 식을 세웠나요?	2점
서하가 모은 붙임딱지는 모두 몇 장인지 구했나요?	3점

18 ㉋ 15 − 9 = 6이므로 12 − □ = 6입니다.
12 − 6 = 6이므로 □ = 6입니다.

평가 기준	배점(5점)
15 − 9를 계산했나요?	2점
□ 안에 알맞은 수를 구했나요?	3점

19 ㉋ 차가 가장 크려면 가장 큰 수에서 가장 작은 수를 빼야 합니다.
따라서 가장 큰 수는 15, 가장 작은 수는 6이므로 차가 가장 큰 뺄셈식을 만들면 15 − 6 = 9입니다.

평가 기준	배점(5점)
차가 가장 큰 뺄셈식을 만드는 방법을 알았나요?	2점
차가 가장 큰 뺄셈식을 만들고 차를 구했나요?	3점

20 ㉋ ★ + 5 = 14에서 9 + 5 = 14이므로 ★ = 9입니다.
● − ★ = 8에서 ★ = 9이므로 ● − 9 = 8입니다.
17 − 9 = 8이므로 ● = 17입니다.

평가 기준	배점(5점)
★에 알맞은 수를 구했나요?	2점
●에 알맞은 수를 구했나요?	3점

다시 점검하는 수시 평가 대비
27~29쪽

1 3, 11
2 8
3 (왼쪽에서부터) 4, 2, 16
4 (왼쪽에서부터) 2, 5
5
6 (1) 13 (2) 3

---

7 3, 4, 5, 6
8 14, 9
9 6 + 8 = 14, 14개
10 11 − 6 = 5, 5개
11 13, 11, 15
12 14쪽
13 15, 8, 7 / 15, 7, 8

14

6+6	6+7	6+8
7+6	7+7	7+8
8+6	8+7	8+8

15 5권
16 7, 8, 9
17 6개
18 8, 9
19 노란색
20 9 + 7 = 16(또는 7 + 9 = 16)

2 13을 10과 3으로 가르기한 후 10에서 5를 빼고 남은 3을 더하면 8이 됩니다.
➡ 13 − 5 = 8

3 9를 5와 4로, 7을 5와 2로 각각 가르기한 후 5와 5를 더해 10을 만들고 남은 4와 2를 더합니다.
➡ 9 + 7 = 16

4 12를 10으로 만들기 위해 7을 2와 5로 가르기하여 계산합니다.
12 − 7 = 12 − 2 − 5 = 10 − 5 = 5

5 앞의 수를 10으로 만들기 위해 뒤의 수를 가르기하거나 뒤의 수를 10으로 만들기 위해 앞의 수를 가르기합니다.

6 (1) 7 + 6 = 7 + 3 + 3 = 10 + 3 = 13
(2) 11 − 8 = 11 − 1 − 7 = 10 − 7 = 3

7 1씩 커지는 수에서 같은 수를 빼면 차도 1씩 커집니다.

8 6 + 8 = 14 ➡ 14 − 5 = 9

9 ✈ : 6개, 🚗 : 8개
➡ 6 + 8 = 14(개)

10 🚀 : 11개, ✈ : 6개
➡ 11 − 6 = 5(개)

11 연두색 구슬: $5+8=13$
주황색 구슬: $7+4=11$
보라색 구슬: $6+9=15$

12 (어제 푼 수학문제집 쪽수)+(오늘 푼 수학문제집 쪽수)
$=8+6=14$(쪽)

13 가장 큰 수 15에서 한 수를 빼는 뺄셈식을 만들어 봅니다.

14 차례로 덧셈을 하면 ╱ 방향으로 합이 14로 같습니다.
$6+8=14$, $7+7=14$, $8+6=14$

15 (방학 동안 읽은 위인전 수)
$=$(방학 동안 읽은 책 수)$-$(방학 동안 읽은 동화책 수)
$=13-8=5$(권)

16 같은 수에 1씩 커지는 수를 더하면 합도 1씩 커집니다.

17 (상철이가 먹은 과자의 수)$=9+2=11$(개)
(은주가 먹은 과자의 수)$=11-5=6$(개)

18 $9+7=16$이므로 $9+\square$가 16보다 크려면 $\square$ 안에는 7보다 큰 수가 들어가야 합니다.
따라서 $\square$ 안에 들어갈 수 있는 수는 8, 9입니다.

서술형
19 예 (남아 있는 분홍색 구슬 수)$=14-6=8$(개)
(남아 있는 노란색 구슬 수)$=16-7=9$(개)
따라서 $9>8$이므로 상자에 더 많이 남아 있는 구슬은 노란색입니다.

평가 기준	배점(5점)
남아 있는 구슬의 수를 각각 구했나요?	3점
상자에 더 많이 남아 있는 구슬은 무슨 색인지 구했나요?	2점

서술형
20 예 합이 가장 크려면 가장 큰 수와 둘째로 큰 수를 더해야 합니다.
$9>7>5>3$이므로 합이 가장 큰 덧셈식을 만들면 $9+7=16$입니다.

평가 기준	배점(5점)
합이 가장 큰 덧셈식을 만드는 방법을 알았나요?	2점
합이 가장 큰 덧셈식을 만들고 합을 구했나요?	3점

5 규칙 찾기

1 밤, 대추, 밤

2 ▲

3 예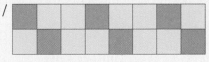

4 예 첫째 줄은 빨간색, 노란색, 노란색이 반복되고, 둘째 줄은 노란색, 빨간색, 노란색이 반복됩니다.
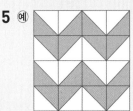

5 예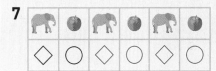

6 17

7

8

4	4	6	4	4	6

9 민하 / 예 색이 빨간색, 빨간색, 주황색이 반복됩니다.

10 빨간색

11 예 51부터 시작하여 → 방향으로 1씩 커집니다.

12 예 46부터 시작하여 ↓ 방향으로 10씩 커집니다.

13

41	42	43	44	45	46	47	48	49	50
51	52	53	54	55	56	57	58	59	60
61	62	63	64	65	66	67	68	69	70
71	72	73	74	75	76	77	78	79	80

14 예

15 12

16

3	8	3	8	3	8
ㄴ	ㅁ	ㄴ	ㅁ	ㄴ	ㅁ

17 3

18 (예) ① l, 2, 3은 l씩 커지는 규칙이 있습니다.
② l, 5, 9는 4씩 커지는 규칙이 있습니다.

19 40   **20** 7

---

2 (예) ●, ▲, ▲가 반복됩니다.
따라서 빈칸에 알맞은 그림은 ▲입니다.

평가 기준	배점(5점)
규칙을 찾았나요?	2점
빈칸에 알맞은 그림을 그리고 색칠했나요?	3점

3 규칙이 있고 이에 따라 색칠했으면 정답으로 인정합니다.

4

평가 기준	배점(5점)
규칙을 찾아 썼나요?	2점
빈칸에 알맞게 색칠했나요?	3점

6 2부터 시작하여 3씩 커지도록 수를 쓰면
2−5−8−ll−l4−l7이므로 ♥에 알맞은 수는
l7입니다.

7 코끼리와 사과가 반복됩니다.
코끼리를 ◇, 사과를 ○로 나타내면 ◇와 ○가
반복됩니다.

8 강아지, 강아지, 무당벌레가 반복됩니다.
강아지를 4, 무당벌레를 6으로 나타내면 4, 4, 6이
반복됩니다.

9

평가 기준	배점(5점)
규칙을 잘못 말한 사람을 찾았나요?	2점
규칙을 바르게 고쳤나요?	3점

10 (예) 신호등의 색이 초록색, 빨간색이 반복됩니다. 따라서 초록색 다음에 켜질 신호등의 색은 빨간색입니다.

평가 기준	배점(5점)
규칙을 찾았나요?	2점
다음번에 켜질 신호등의 색을 구했나요?	3점

11

평가 기준	배점(5점)
규칙을 찾아 바르게 썼나요?	5점

12

평가 기준	배점(5점)
규칙을 찾아 바르게 썼나요?	5점

14 두 가지 모양을 골라 규칙을 만들었으면 정답으로 인정합니다.

15 22부터 시작하여 2씩 작아집니다. 따라서 빈칸에 알맞은 수는 l2입니다.

16 연결 모형의 규칙을 수로 나타내면 3, 8, 3, 8, 3, 8
입니다.
연결 모형의 규칙을 자음자로 나타내면 ㄴ, ㅁ, ㄴ, ㅁ,
ㄴ, ㅁ입니다.

17 (예) 3, 5, 7이 반복됩니다.
따라서 7 다음에 올 수는 3입니다.

평가 기준	배점(5점)
규칙을 찾았나요?	2점
빈칸에 알맞은 수를 구했나요?	3점

18

평가 기준	배점(5점)
한 가지 규칙을 찾아 썼나요?	3점
다른 한 가지 규칙을 찾아 썼나요?	2점

19

l5	l6	l7		20	2l
	23	24		27	
	30		㉠		
			★		

(예) → 방향으로 l씩 커지므로 ㉠은 30보다 3만큼 더
큰 수인 33입니다. ↓ 방향으로 7씩 커지므로 ★에 알
맞은 수는 33보다 7만큼 더 큰 수인 40입니다.

평가 기준	배점(5점)
규칙을 찾았나요?	2점
★에 알맞은 수를 구했나요?	3점

20 (예) 가위, 가위, 보가 반복되므로 가위를 2, 보를 5로
나타내면 2, 2, 5가 반복됩니다.
따라서 ㉠에 알맞은 수는 2, ㉡에 알맞은 수는 5이므
로 두 수의 합은 2+5=7입니다.

평가 기준	배점(5점)
규칙을 찾았나요?	2점
㉠과 ㉡에 알맞은 수의 합을 구했나요?	3점

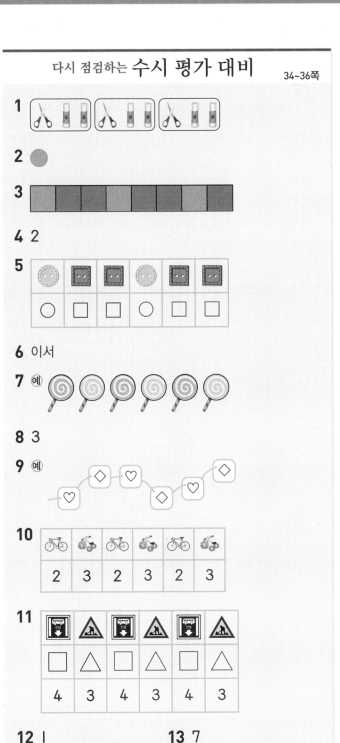

1 가위, 풀, 풀이 반복됩니다.

2 ●, ◆, ▲가 반복되므로 빈칸에 알맞은 모양은 ●입니다.

3 주황색, 보라색, 보라색이 반복되므로 빈칸에 보라색을 칠해야 합니다.

5 단추 모양이 ●와 ■가 반복됩니다. 단추 모양이 ●인 것을 ○, ■인 것을 □로 나타내면 ○, □, □가 반복됩니다.

6 연필, 지우개, 지우개가 반복됩니다.

7 규칙이 있고 이에 따라 색칠했으면 정답으로 인정합니다.

8 3, 6, 9가 반복되므로 9 다음에 올 수는 3입니다.

10 두발자전거, 세발자전거가 반복됩니다.
두발자전거를 2, 세발자전거를 3으로 나타내면 2, 3이 반복됩니다.

11 교통표지판의 규칙을 모양으로 나타내면 □, △가 반복됩니다.
교통표지판의 규칙을 수로 나타내면 4, 3이 반복됩니다.

15 50부터 시작하여 4씩 작아지므로 빈칸에 알맞은 수는 34보다 4만큼 더 작은 수인 30입니다.

17 첫째, 셋째 줄은 ☆, ●, ●가 반복되고, 둘째 줄은 ●, ●, ☆이 반복됩니다.
따라서 ㉠ ●, ㉡ ☆, ㉢ ●이므로 알맞은 모양이 다른 하나는 ㉡입니다.

18 각 자리에서 열이 아래쪽으로 갈 때마다 6씩 커집니다. 가열 다섯째 좌석이 5번이므로 나열 다섯째 좌석은 11번, 다열 다섯째 좌석은 17번입니다.

서술형
19 예 바나나, 오렌지, 바나나가 반복되는 규칙입니다. 따라서 빈칸에 알맞은 과일은 오렌지입니다.

평가 기준	배점(5점)
규칙을 찾았나요?	2점
빈칸에 알맞은 과일을 구했나요?	3점

서술형

20 예 보기 는 **3**씩 커지는 규칙입니다.

따라서 **29**부터 **3**씩 커지는 규칙으로 수를 쓰면

29−32−35−38−41입니다.

평가 기준	배점(5점)
보기 의 규칙을 찾았나요?	2점
빈칸에 알맞은 수를 써넣었나요?	3점

덧셈과 뺄셈(3)

서술형 50% 수시 평가 대비

37~40쪽

1 38

2 (1) 57 (2) 48 (3) 59 (4) 41

3 93, 53

4 예 낱개의 수끼리 줄을 맞추어 쓴 다음 낱개의 수끼리 더해야 하는데 **10**개씩 묶음의 수에 낱개의 수를 더해서 틀렸습니다.

```
/     2 5
  +     4
      2 9
```

5 79, 79   **6** 37, 21

7 55, 56, 57, 58

8 (위에서부터) (1) 54, 64, 74 (2) 33, 43, 53

9 22, 7, 29(또는 7, 22, 29) / 29켤레

10 15, 11, 4 / 4켤레   **11** ㉡

12 33개   **13** 88명

14 서윤, 13장   **15** 51

16 64   **17** 77

18 (위에서부터) 7, 1   **19** 2개

20 88

1 10개씩 묶음 **3**개와 낱개 **4**개에 낱개 **4**개를 더하면 **10**개씩 묶음 **3**개와 낱개 **8**개가 됩니다.

➡ **34+4=38**

2 낱개의 수끼리 계산하여 낱개의 자리에 쓰고, **10**개씩 묶음의 수끼리 계산하여 **10**개씩 묶음의 자리에 씁니다.

3 합: **20+73=93**

차: **73−20=53**

4

평가 기준	배점(5점)
잘못 계산한 까닭을 썼나요?	3점
바르게 계산했나요?	2점

5 두 수를 바꾸어 더해도 합은 같습니다.

6 $15+22=37$, $37-16=21$

7 같은 수에 1씩 커지는 수를 더하면 합도 1씩 커집니다.

8 (1) 10씩 커지는 수에 같은 수를 더하면 합도 10씩 커집니다.
(2) 10씩 커지는 수에서 같은 수를 빼면 차도 10씩 커집니다.

9 운동화가 22켤레, 부츠가 7켤레이므로 운동화와 부츠는 모두 $22+7=29$(켤레)입니다.

10 구두가 15켤레, 슬리퍼가 11켤레이므로 구두는 슬리퍼보다 $15-11=4$(켤레) 더 많습니다.

11 예 ㉠ $34+12=46$
㉡ $57-21=36$
㉢ $49-3=46$
따라서 계산 결과가 다른 하나는 ㉡입니다.

평가 기준	배점(5점)
㉠, ㉡, ㉢을 각각 계산했나요?	3점
계산 결과가 다른 하나를 찾았나요?	2점

12 예 (남아 있는 귤 수)
$=$(처음에 있던 귤 수)$-$(썩어서 버린 귤 수)
$=37-4=33$(개)
따라서 남아 있는 귤은 **33**개입니다.

평가 기준	배점(5점)
남아 있는 귤 수를 구하는 식을 세웠나요?	2점
남아 있는 귤은 몇 개인지 구했나요?	3점

13 예 (1학년 학생 수)
$=$(여학생 수)$+$(남학생 수)
$=43+45=88$(명)
따라서 지호네 학교 1학년 학생은 모두 **88**명입니다.

평가 기준	배점(5점)
지호네 학교 1학년 학생 수를 구하는 식을 세웠나요?	2점
지호네 학교 1학년 학생은 모두 몇 명인지 구했나요?	3점

14 예 $49>36$이므로 서윤이가 현서보다 붙임딱지를 $49-36=13$(장) 더 많이 모았습니다.

평가 기준	배점(5점)
누가 붙임딱지를 더 많이 모았는지 구했나요?	2점
붙임딱지를 몇 장 더 많이 모았는지 구했나요?	3점

15 예 ㉠ 10개씩 묶음 3개와 낱개 5개인 수는 35입니다.
㉡ 87보다 1만큼 더 작은 수는 86입니다.
따라서 ㉠과 ㉡의 차는 $86-35=51$입니다.

평가 기준	배점(5점)
㉠과 ㉡이 나타내는 수를 각각 구했나요?	2점
㉠과 ㉡의 차를 구했나요?	3점

16 예 차가 가장 크려면 가장 큰 수에서 가장 작은 수를 빼야 합니다. 가장 큰 수는 85, 가장 작은 수는 21이므로 가장 큰 차는 $85-21=64$입니다.

평가 기준	배점(5점)
차가 가장 크게 되는 경우를 알았나요?	2점
차가 가장 큰 뺄셈식을 만들어 차를 구했나요?	3점

17 예 만들 수 있는 가장 큰 수는 65이고, 가장 작은 수는 12입니다.
따라서 만들 수 있는 가장 큰 수와 가장 작은 수의 합은 $65+12=77$입니다.

평가 기준	배점(5점)
만들 수 있는 가장 큰 수와 가장 작은 수를 구했나요?	2점
만들 수 있는 가장 큰 수와 가장 작은 수의 합을 구했나요?	3점

18 낱개의 자리: $4-\square=3 \Rightarrow \square=1$
10개씩 묶음의 자리: $\square-2=5 \Rightarrow \square=7$

19 예 $63+24=87$이므로 $87<8\square$입니다.
따라서 $\square$ 안에 들어갈 수 있는 수는 8, 9로 모두 2개입니다.

평가 기준	배점(5점)
$63+24$를 계산했나요?	3점
$\square$ 안에 들어갈 수 있는 수는 모두 몇 개인지 구했나요?	2점

20 예 어떤 수를 $\square$라고 하면 잘못 계산한 식은
$\square-13=62$입니다.
$\Rightarrow 62+13=\square$, $\square=75$
따라서 어떤 수는 75이므로 바르게 계산하면
$75+13=88$입니다.

평가 기준	배점(5점)
어떤 수를 구했나요?	3점
바르게 계산한 값을 구했나요?	2점

다시 점검하는 수시 평가 대비
41~43쪽

1 33, 10 **2** 37

3
$$\begin{array}{r} 7\,3 \\ -\quad 2 \\ \hline 7\,1 \end{array}$$

4 56, 57, 58, 59

5 41, 31, 21, 11 **6** 78

7 > **8** 23개

9 28 **10** 87, 88, 59

11

12 88 → 68 ↓ 65 → 45

13 87권 **14** 23권

15 31 **16** 95, 74

17 84 **18** (위에서부터) 3, 5

19 72 **20** 87

1 연결 모형 43개에서 10개씩 묶음 3개(30)와 낱개 3개(3)를 빼면 10개씩 묶음 1개가 남습니다.
➡ 43−33=10

2 □=30+7=37

3 자리를 잘못 맞추어 계산하였습니다.
낱개의 수끼리 자리를 맞추어 쓰고 낱개의 수끼리 빼서 낱개의 자리에 써야 합니다.

4 1씩 커지는 수에 같은 수를 더하면 합도 1씩 커집니다.

5 같은 수에서 10씩 커지는 수를 빼면 차는 10씩 작아집니다.

6 43+35=78

7 47+2=49, 23+25=48 ➡ 49>48

8 (남은 젤리 수)
=(처음에 있던 젤리 수)−(먹은 젤리 수)
=38−15=23(개)

9 (어제까지 핀 꽃의 수)+(더 핀 꽃의 수)
=4+24=28(송이)

10 🧊 :
$$\begin{array}{r} 1\,3 \\ +7\,4 \\ \hline 8\,7 \end{array}$$
🛢 :
$$\begin{array}{r} 5\,1 \\ +3\,7 \\ \hline 8\,8 \end{array}$$
⚪ :
$$\begin{array}{r} 3\,5 \\ +2\,4 \\ \hline 5\,9 \end{array}$$

11 32+3=35, 26+11=37, 23+24=47
89−52=37, 78−31=47, 96−61=35

12 88−20=68, 68−3=65, 65−20=45

13 32+55=87(권)

14 55−32=23(권)

15 76−14=62이므로 62=31+31입니다.

16 낱개의 수끼리의 차가 1인 두 수를 찾아 차를 구해 봅니다.
95−64=31, 95−74=21
따라서 차가 21인 두 수는 95, 74입니다.

17 합이 가장 크려면 가장 큰 수와 둘째로 큰 수를 더해야 합니다.
51>33>27>8이므로 가장 큰 수와 둘째로 큰 수의 합은 51+33=84입니다.

18 낱개의 자리: □+4=7 ➡ □=3
10개씩 묶음의 자리: 1+□=6 ➡ □=5

서술형
19 예 수의 크기를 비교하면 3<5<7이므로 만들 수 있는 가장 큰 몇십몇은 75입니다.
따라서 만든 몇십몇과 남은 수의 차는 75−3=72입니다.

평가 기준	배점(5점)
수 카드로 가장 큰 몇십몇을 만들었나요?	2점
가장 큰 몇십몇과 남은 수의 차를 구했나요?	3점

서술형
20 예 ㉠ 34−3=31, ㉡ 78−22=56입니다.
따라서 ㉠과 ㉡의 합은 31+56=87입니다.

평가 기준	배점(5점)
㉠과 ㉡의 값을 각각 구했나요?	3점
㉠과 ㉡의 합을 구했나요?	2점

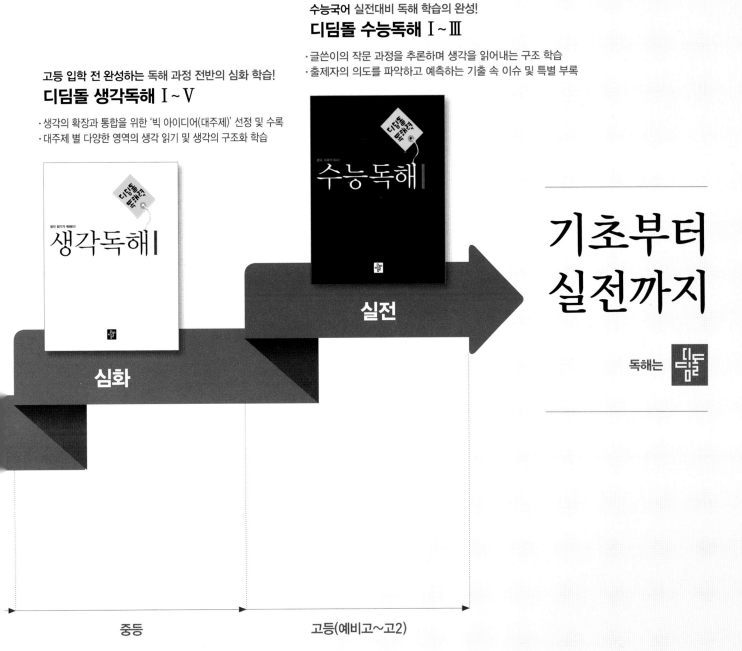

고등 입학 전 완성하는 독해 과정 전반의 심화 학습!
디딤돌 생각독해 Ⅰ~Ⅴ

· 생각의 확장과 통합을 위한 '빅 아이디어(대주제)' 선정 및 수록
· 대주제 별 다양한 영역의 생각 읽기 및 생각의 구조화 학습

수능국어 실전대비 독해 학습의 완성!
디딤돌 수능독해 Ⅰ~Ⅲ

· 글쓴이의 작문 과정을 추론하며 생각을 읽어내는 구조 학습
· 출제자의 의도를 파악하고 예측하는 기출 속 이슈 및 특별 부록

**기초부터
실전까지**

심화

실전

중등

고등(예비고~고2)

다음에는 뭐 풀지?

다음에 공부할 책을 고르기 어려우시다면, 현재 성취도를 먼저 체크해 보세요.
최상위로 가는 맞춤 학습 플랜만 있다면 내 실력에 꼭 맞는 교재를 선택할 수 있어요!
단계에 따라 내 실력을 진단해 보고, 다음 학습도 야무지게 준비해 봐요!

첫 번째, 단원평가의 맞힌 문제 수 또는 점수를 모두 더해 보세요.

단원		맞힌 문제 수 OR	점수 (문항당 5점)
1단원	1회		
	2회		
2단원	1회		
	2회		
3단원	1회		
	2회		
4단원	1회		
	2회		
5단원	1회		
	2회		
6단원	1회		
	2회		
합계			

※ 단원평가는 각 단원의 마지막 코너에 있는 20문항 문제지입니다.